这样养猪才赚钱

肖冠华 编著

U0231772

化学工业出版社

·北京·

图书在版编目（CIP）数据

这样养猪才赚钱/肖冠华编著. —北京：化学工业出版
社，2018.2
ISBN 978-7-122-31221-1

Ⅰ. ①这… Ⅱ. ①肖… Ⅲ. ①养猪学 Ⅳ. ①S828

中国版本图书馆 CIP 数据核字（2017）第 314168 号

责任编辑：邵桂林　　　　　　　　　　　　装帧设计：王晓宇
责任校对：王素芹

出版发行：化学工业出版社（北京市东城区青年湖南街 13 号　邮政编码 100011）
印　　刷：大厂聚鑫印刷有限责任公司
装　　订：三河市宇新装订厂
850mm×1168mm　1/32　印张 11½　字数 327 千字
2018 年 3 月北京第 1 版第 1 次印刷

购书咨询：010-64518888（传真：010-64519686）　售后服务：010-64518899
网　　址：http：//www.cip.com.cn
凡购买本书，如有缺损质量问题，本社销售中心负责调换。

定　　价：39.80 元　　　　　　　　　　　版权所有　违者必究

　　为什么同样是搞养殖，有的人赚钱，有的人却总是赔钱，而赔钱的这部分人里，有很多对搞好养殖可谓是勤勤恳恳、兢兢业业，付出的辛苦很多，到头来收入与付出却不成正比。问题出在哪里？

　　我们知道，养殖涉及品种选择、场舍建设、饲养管理、饲料营养、疾病防控、产品销售等各方面。养殖要选择优良品种，因为优良品种普遍具有生长速度快、适应性强、抗病力强、饲料转化率高、受市场欢迎等特点，优良品种是实现高产高效的基础。养殖场应因地制宜，选用高产、优质、高效的畜禽良种，品种来源清楚、检疫合格，实现畜禽品种良种化。养殖场选址布局要科学合理，符合防疫要求，畜禽圈舍、饲养和环境控制等生产设施、设备满足规模化生产的需要，实现养殖设施化，既能为所养殖的品种提供舒适的生产环境，又能提高养殖场的生产效率。饲养管理是养殖场日常的主要工作，贯穿于畜禽养殖的整个过程，规范化管理的养殖场应制定并实施科学规范的畜禽饲养管理规程，配备与饲养规模相适应的畜牧兽医技术人员，配制和使用安全高效饲料，严格遵守饲料、饲料添加剂和兽药使用的有关规定，生产过程实行信息化动态管理。疾病的防控也是养殖场不可忽视的重要环节，只有畜禽不得病或者少得病，养殖场才能平稳运行，为此养殖场要有完善的防疫设施，健全的防疫制度，加强动物防疫条件审查，实施科学的畜禽疫病综合防控措施，有效防止养殖场重大动物疫病发生，对病死畜禽实行无害化处理。畜禽粪污处理方法要得当，设施齐全且运转正常，达到相关排放标准，实现粪污处理无害化或资源化利用。

养殖场既要掌握和熟练运用养殖技术，在实现养得好的前提下，还要想办法拓宽销售渠道，实现卖得好。做到生产有水平、产品有出路、效益有保障。规模养殖场要创建自己的品牌，建立自己的销售渠道。养殖场加入专业合作社或与畜产品加工龙头企业、大型批发市场、超市、特色饭店和大型宾馆、饭店等签订长期稳定的畜产品购销协议，建立长期稳定的产销合作关系，可有效解决养殖场的销售难题。同时，还要充分利用各种营销手段，如区别于传统营销的网络营销，网络媒介具有传播范围广、速度快、无时间地域限制、无时间约束、内容详尽、多媒体传送、形象生动、双向交流、反馈迅速等特点，可以有效降低企业营销信息传播的成本。利用大数据分析市场需求量与供应量的关系，通过政府引导生产，合理增减砝码，使畜禽供给量与需求量趋于平衡，避免畜禽产品因供求变化过大而导致价格剧烈波动。常见的网上专卖店、网站推广、QQ群营销、微博营销、微信朋友圈营销等电商平台均可取得良好的效果。以观光旅游畜牧业发展为载体，促使城市居民走进养殖场区，开展动物认领和认购活动，实现生产与销售直接挂钩。这也是一种很好的销售方式。实体店的专卖店、品鉴店体验等体验式营销也是拓宽营销渠道的方式之一。在体验经济的今天，养殖场如果善于运用体验式营销，一定能够取得消费者的认可，俘获消费者的心，赢得消费者的忠诚度，并最终为企业带来源源不断的利润。以上这些方面的工作都做好了，实现养殖赚钱不难。

经济新常态和供给侧改革对规模化养殖场来说，机遇与挑战并存。如何适应经济新常态，规避风险，做好规模养殖场的经营管理，取得好的养殖效益，是我们每个养殖场经营管理者都需要思考的问题。我们认为要想实现经济新常态下养殖效益最大化，养殖场的经营管理者要主动去适应，而不是固守旧的观念，不能"只管低头拉车，不管抬头看路"。必须不断地总结经验教训，更重要的是养殖场的经营管理者必须不断地学习新知识、新技术，特别是新常态和"互联网＋"下养殖场的经营管理方法，这样才能使养殖场的经营管理始终站在行业的排头。

本书共分为了解猪、选择优良的猪品种、建设科学合理的猪场、掌握规模化养猪技术、满足猪的营养需要、以猪为本实行精细化饲养管理、科学防治猪病和科学经营管理8章及附录。

本书紧紧围绕养猪成功所必须做到的各个生产要素进行重点阐述，使读者能够学到养猪赚钱的必备知识和符合实际的经营管理方法。本书结构新颖，内容全面充实，紧贴猪生产实践，可操作性强，无论是新建场，还是老场，均具有极强的指导作用和实用性。

本书在编写过程中，参考借鉴了国内外一些猪养殖专家和养殖实践者实用的观点与做法，在此对他们表示诚挚的感谢！由于笔者水平有限，书中难免有不妥之处，敬请批评指正。

畜禽养殖是一门实践科学，很多一线养殖实践者更有发言权，也有很多好的做法，希望读者朋友在阅读本书的同时，就有关猪养殖管理方面的知识和经验进行交流和探讨，我的微信公众号"肖冠华谈畜牧养殖"，期待大家的到来！

编著者
2018 年 1 月

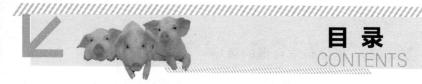

目 录
CONTENTS

第五章 ▶ 满足猪的营养需要

第六章 ▶ 以猪为本，实行精细化饲养管理

第一章

了解猪

　　知己知彼，百战不殆《孙子兵法·谋攻》，打仗如此，规模化养猪也一样。作为猪场的经营管理者，应该对猪的生活习性、生理特点有全面深入的了解和掌握，以便在日常饲养管理中按照猪的生物学特性，为猪创造一个符合其生长发育和繁殖的良好环境。否则，猪就会产生应激，猪的生长发育会受到不同程度的影响，严重的应激甚至会导致猪死亡，进而影响养猪的效益。可见，了解和掌握猪的生物学特性和生理特点非常重要。

一、猪的生物学特性

1. 繁殖率高，世代间隔短

　　猪4～5月龄就性成熟，6～8月龄为初配年龄，妊娠期为114天左右，母猪一般年产两胎，平均每胎产仔10头以上，高窝产仔猪达20头左右，一年可生产20头左右仔猪。我国的民猪3～4月龄达到初情期，每胎产仔15～16头，经产母猪3胎及以上的还能产仔猪15.5头。

2. 生长快

　　猪的生长发育很快，易育肥。现在饲养的瘦肉型品种，仔猪初生重1千克，1月龄体重5～6千克，增长5～6倍；2月龄体重达10～15千克，增长10～15倍；6～8月龄时，生长发育仍旧很快。猪利用饲料变为脂肪的能力很强，便于育肥出栏。生后5月龄，体重平均在

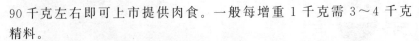

90千克左右即可上市提供肉食。一般每增重1千克需3～4千克精料。

3. 食性广,饲料转化率高

　　猪虽属单胃动物,但具有杂食性,既能吃植物性饲料,又能吃动物性饲料。因此饲料来源广泛,但对粗纤维饲料消化能力较差。我国农村有用青菜、菜叶、米糠等喂猪的习惯,长期以来形成了多数地方猪种对青饲料有较高利用能力的特性。

4. 对环境适应性强,分布广

　　猪的适应能力很强,表现在地理分布广泛。气候上从热带、温带到寒带,地域上从平原、盆地到高海拔地区猪都能生长。如产于我国青藏高原的藏猪,主要分布于西藏、四川、云南和甘肃南部地区。猪对高海拔地区适应能力特别强,能适应海拔3000米的高寒环境,终年放牧,仅在严冬补充少量精料。长期的生存,造就了藏猪具有许多适应高原环境的特点。心脏发达,适应高原缺氧环境;鬃毛发达,冬季密生绒毛,以抵御零下20℃的严寒;脂肪积蓄能力强,秋季采食落果、草籽和根茎,极易转化成体脂而大量沉积,以供寒冬时消耗。

5. 嗅觉和听觉灵敏,视觉不发达

　　猪有特殊的鼻子,嗅觉非常灵敏。猪的耳朵形大,头颈转动灵活,容易对声音刺激建立条件反射。如一栋猪舍的饲养员工作一段时间以后,猪看到饲养员,就不像有生人进入猪舍那样警惕和惊恐躲避。因此猪舍要尽量避免频繁更换饲养员,同时避免无关人员进入。但猪对危险信息也特别警觉,即使睡觉时,一旦有意外响动,就立即苏醒,站立戒备。

二、猪的行为

　　现在我们饲养的猪虽然是经过人类长期驯化选育过来的,但是还有很多生活习性没有改变过来,不能完全按照人的意愿活动,作为养殖者需要熟悉猪的哪些行为是正常的,哪些行为是异常的,以便发现和处理猪的异常情况,尤其是疾病。因为许多疾病可以从猪的行为变

化上得到初步诊断，如食欲不振（减退或者厌食）、饮水量的改变（增多或减少）、情绪低落、呼吸困难、活动不正常（离群独处、跛行、反应迟钝等）以及猪群行为的变化。

我们只有懂得了猪的这些习性，尽量满足猪的习性要求，避免违反猪的这些习性的事情发生，减少猪的应激，猪才能健康生长，为我们创造财富，提供优质的猪肉产品。

1. 猪的正常行为

健康状况良好的猪表现为：满足、机警、食欲旺盛、皮肤柔软而富有弹性、被毛光滑而有光泽、眼睛明亮、眼角干净无眼屎和泪痕、眼结膜呈粉红色、粪便排泄和粪便形状及颜色正常、体温正常（38.9～39.8℃）、心率正常（60～80 次/分钟）、呼吸频率正常（8～13 次/分钟）。

2. 猪的异常行为

猪还有超出正常范围的异常行为。猪的异常行为可通过许多形式表现出来，如采食、排泄、性、母性、好斗、啃咬栏杆或探究。

咬尾是较为常见的一种异常行为。这种行为多与猪栏内空间狭小、猪群拥挤、活动受限以及圈舍通风不良有关，解决办法除了满足猪群的活动空间以外，还要采取仔猪断尾的方法。另外，可以给猪提供橡胶轮胎或悬挂的铁链等玩具。长期圈禁的母猪会持久而顽固地咬嚼自动饮水器的铁质乳头。

母猪生活在单调的栅栏内或笼内，常狂躁地在栏笼前不停啃咬着栏柱。一般随猪的活动范围受限制程度增加，咬栏柱的频率和强度增加，攻击行为也增加。口舌多动的猪，常将舌尖卷起，不停地在嘴里做伸缩动作，有的还会出现拱癖和空嚼癖。它的产生多与动物所处环境中的有害刺激有关，需要在改善母猪生活环境方面解决。

同类相残是另一种有害恶癖，如神经质的母猪在产后出现食仔现象。对于有攻击性的或有食仔恶癖的母猪要加强管理，个别拒不改正的要坚决淘汰。

三、猪的行为习性

猪的行为习性主要包括采食行为、争斗行为、排泄行为、活动与睡眠行为、探究行为、群居行为、性行为、母性行为和后效行为等。

1. 采食行为

猪的采食与饮水有各种年龄特征。猪生来就具有拱土（拱地）的遗传特性，拱土觅食是猪采食行为的一个突出特征。猪鼻子是高度发育的器官，在拱土觅食时，嗅觉起着决定性的作用。尽管现代猪舍内，饲以良好的平衡日粮，猪仍表现拱土觅食的特征。喂食时每次猪都力图占据食槽有利的位置，有时将两前肢踏在食槽中采食，如果食槽易于接近的话，个别猪甚至钻进食槽，站立于食槽的一角，就像野猪拱土觅食一样，以吻突沿着食槽拱动，将食料搅弄出来，抛撒一地。

猪的采食还具有选择性，特别喜爱甜食。研究发现，未哺乳的初生仔猪就喜爱甜食。颗粒料和粉料相比，猪爱吃颗粒料；干料与湿料相比，猪爱吃湿料，且花费时间也少。

猪的采食是有竞争性的，群饲的猪比单饲的猪吃得多、吃得快，增重也大。猪在白天采食 6～8 次，比夜间多 1～3 次，每次采食持续时间 10～20 分钟，限饲时少于 10 分钟；任食（自由采食），不仅采食时间长，而且能表现每头猪的嗜好和个性。仔猪每昼夜吸吮次数因年龄不同而异，约在 15～25 次，占昼夜总时间的 10%～20%，大猪的采食量和采食频率随体重增大而增加。

在多数情况下，饮水与采食同时进行。猪的饮水量是相当大的，仔猪初生后就需要饮水，主要来自母乳中的水分，仔猪吃料时水与干料之比为 3∶1；成年猪的饮水量除饲料组成外，很大程度取决于环境温度。吃混合料的小猪，每昼夜饮水 9～10 次，吃湿料的每昼夜平均 2～3 次，吃干料的猪每次采食后需要立即饮水，自由采食的猪通常采食与饮水交替进行，直到满意为止，限制饲喂则在吃完料后才饮水。月龄前的小猪就可学会使用自动饮水器饮水。

2. 争斗行为

猪的争斗行为包括进攻、防御、躲避和守势等活动。猪群等级最初形成时，攻击行为最为多见，等级顺位的建立受构成这个群体的品种、体重、性别、年龄和气质等因素的影响。一般体重大的、气质强的猪占优位，年龄大的猪比年龄小的猪占优位，公猪比母猪、未去势猪比去势猪占优位。如当一头陌生猪进入一猪群中时，这头猪便成为全群猪攻击的对象，攻击往往是严厉的，轻者伤皮肉，重者造成死亡。如果将两头陌生性成熟的公猪放在一起，彼此会发生激烈的争斗。它们相互打转、相互嗅闻，有时两前肢趴地，发出低沉的吼叫声，并突然用嘴撕咬，这种斗争可能持续1小时之久，屈服的猪往往调转身躯，号叫着逃离争斗现场。虽然两猪之间的格斗很少造成伤亡，但一方或双方都会造成巨大损失。在炎热的夏天，两头公猪之间的格斗，往往因热极虚脱而造成一方或双方死亡。

在生产实践中能见到的争斗行为一般是由争夺饲料和地盘所引起的，新合群的猪群，主要是争夺群居位次，争夺饲料并非主要原因，只有当群居构成形成后，才会更多地发生争食和争地盘的格斗。小体型猪及新加入原有群中的猪则往往位于次等，同窝仔猪之间群体优势序列的确定常取决于断奶时体重的大小，不同窝仔猪并圈喂养时，开始会激烈争斗，并按不同来源分小群躺卧，大约24～48小时内，明显的统治等级体系就可形成，一般是简单的线型等级体系。在年龄较大的猪群中，特别是在限饲时，这种等级关系更明显，优势序列既有垂直方向，又有并列和三角关系夹在其中，争斗优胜者，位次排在前列，吃食时常占据有利的采食位置，或有优先采食权。在整体结构相似的猪群中，体重大的猪往往排在前列，不同品种猪构成的群体中，不是体重大的个体而是争斗性强的品种或品系占优势。优势序列建立后，就开始和平共处的正常生活，优势猪尖锐响亮的呼吸声形成的恐吓和用其吻突佯攻，就能代替咬斗，次等猪马上就退却，不会发生争斗。

猪的争斗行为，多受饲养密度的影响。当猪群密度过大，每头猪所占空间减少时，群内咬斗次数和强度增加，会造成猪群吃料攻击行为增加，降低猪的采食量和增重。

3. 排泄行为

猪不在吃睡的地方排粪尿，这是祖先遗留下来的本性，因为野猪不在窝边拉屎撒尿，以避免敌兽发现。在良好的管理条件下，猪是家畜中最爱干净的动物。猪能保持其睡窝床干净，能在猪栏内远离窝床的一个固定地点排粪尿。猪排粪尿是有一定的时间和区域的，一般多在食后饮水或起卧时，选择阴暗潮湿或污浊的角落排粪尿，且受邻近猪的影响。据观察，生长猪在采食过程中不排粪，饱食后约 5 分钟开始排粪 1～2 次，多为先排粪后排尿，在饲喂前也有排泄的，但多为先排尿后排粪，在两次饲喂的间隔时间里猪多排尿而很少排粪，夜间一般排粪 2～3 次，早晨的排泄量最大，猪的夜间排泄活动时间占昼夜总时间的 1.2%～1.7%。

4. 活动与睡眠行为

猪的行为有明显的昼夜规律，活动大部分在白天；在温暖季节和夏天，夜间也有活动和采食；遇上阴冷天气，活动时间缩短。猪昼夜活动也因年龄及生产特性不同而有差异，仔猪昼夜休息时间平均60%～70%，种猪 70%，母猪 80%～85%，肥猪 70%～85%。休息高峰在半夜，清晨 8 时左右休息最少。

哺乳母猪的睡卧时间表现出随哺乳天数的增加逐渐减少，走动次数由少到多，时间由短到长，这是哺乳母猪特有的行为表现。

哺乳母猪的睡卧休息有两种：一种是静卧，一种是熟睡。静卧休息姿势多为侧卧，少为伏卧，呼吸轻而均匀，虽闭眼但易惊醒；熟睡为侧卧，呼吸深长，有鼾声且常有皮毛抖动，不易惊醒。

仔猪出生后 3 天内，除吸乳和排泄外，几乎全是甜睡不动，随日龄增长和体质的增强活动量逐渐增多，睡眠相应地减少，但至 40 日龄大量采食补料后，睡卧时间又有增加，饱食后一般较安静地睡着。仔猪的活动与睡眠一般都尾随效仿母猪。出生后 10 天左右便开始同窝仔猪群体活动，单独活动很少，睡眠休息主要表现为群体睡卧。

5. 探究行为

猪的探究行为包括探查活动和体验行为。猪的一般活动大部分来源于探究行为，大多数猪是朝向地面上的物体，通过看、听、闻、尝、啃、拱等感官进行探究，表现出很发达的探究驱力。探究驱力指的是对环境的探索和调查，并同环境发生经验性的交互作用。猪对新近探究中所熟悉的许多事物，表现出好奇、亲近的两种反应。仔猪对小环境中的一切事物都很"好奇"，对同窝仔猪表示亲近。探究行为在仔猪中表现得明显，仔猪出生后2分钟左右即能站立，开始搜寻母猪的乳头，用鼻子拱掘是探究的主要方法。仔猪的探究行为的另一明显特点是：用鼻拱、口咬周围环境中所有新的东西。用鼻突来摆弄周围环境中的物体是猪探究行为的主要方面，其持续时间比群体玩闹时间还要长。

猪在觅食时，首先是拱掘动作，用鼻闻、拱，嘴舔、啃。当诱食料合乎口味时，便开口采食，这种采食过程也是探究行为。同样，仔猪吸吮母猪乳头的序位，母仔之间彼此能准确识别也是通过嗅觉、味觉探究而建立的。

猪在猪栏内能明显地区划睡床、采食、排泄的不同地带，这也是用鼻的嗅觉区分不同气味探究而形成的。

6. 群居行为

在无猪舍的情况下，猪能自我固定地方居住，表现出定居漫游的习性，猪有合群性，但也有竞争习性，大欺小，强欺弱和欺生的好斗特性，猪群越大，这种现象越明显。

一个稳定的猪群，是按优势序列原则组成有等级制的社群结构，个体之间保持熟悉，和睦相处，当重新组群时，稳定的社群结构发生变化，则暴发激烈的争斗，直至重新组成新的社群结构。

猪群具有明显的等级，这种等级刚出生后不久即形成，仔猪出生后几小时内，为争夺母猪前端乳头会出现争斗行为，常出现最先出生或体重较大的仔猪获得最优乳头位置。同窝仔猪合群性好，当它们散开时，彼此距离不远，若受到意外惊吓，会立即聚集成一堆，或成群逃走。当仔猪同其母猪或同窝仔猪离散后不到几分钟，就出现极度活动、大声嘶叫、频频排粪尿。年龄较大的猪与伙伴分离也有类似的表现。

7. 性行为

猪的性行为包括发情、求偶和交配行为。母猪在发情期，可以见到特异的求偶表现，公、母猪都表现一些交配前的行为。

发情母猪主要表现为卧立不安，食欲忽高忽低，发出特有的音调柔和而有节律的"哼哼"声，爬跨其他母猪，或等待其他母猪爬跨，频频排尿，尤其是公猪在场时排尿更为频繁。发情中期，性欲强烈时期的母猪，当公猪接近时，调其臀部靠近公猪，闻公猪的头、肛门和阴茎包皮，紧贴公猪不走，甚至爬跨公猪，最后站立不动，接受公猪爬跨。管理人员压母猪背部时，立即出现静立反射，这种静立反射是母猪发情的一个关键行为。

公猪一旦接触母猪，会追逐它，嗅其体侧肋部和外阴部，把嘴插到母猪两腿之间，突然往上拱动母猪的臀部，口吐白沫，往往发出连续的、柔和而有节律的喉音哼声，有人把这种特有的叫声称为"求偶歌声"，当公猪性兴奋时，还出现有节奏的排尿现象。

有些母猪表现出明显的配偶选择，对个别公猪表现强烈的厌恶；有些母猪由于内激素分泌失调，表现性行为亢进，或不发情和发情不明显。

公猪由于营养和运动的关系，常出现性欲低下，或发生自淫现象。群养公猪常造成稳固的同性性行为习性，群内地位低的公猪多被其他公猪爬跨。

8. 母性行为

母性行为包括分娩前后母猪的一系列行为，如絮窝、哺乳及其他抚育仔猪的活动等。

母猪临近分娩时，通常以衔草、铺垫猪床的形式表现出来，如果栏内是水泥地而无垫草，只好用蹄子抓地来表示，分娩前 24 小时，母猪表现不安，频频排尿、磨牙、摇尾、拱地、时起时卧，不断改变姿势。分娩时多采用侧卧，选择最安静的时间分娩，一般多在下午 4时以后，特别是在夜间产仔多见。当第一头小猪产出时，有时母猪还会发出尖叫声；当小猪吸吮母猪时，母猪四肢伸直，亮开乳头，让初生仔猪吃乳。母猪整个分娩过程中，自始至终都处在放奶状态，并不停地发出"哼哼"的声音，母乳乳头饱满，甚至有奶水流出，容易使仔猪吸吮到。母猪分娩后以充分暴露乳房的姿势躺卧，形成热源，引诱仔猪挨着母猪乳房躺下，授乳时常采取左倒卧或右倒卧姿势，一次哺乳中间不转身，母仔双方都能主动引起哺乳行为，母猪以低度有节奏的哼叫声呼唤仔猪。仔猪哺乳，有时是仔猪以它的召唤声和持续轻触母猪乳房来发动哺乳。一头母猪授乳时，母仔猪的叫声常会引起同舍内其他母猪也哺乳。仔猪吮乳过程可分为四个阶段：开始仔猪聚集于乳房处，各自占据一定位置，以鼻端拱摩乳房；吸吮，仔猪身向后，尾紧卷，前肢直向前伸，此时母猪哼叫达到高峰；最后排乳完毕；仔猪又重新按摩乳房，哺乳停止。

母仔之间是通过嗅觉、听觉和视觉来相互识别和相互联系的，猪的叫声是一种联络信息的方法。例如，哺乳母猪和仔猪的叫声，根据其发声的部位（喉音或鼻音）和声音的不同可分为"嗯嗯"声（母仔亲热时母猪叫声）、尖叫声（仔猪的惊恐声）和鼻喉混声（母猪护仔的警告声和攻击声）三种类型。以不同的叫声，母仔互相传递信息。

母猪非常注意保护自己的仔猪，在行走、躺卧时十分谨慎，不踩伤、压伤仔猪。当母猪躺卧时，选择靠栏三角地带不断用嘴将其仔猪排出卧位，慢慢依栏躺下，以防压住仔猪，一旦遇到仔猪被压，只要听到仔猪的尖叫声，马上站起，防压动作再重复一遍，直到不压住仔猪为止。

带仔母猪对外来的侵犯，先发出警报的吼声，仔猪闻声逃窜或伏地不动，母猪会张合上下颌对侵犯者发出威吓，甚至进行攻击。刚分娩的母猪即使对饲养人员捉拿仔猪也会表现出强烈的攻击行为。这些母性行为，地方猪种表现得尤为明显。现代培育品种，尤其是高度选育的瘦肉猪种，母性行为有所减弱。

9. 后效行为

后效行为也被称为学习行为。猪的行为有的生来就有，如觅食、母猪哺乳和性行为，有的则是后天产生的，如学会识别某些事物和听从人们指挥的行为等，后天获得的行为称条件反射行为，或称后效行为。后效行为是猪生后对新鲜事物的熟悉而逐渐建立起来的。猪对吃、喝的记忆力强，它对饲喂的有关工具、食槽、饮水槽及其方位等，最易建立起条件反射，例如，小猪在人工哺乳时，每天定时饲喂，只要按时给以笛声或铃声或饲喂用具的敲打声，训练几次，即可听从信号指挥，到指定地点吃食。由此说明，猪有后效行为，猪通过任何训练都可以建立起后效行为反应，听从人的指挥，达到提高生产效率的目的。

四、掌握猪的生理数据

猪的生理数据包括体温、心率和呼吸频率。

1. 猪的正常体温范围

猪的正常体温（直肠温度）范围为 38.0～39.8℃。但是对于不同阶段的猪，其体温有所差异，如上午猪的正常体温较傍晚时高 0.5℃。母猪产前 6 小时 39.0℃，产第一头仔猪后 39.4℃，产后 12 小时 39.7℃，产后 24 小时 40℃，产后 1 周至断奶 39.3℃，断奶后 38.6℃。对于不同年龄的猪，体温也有所不同，如初生 1 小时的仔猪体温为 36.8℃，生后 12 小时 38℃，生后 24 小时 38.6℃，哺乳仔猪 39.2℃，保育猪 39.3℃，后备猪 39℃，育肥猪（50～90 千克）38.8℃，中等体重的猪 39.0℃。对于不同性别的猪，其体温也略有差异，如公猪 38.4℃，妊娠母猪 38.7℃，

2. 猪的正常心率

猪的正常心率为 60～80 次/分钟。仔猪出生后 24 小时的心率最高，为 200～250 次/分钟，保育仔猪的心率为 90～100 次/分钟，后备猪的心率为 80～90 次/分钟，育肥猪的心率为 75～85 次/分钟，妊娠母猪和种公猪的心率均为 70～80 次/分钟。

3. 猪的正常呼吸频率

正常呼吸频率为 8～13 次/分钟；仔猪出生后 24 小时的呼吸频率为 50～60 次/分钟，保育仔猪的呼吸频率为 25～40 次/分钟，后备猪的呼吸频率为 30～40 次/分钟，育肥猪（50～90 千克）的呼吸频率为 25～35 次/分钟，妊娠母猪和种公猪的呼吸频率均为 13～18 次/分钟，母猪产前 6 小时的呼吸频率为 95～18 次/分钟，产第一头仔猪后的呼吸频率为 35～45 次/分钟，产后 12 小时的呼吸频率为 20～30 次/分

钟，产后 24 小时的呼吸频率为 15～22 次/分钟。

五、掌握猪的适宜温度范围

1. 公猪的适宜温度范围

公猪舍内空气温度的生产临界范围为 10～25℃，适宜温度为 15～20℃。寒冷的冬季易使公猪患关节炎、流感等，影响其种用性能。高温对种公猪的影响尤为严重，轻者食欲下降、性欲降低；严重者精子产生数量减少，精液品质下降，甚至会中暑死亡。即便天气转凉，公猪也需要 5 周时间，精液品质才能恢复正常。天气炎热时，要给公猪采取机械通风、喷雾降温、地面洒水和遮阳等措施，使公猪感到凉爽，有助于提高精液的质量。公猪舍的保温也很重要，公猪数量少，又单栏饲养、密度小的公猪舍，如果没有保温设施，可在公猪卧区铺上厚厚的垫料，如稻草、麦秸、玉米秸等来增加猪舍的舒适度。在换季的时候，要注意猪舍温度的调整，否则会诱发多种疾病，如秋冬季节的低温、贼风常常诱发病毒性腹泻和流感等病发生。

2. 妊娠母猪的适宜温度范围

妊娠母猪舍内温度要求为 10～27℃，最佳的环境温度是 15.6～20℃。

当环境温度超过 29℃时可导致妊娠母猪热应激。母猪发生热应激时，通过猪体表散发的热量最小，因此必须采取有效的降温措施。妊娠母猪降温最基本的方法是遮阴，加强空气流动，以及安装一些散热降温系统如滴水、喷水或者使用湿帘装置。

正常饲喂的妊娠母猪的最低临界温度：单笼饲养为 20～22.8℃，群养为 13.9℃。群养母猪的最低临界温度低于单笼饲养的母猪，这主要因为群养母猪可以挤在一起相互取暖。添加垫草可以使最低临界温度降低 7℃，厚垫草可以从堆肥中产生热量，从而提供给猪额外的温暖。

3. 分娩母猪的适宜温度范围

母猪产仔后的最适宜室温范围为 12～24℃。

4. 新生仔猪的适宜温度范围

新生仔猪最初几天的适宜温度为 32～35℃，温度处于 21℃时，会使仔猪发生颤抖，而温度低至 16℃时仔猪会更冷。以后仔猪区的温度可以逐渐降到 21～27℃直至断奶。

5. 保育猪的适宜温度范围

保育猪舍内空气温度的生产临界范围为 16～30℃。最佳温度为：冬季 28℃、夏季 26℃。因为断奶仔猪的体温调节能力和胃肠道的消化机能都尚未完全成熟，对温度要求较高，一般断奶第 1 周为 28℃、第 2 周为 25℃、第 3 周为 23℃、第 4 周为 21℃、第 5 周为 20℃，仔猪对低温非常敏感，冷应激可引起肾上腺素在血液中的浓度成倍上升，导致仔猪的消化能力降低，生长缓慢，免疫力下降，可诱发病毒性腹泻、肺炎、气喘病及多系统衰竭综合征的发生。

6. 育成猪的适宜温度范围

育成猪舍内空气温度的生产临界范围为 16～30℃。体重 60 千克以前，适宜温度为 16～22℃；体重 60～90 千克，适宜温度为 14～20℃，最低不低于 12℃；体重 90 千克以上，适宜温度为 12～16℃，最低不低于 10℃。出现高温环境应及时采取降温措施。舍内温度在 4℃以下时，会使增重下降 50%，而单位增重的耗料量是最适温度时的 2 倍。温度过高时，为增强散热，猪只的呼吸频率增高，食欲降低，采食量下降，增重速度减慢，如果再加之通风不良，饮水不足，还会引起猪中暑死亡。

7. 实践经验得出的结论

因为猪的实际有效温度是环境温度、相对湿度、风速、墙和天花板温度、地板特征、体重、采食量、拥挤度以及畜舍内猪饲养数量的综合作用，所以饲养管理者可以通过观察猪的行为表现来作为判断温度合适与否的指标。如果太热，猪会不停地喘气而且分散躺着，似乎昏昏欲睡。如果太冷，它们会挤成一团而且趴着。

六、公猪精液的特性

公猪的精液主要由精子、精清和胶质组成。通常 1 头公猪 1 次采精量一般为 200～400 毫升，滤除胶状物后为 150～250 毫升，但变化范围为 50～500 毫升。公猪的射精量应该以一定时间内多次采精量的平均值为准。量太少，说明采精方法不当，采精次数过多或生殖器官的机能衰退；量太多，说明副性腺分泌物多或混入水、尿等异物。精液量过少或过多均应查明原因。

公猪的精液量与体尺没有明显的相关性，但公猪的总精子数与睾丸大小有关，睾丸大则总精子数一般也较多。

公猪精液的数量和品质受很多因素的影响，如品种、年龄、气候、采精方法、营养、体况及采精或交配频率等。采精或交配频率高，则精液量减少，未成熟精子的比率上升，精液品质下降。高温季节公猪的精液量及品质下降得较寒冷季节快，说明公猪对高温更敏感。

正常公猪射出的精液应为乳白色或灰白色，有较强的气味，在显微镜下观察刚射出的新鲜精液为云雾状。正常的精液带有微腥味。如果精液带有恶臭味，是有炎症的一种表现，受包皮污染的精液气味也很大，带尿味、氨味以及其他气味的精液不能使用。

精子的密度指每毫升精液中所含的精子数。一般用专用的精子密度仪或精虫计数器测定（按仪器使用说明书操作）。精子的密度越大，精液的黏稠度越大；精子的密度越小，精液的黏稠度越小。合格精液的精子密度在 1.5 亿～3.0 亿个/毫升，密度小于 0.5 亿个/毫升的建议不用。

七、掌握好种公猪的初配年龄

后备种公猪参加配种的适宜年龄，一般应根据猪的品种、年龄和体重来确定。公猪的适配年龄至少不应小于 9 个月，我国地方品种猪具有早熟的特点，适配年龄可以适当提前。本地培育品种猪一般为 9～10 月龄，体重在 100 千克左右。国外引进品种猪一般为 10～12 月龄，体重在 110 千克以上。

一般不满 12 月龄的青年公猪还未达到体成熟，只有当青年公猪体成熟后，射精量和精子密度才能达到最大值。过度使用 12 月龄之前尚未体成熟的青年公猪，会降低母猪的受孕率、配种分娩率和产仔数，导致仔猪体弱、生长缓慢。公猪过早参加配种，会影响公猪本身的生长发育，缩短公猪的利用年限；过晚参加配种易使公猪不安，影响正常发育，易产生恶癖。

需要注意的是，由于品种及个体上的差异，公猪的适配年龄不能简单地根据年龄来推算，应该根据其精液品质来确定，只有精液品质达到了交配或输精的要求，才能确定其适配年龄。

种公猪的一般利用年限为 3～4 年，2～3 岁时正值壮年，精液的品质最好，为配种最佳时期。

八、母猪发情及排卵规律

从发情前期到发情后期，总称为发情期。母猪的发情期因个体的不同而异，最短的只有 1 天，最长的 6～7 天，一般为 3～4 天。青年母猪的发情期，较经产母猪的短。本地母猪的发情时间较长，正常为 3～5 天。杂种母猪的发情多为 3～4 天。

种用母猪从性成熟后，开始出现周期性的性活动。从上一次发情开始至下一次发情开始，叫做一个发情周期或性周期。母猪的发情周期为 18～24 天，平均为 21 天。在一个发情周期内，根据母猪生殖器官的生理变化和表现，可分为发情前期、发情旺期、发情后期和休情期四个阶段。

1. 发情前期

从母猪出现神经征状或外阴开始肿胀，到接受公猪爬跨为止。此阶段母猪卵巢中的卵泡加速生长，生殖腺体活动加强，分泌物增加，生殖道上皮细胞增生，外阴部肿胀且阴道黏膜由浅红色变深红色，阴道逐渐流出透明、稍呈白色的黏液，出现神经征状，但不接受公猪爬跨。

2. 发情期（发情中期）

从接受公猪爬跨开始到拒绝公猪爬跨时为止。此阶段是母猪发情的高潮阶段，是发情征状最明显的时期。卵巢的卵泡成熟并排卵，母猪排卵一般发生在发情开始后 24～48 小时，排卵高峰在发情后 36～40 小时左右，母猪排卵持续 10～15 小时或稍长时间，卵子在生殖道内保持受精能力的时间是 8～10 小时。由于生殖道活动加强，母猪的阴门分泌物增加，子宫颈松弛，外阴部肿胀达到高峰，充血发红，阴道黏膜呈深红色。追找公猪，起卧不安，跳圈，鸣叫，发呆，站立不动，愿意接受公猪爬跨和交配。

3. 发情后期

从拒绝公猪爬跨到发情征状完全消失的时期。此时期母猪性欲减退，有时仍走动不安，爬跨其他母猪，但拒绝公猪爬跨和交配。卵巢排卵后，卵泡腔开始充血并形成黄体，生殖器官逐渐恢复到正常状态。

4. 休情期（间情期）

从这次发情征状消失至下一次发情征状出现的时期。此期间卵巢排卵后形成黄体并分泌孕酮，使母猪精神保持安静状态，没有发情征状。

九、后备母猪的初配年龄

母猪的初配是指后备母猪要符合所饲养猪的品种特点，要求年龄、体重和发情次数达到体成熟和性成熟时配种。

后备母猪生长发育到一定年龄和体重，便有了性行为和性功能，称为性成熟。后备母猪达到性成熟后，虽具备了繁殖能力，但猪体的各组织、器官还远未完善，如过早配种，不仅影响第一胎的繁殖成绩，而且将影响猪体自身的生长发育，进而影响以后各胎的繁殖成绩，并且利用年限较短。但也不宜配种过晚，配种过晚，体重过大，会增加后备母猪的培育费用。

后备母猪适宜的初配年龄和体重因品种和饲养管理条件不同而异。一般来说，我国的地方品种猪体成熟和性成熟早，生后 6～8 月龄、体重 50～60 千克即可配种，引进的品种应在 8 月龄左右，日龄 210～230 天、体重 100～120 千克、第 3 次发情，符合这 3 个标准时即可开始配种利用。还有以背膘厚度作为衡量是否适合配种条件的，要求后备母猪的背膘厚为 16～18 毫米时配种，不能低于 12 毫米。如果后备母猪的饲养管理条件较差，虽然月龄达到初配期而体重较小，

最好适当推迟初配年龄；如果后备母猪的饲养管理条件较好，虽然体重达到初配体重要求，而月龄尚小，最好通过调整饲粮的营养水平和饲喂量控制体重，待月龄达到要求，再进行配种。

最理想的适配年龄是使年龄和体重同时达到初配的要求标准。

十、母猪繁殖的生理常数

母猪繁殖的生理常数见表 1-1。

表 1-1　母猪繁殖的生理常数

母猪性成熟期	3～8 月龄
性周期	21 天
产后发情期	断奶后 3～5 天
绝经期	6～8 年
寿命	12～16 年
开始繁殖月龄	8～10 月
可供繁殖年龄	4～5 年
1 年产仔胎数	2.0～2.5 胎
每胎产仔数	8～15 头
母猪分娩时子宫颈开张时间	2～6 小时
分娩时每个胎儿出生间隔时间	1～30 分钟
胎衣排出时间	10～60 分钟
恶露排出时间	2～3 天
妊娠期	114 天

十一、母猪临产征兆

（1）阴部变化　阴道松弛红肿，产前一周外阴红肿。尾根两侧下陷，俗称"塌胯"。

（2）乳房变化　乳房膨大，临产前两三天，两侧乳头外张，呈外八字，产前一天左右乳头能挤出奶水，临产前奶水溢出，证明马上就要分娩。

（3）衔草做窝　民间有"母猪衔草、仔猪到了"的说法。母猪产前 6～8 小时用嘴拱地或用前足扒地面，将垫草衔到睡床周围做窝。

（4）走动不安　母猪起卧不安、频频排尿。

（5）腹部阵缩、阴部流出黏液（羊水已破），这是即刻产仔的迹象。

十二、母猪泌乳规律

（1）泌乳特点　母猪的乳房没有乳池，不能随时排乳，母猪放奶（俗称"来经儿"）时间很短，每次只有十几秒到几十秒，放乳间隔 1 小时左右 1 次，平均每天 21 次左右，泌乳前期放乳次数多于后期，白天高于夜间。饲养员要根据这些特点管理刚出生的仔猪。

（2）母猪的泌乳量　全期泌乳量的变化，一般分娩后泌乳量逐渐增加，至 21 天左右达到高峰，以后逐渐减少。初产母猪的泌乳力低于经产母猪，2～3 胎后上升，以后保持一定水平，6～7 胎后有下降的趋势。

（3）乳头的泌乳量不同　以脐为界，前面几对乳头比后面乳头的泌乳量要多。根据这个特点，在生产中，把弱小的仔猪固定在前四对乳头处，强壮的仔猪固定在后边，达到全窝小猪体重均匀。

十三、猪初乳的重要性

猪乳可分为初乳与常乳，分娩后 3 天内的乳为初乳，以后的为常乳。初乳中除含有丰富的营养成分外，还含有大量母原抗体及免疫球蛋白，在肠道中防止病原菌的侵入，在血液中抑制病原菌繁殖。而新生仔猪没有免疫能力，主要靠从初乳中吸收免疫球蛋白才能获得天然被动免疫。由初乳获得的天然被动免疫在其免疫防治和提高成活率方面起着非常重要的作用。因此必须保证仔猪尽早吃上初乳。

十四、猪各生长阶段的划分

猪各生长阶段的划分标准见表 1-2。

表 1-2　猪各生长阶段的划分

表 1-2　猪各生长阶段的划分

名称	分期	名称	分期
后备母猪	90 千克～配种	仔猪	出生～7 千克
妊娠前期	0～28 天	保育猪	7～30 千克
妊娠中期	29～85 天	生长猪	30～60 千克
妊娠后期	86～107 天	育肥猪	60 千克～出栏
产前 7 天	108～114 天		
哺乳期	0～21 天		
空怀期	断奶～配种		
种公猪	配种期		

十五、规模猪场的重要指标

　　规模化养猪追求的是效益最大化。因此规模猪场要充分发挥各种生产要素的潜能，做到猪尽其才，物尽其用。而指标作为衡量猪场饲养管理好坏的标准，起着非常重要的作用，猪场通过指标考核可以及时发现饲养管理工作中存在的不足并及时加以纠正，所以规模化猪场要制定一些生产技术指标。

　　生产技术指标的制定要充分考虑本场的实际饲养管理水平，依据所饲养的品种、养殖技术水平、养殖设施等条件，并参考其他先进猪场的生产技术指标，制定符合本场实际的、科学实用的生产技术指标。切不可单纯为追求最高生产技术指标而制定不切实际的、根本达不到的指标，影响养殖人员的积极性。

　　通常规模化猪场要制定生产技术指标、生长育肥期性能指标和猪场整体生产技术指标等。

1. 规模化猪场的生产技术指标

　　规模化养猪的生产管理特点是"全进全出"一环扣一环的流水式作业。所以猪舍需根据"全进全出"生产管理工艺流程来规划。根据目前普遍饲养的瘦肉型品种猪的生产特点，我们制定了主要生产技术指标作为参考（表 1-3）。

表1-3 主要生产技术指标

项目	指标
生产母猪平均年产仔窝数/窝	2.1以上
平均每窝产仔猪数/头	11以上
平均窝产活仔猪数/头	10以上
仔猪断奶日龄/天	28以上
配种分娩率/%	85以上
每头母猪年产幼猪数/头	19以上
哺乳仔猪的成活率/%	92以上
保育猪的成活率/%	96以上
生长育肥猪的成活率/%	98以上
全期成活率/%	90以上
基础母猪断奶后第一情期受胎率/%	85以上
基础母猪年提供断奶仔猪数/(头/年)	20以上
仔猪初生重(平均每头)	1.4千克以上
全群料肉比	2.8:1
母猪膘情	

注:全场母猪平均年产胎数不能以年产总胎数除以年终母猪头数来计算,应考虑淘汰、死亡及新产母猪数;料肉比也不能以年用料量除以年上市量来计算,应考虑猪的处理、淘汰、死亡数等;母猪膘情随胎次、年龄的增大要求变低,但这并不影响配种、受胎。

2. 生长育肥期性能指标

生长育肥期性能指标见表1-4。

表1-4 生长育肥期性能指标

指标名称		指标数值
仔猪平均断奶体重(4周龄)/(千克/头)		≥7.0
仔猪保育期(5～10周龄)	期末体重/(千克/头)	≥20.0
	料重比/(千克/千克)	≤1.8
	成活率/%	≥95

续表

指标名称		指标数值
生长育肥期(11~25 周龄)	成活率/%	≥98
	日增重/(克/天)	≥650
	料重比/(千克/千克)	≤3.0
170 日龄体重/(千克/头)		≥90

注：摘自《规模猪场建设》(GB/T 17824.1—2008)。

3. 猪场整体的生产技术指标

猪场整体的生产技术指标见表 1-5。

表 1-5　猪场整体的生产技术指标

指标名称	指标数值
基础母猪年出栏商品猪数/头	≥18
商品猪出栏率/%	≥160

注：摘自《规模猪场建设》(GB/T 17824.1—2008)。

第二章

选择优良的猪品种

品种是指具有共同祖先和相似外形的一群动物和植物，特别是指经驯化、有别于野生型的种群，或指经人工选择发展并由人工控制繁殖以维持的种群。品种应具备来源相同、性状及适应性相似、遗传稳定、种用价值高、有一定结构、有足够数量及被政府或品种协会所承认等条件。品种提供的产品比较符合人类的要求，是人工选择的结果。

优良品种具有高产和高效的特点，是现代畜牧业的标志，决定着畜牧业的产业效益，是畜牧业实现产业化、标准化、国际化和现代化的基础。良种化程度的高低，也是决定猪场未来经济效益的最重要因素。

一、优良品种的重要性

优良品种是现代畜牧业的标志，决定着畜牧业的产业效益。培育、推广、利用畜禽优良品种，提高良种化程度，对于促进畜牧业向高产、优质、高效转变及持续稳定发展，具有十分重要的意义和作用。

优良品种是提高生产力的关键因素。养猪企业中，利润永远放在第一位，而品质越好的种猪，带来的利润自然就会越多。优良品种猪主要表现为生长速度快、饲料转化率高、胴体瘦肉率高、肉色好、肉质好、适应性强、繁殖力强，并具有适用于规模化养殖等特点。如引

进品种的长白猪、大白猪、杜洛克猪以及配套系猪种等具有生长速度快、饲料转化率高、胴体瘦肉率高、肉色好等优点。而我国地方猪种中以东北民猪、西北八眉猪、黄淮海黑猪、汉江黑猪和沂蒙黑猪为代表的华北型猪具有母猪性成熟早、繁殖性能强、母性好、耐寒、耐粗饲等优点；以蓝塘猪、陆川猪、香猪、五指山猪、粤东黑猪、槐猪和滇南小耳猪为代表的华南型猪具有性成熟早、母性好、耐热、早熟易肥、皮薄肉嫩等优点；以金华猪、大花白猪、宁乡猪、皖浙花猪、武夷黑猪和莆田猪等为代表的华中型猪具有生长较快、经济成熟较早、肉质细嫩等优点；以太湖猪、姜曲猪、安徽圩猪和虹桥猪等为代表的江海型猪具有性成熟早、繁殖率高、经济成熟早、增重快等优点；以荣昌猪、内江猪、成华猪、乌金猪和雅楠猪等为代表的西南型猪具有育肥能力强的优点；以青藏高原的藏猪和合作猪为代表的高原型猪具有肉味醇香的优点。这些品种符合养猪企业个性化发展，追求利益最大化的需求。

选择优良品种是建场的关键，饲养优良品种猪是养好猪的基础和源泉。养殖者应根据饲养目的和当地自然环境，因地制宜，选择合适口感、肉料比、抗病性的品种。如在严寒地带，气候寒冷多变，此时排在首位的是抗病性，其次才是肉料比等。如以生产肉质优良的猪肉为主，首先考虑我国地方品种猪种，如梅山猪、民猪、蓝塘猪、荣昌猪、内江猪、宁乡猪、两广小花猪、香猪和藏猪等。如以养殖饲料转化率高、生长速度快、胴体瘦肉率高的猪种为主，就要饲养杜长大三元杂交猪或者配套系猪。因此猪场在确定养殖品种和引进种猪时要充分考察和论证，严格把关，避免引种失败。每一位养猪生产者，都应该具有强烈的良种意识，饲养优良品质种猪是我们养猪人永无止境的追求。

二、目前我国饲养的优良品种猪

目前我国饲养的猪种主要有引进品种、配套系和我国的地方品种。

1. 引进猪种

引进猪种具有生长肥育性能好、瘦肉率高、性成熟晚的优点，但是也存在肉质较差、对饲养管理要求较高的问题。目前引进较多的品种主要有长白猪、约克夏猪（大白猪）、杜洛克猪、汉普夏猪和皮特兰猪。

（1）约克夏猪（大白猪）　约克夏猪（图 2-1）原产于英国约克县及其邻近地区。该品种是以当地猪种为母本，引入我国广东猪种和莱塞斯特猪杂交育成，1852 年正式确定为新品种。约克夏猪可分为大、中、小三型。目前在世界分布最广的是大约克夏猪，因其体型大、全身被毛白色，故又名大白猪，它在全世界猪种中占有重要地位。

图 2-1　约克夏猪

大约克夏猪体型较大，毛色全白，耳朵直立，少数额角皮上有小暗斑，面部稍微中凹，背腰多微弓，腹线平直，四肢较高且结实，肌肉发达，体躯长，臀宽长，平均乳头数 7 对。

大约克夏猪具有增重快、饲料利用率高、繁殖性能较高、肉质好的优点。体质和适应性优于长白猪，母猪以母性好著称。大约克夏母猪初情期在 5～6 月龄左右，一般于 8 月龄（第 3 次发情）、体重达 120 千克以上配种，经产母猪平均产仔 12.2 头，产活仔数 10 头。成年公猪体重 300～500 千克，母猪 200～350 千克。公猪 30～100 千克阶段平均日增重可达 982 克，饲料转化率 2.8%，瘦肉率 62%。

美系大白猪：该品种体大，毛色全白，体宽而长，四肢高大而骨骼粗壮，肌肉特别发达，耳薄而大并向前直立，母猪头胎产仔情况表现相当理想，经测定总产仔数初产 11 头左右，21 日龄窝重 60 千克以上，该品种主要用于提供父母本，进行纯种繁育，杂交改良。

法系大白猪：该品种体大，毛色全白，头长，颜面宽而呈中等长度，耳薄而大并向前直立，体躯长，胸宽背平直稍呈弓形，四肢粗壮结实。该品种生产性能良好，经产窝均产仔数 12.5 头，21 日龄窝重 60.2 千克，达 100 千克校正日龄 143 天，达 100 千克活体背膘 9.28 毫米。该品种主要用于提供父母本，进行纯种繁育，杂交改良。

大约克夏猪的利用：在国外三元杂交中常用作母本或第一父本。最常用的组合是"杜洛克×长白×大约克夏"，简称"杜长大"。用大约克夏猪作父本，分别与民猪、华中两头乌、大花白、荣昌、内江等母猪杂交，均获得较好的杂交效果，其一代杂种猪日增重较母本提高20%以上。二元杂交后代胴体的眼肌面积增大，瘦肉率有所提高。据测定，宰前体重97～100千克的大约克夏×太湖、大约克夏×通城一代杂种猪，胴体瘦肉率比本地猪分别提高3.6和2.7个百分点。

（2）长白猪　长白猪（图2-2）原名兰德瑞斯，原产于丹麦，由于体型特长，毛色全白，故在我国

图2-2　长白猪

都称它为长白猪。长白猪是1887年用大约克夏猪与丹麦本土种猪杂交后经长期选育而成的。1961年成为丹麦全国唯一推广品种。是目前世界分布很广的腌肉型品种。

品种特性：全身白毛，体躯呈流线形，前轻后重，头小，鼻嘴直、狭长，两耳向前下平行直伸，背腰特长，后躯发达，臀部和腿部丰满，乳头数7～8对。

长白猪具有生长快、饲料利用率高、瘦肉率高（瘦肉率可达62%以上）、母猪产仔多、泌乳性能较好等优点，多用作母本。长白猪性成熟较晚，6月龄开始出现性行为，9～10月龄、体重达120千克左右开始配种，初产母猪产仔数10～11头，经产母猪产仔数11～12头，仔猪初生重量可达1.3千克以上。但长白猪存在体质较弱、不耐寒、抗逆性较差、对饲养条件要求较高等缺点。

美系长白猪：该品种体大，毛色全白，体型修长、丰满均匀，四肢粗壮，增重快，肌肉特别发达，两耳向前下平伸直，母猪头胎产仔情况表现相当理想，经测定总产仔数初产11头，21日龄窝重62千克以上，该品种主要用于提供父母本，进行纯种繁育，杂交改良。

法系长白猪：该品种体大，毛色全白，头肩窄，嘴直而长，背线平直稍呈弓形，腿臀肌肉发达，耳大长向前倾。该品种生产性能良好，经产窝均产仔12.78头，21日龄窝重61.5千克，达100千克

校正日龄 147 天，达 100 千克活体背膘 10.07 毫米。该品种主要用于提供父母本，进行纯种繁育，杂交改良。

丹系长白猪：丹系长白猪的繁殖性能，尤其是泌乳性能极佳，用于与英系大白猪杂交生产英丹系二元母猪，体长背平，产仔略逊于美法系，但易于配种，适应性好。

长白猪的利用：长白猪被广泛用作杂交父本品种。在国外三元杂交中长白猪常作为第一父本或母本。以长白猪为父本、以我国大多本地良种猪为母本杂交后代，均能显著提高日增重、瘦肉率和饲料转化率。

（3）杜洛克猪 杜洛克猪（图 2-3）原产于美国东北部，其主要亲本是纽约州的杜洛克和新泽西州的泽西红，故原名为杜洛克泽西猪。为世界著名的鲜肉型品种，现在世界分布很广，我国的台湾也有自己培育的品系。

图 2-3 杜洛克猪

毛色棕红色，色泽可由金黄色到暗棕色，樱桃红色猪最受欢迎，皮肤可能出现黑色斑点，但不允许身上有黑毛或白毛。耳朵中等大小，向前稍下垂，头较清秀，体躯宽深，背略呈弓形，四肢粗壮，臀部肌肉发达丰满。性情温顺，抗寒，适应性强。

杜洛克猪具有生长快、饲料转化效率高、瘦肉率高、抗逆性强的优点，但是它又具有产仔少、泌乳力稍差的缺点。根据国内几个大杜洛克种猪场的报道：种猪平均产仔数为 9.1～9.2 头。测定公猪 20～90 千克阶段平均日增重为 750 克左右，饲料转化率 3 以下。我国杜洛克种猪平均窝产仔 (9.9±1.8) 头，达 90 千克活重日龄 159 天，平均日增重 760 克，饲料转化率 2.55%，90 千克屠宰率 74.4%。

美系杜洛克：美系杜洛克全身背毛棕红色，由金黄色到暗棕色，头中等大小，嘴短直，耳中等大小，耳根稍立，中部下垂，略向前倾，背腰平直，腹线平直，体躯较宽，肌肉丰满，四肢粗壮结实。其特点是：体质健壮，抗逆性强，生长速度快，饲料利用率高，胴体瘦肉率高，而且雄性更强、增重更快。母猪头胎窝均产仔数 10 头以上，21 日龄初产窝重 52 千克以上，该品种主要用于终端父本。

所以此品种在二元杂交中一般都作为父本，在三元杂交中作为终端父本。以杜洛克为父本与我国地方品种猪杂交后代，能显著提高生长速度、饲料转化效率及瘦肉率。

（4）汉普夏猪　汉普夏猪（图 2-4）原产于美国肯塔基州的布奥尼地区，是由当地薄皮猪和英国引进的白肩猪杂交选育而成的。为世界著名的鲜肉型品种。被毛黑色，在肩和前肢有一条白带环绕，俗称"白带猪"。嘴较长而直，耳朵中等大小而直立，体躯较长，肌肉发达，膘薄瘦肉多。

图 2-4　汉普夏猪

汉普夏猪具有瘦肉率高、眼肌面积大、胴体品质好等优点。但是比其他瘦肉型猪生长速度慢，饲料报酬稍差。成年公猪体重 315～410 千克，成年母猪体重 250～340 千克。一般窝产仔数 10 头左右。据测试，公猪平均日增重可达 845 克，饲料转化率 2.5%，瘦肉率 61.5%。

汉普夏公猪性欲旺盛，是比较理想的杂交配套生产体系中的父本，因母性良好，也可作母本。由于汉普夏猪具有瘦肉多、背腰薄的特点，以汉普夏猪为父本，地方品种猪作为母本杂交能显著地提高商品猪的瘦肉率。

（5）皮特兰猪　皮特兰猪（图 2-5）原产于比利时的布拉帮特地区。1919～1920 年在比利时布拉帮特附近用本地猪与法国的贝衣猪杂交改良，后又导入英国的泰姆沃斯猪的血液，1955 年被欧洲各国所公认，是近年来欧洲较为流行的肉用型新品种。

图 2-5　皮特兰猪

皮特兰猪体躯呈方形，体宽而短，四肢短而骨骼细，呈双肌臀，肌肉特别发达。被毛灰白，夹有黑色斑点，有的还杂有部分红毛。耳朵中等大小、向前倾。

经产母猪平均窝产仔数 9.7 头，背膘薄。其最突出的特点是胴体中的瘦肉比重很高，达 78%，并能在杂交中显著提高杂交后代的胴体瘦肉比重；缺点是 90 千克以后生长速度显著减慢，耗料多，50% 猪含有氟烷隐性基因，易出现 PSE 肉（Pale Soft Exudative Mect，简称 PSE 肉），肉应激反应在所有猪种中居首位，肌肉的肌纤维较粗。

由于皮特兰猪的胴体瘦肉率很高，在杂交体系中是很好的终端父本猪。最好利用它与杜洛克猪或汉普夏猪杂交，杂交 F1 代公猪作为杂交系统的终端父本，这样既可提高瘦肉率，又可防止 PSE 肉的出现。

2. 配套系

配套系是为了使期望的性状取得稳定的杂种优势而利用各品种猪建立的繁育体系，或者简称配套系就是一个繁育体系。这个体系基本由原种猪、祖代猪、父母代猪以及商品代猪组成，其中的原种猪又称为曾祖代猪。

配套系猪的繁育体系结构基本如下：

原种　A系(公/母)　B系(公/母)　　C系(公/母)　D系(公/母)

祖代　A系公　×　B系母　　　C系公　×　D系母

父母代　　AB系公　　　×　　　　CD系母

商品代　　　　　　ABCD

这是一个典型的四系配套模式，在配套系猪育种的实践中，可以基于以上模式有多种形式，或多于四个系，如五个系的 PIC 配套系猪、斯格配套系猪，或少于四个系，如三个系的达兰配套系猪。

配套系猪通常由 3～5 个专门化品系组成，各专门化品系基本来源于前面介绍的几个品种猪：长白猪、大白猪、杜洛克猪、皮特兰猪等，各猪种改良公司分别把不同的专门化品系用英文字母或数字代表，这将在后续内容中介绍。随着育种技术的进步，各专门化品系除了上述纯种猪之外，近年来还选育了合成类型的原种猪。这样的专门化品系选育过程基本经历了猪种改良公司的选育，分别按照父系和母系两个方向进行选育，父系的选育性状以生产速度、饲料利用率和体形为主，而母系的选育以产仔数、母性为主。这些理论为培育专门化品系指明了方向，在养猪业中，品种概念逐渐被品系概念所替代。

配套系猪都在比较大型的猪种改良公司选育，这些公司规模较大，经济实力强，猪种资源丰富，技术先进，目标市场明确。

配套系猪是养猪业发展中的新事物，它的出现是基于生物种内不同品种（种群）生物杂交的后代，在许多经济性状上，有超过其父母平均值倾向的现象，即杂种优势现象。猪也是这样，由于杂种优势的存在，人们力图通过最简单的办法获得并代代相传的，以提高生产效率，但遗传学理论和实践证明，杂种优势是无法通过自群繁殖的方式代代相传的，于是，聪明的人想通过一定体系获得和保持杂种优势，并根据市场的需求，不断发展和提高杂种优势的水平，这个想法首先在粮食生产中得到实现，杂种优势在农业生产中大显身手，大幅度提高了粮食产量。这种现象引起养猪人的关注，国外的猪育种公司从20世纪六七十年代就研究配套系猪育种，并在八九十年代推出商业化配套系猪种，在养猪生产中逐步推广，配套系猪曾有混交种、杂优猪等称呼。我国适时从国外引进了配套系种猪，通过长期饲养和研究，国内的种猪公司也开展配套系猪的选育。业界的一些专家、企业家，多有人认为，配套系猪代表了猪业产业化发展中选育猪种的方向，当然也有一些专家、企业家持不尽相同的意见，认为现行的三元杂交就很好了。目前世界上的主要配套系猪都已经落户我国，并在生产中起到积极作用。

配套系与现行的三元杂交猪的差别在于期望性状（如产仔头数、生长速度、饲料转化率等）可以获得比通常的三元杂交（或多种杂交方式）更加稳定的杂种优势，其终端商品肉猪具有通常的三元杂交猪无法相比的高加工品质，如整齐划一，屠宰率、分割率高等，这些优秀品质是通过配套体系（从原种、祖代、父母代直到商品代）实现的。

选择使用配套系种猪时，需要了解配套系终端商品猪优秀的生产性能，必须通过特定的繁育体系保障，不是简单地到市场上购买几个品种的种猪，模仿已有的配套模式（杂交）就能达到目标。配套系猪育种公司在推出某配套系猪种后，在原种猪层次上不断淘汰、选育和开展杂交试验，与时俱进推出新的配套系猪，适应市场的需求，其技术、经济实力不是一般猪场能够办到的。比较直接的办法是选择做某配套系猪种的祖代或父母代猪场，饲养祖代或父母代种猪，以确保配套系商品猪的正常生产（主要是确保父母代种猪更新的来源），当仅仅引进父母代种猪生产商品猪时，需要仔细考虑种猪更新是否便捷和来源是否稳定，权衡更新种猪的费用与饲养配套系猪所得到的收益是否更有利。

目前国内饲养的引进配套系猪种有：PIC 配套系、斯格配套系、伊比德配套系、达兰配套系、迪卡配套系等，还有我国自行培育的中育配套系、深农配套系等。

（1）PIC 配套系　PIC 配套系父母代种猪的特点：父母代种猪来自扩繁场，用于生产商品肉猪，包括父母代母猪和公猪。

父母代母猪 CDE 系，商品名称康贝尔母猪，产品代码为 C22，被毛白色，初产母猪平均产仔 10.5 头以上，经产母猪平均产仔 11.0 头以上。

父母代公猪 AB 系，PIC 的终端父本，产品代码为 L402，被毛白色，四肢健壮，肌肉发达。

终端商品猪：ABCDE 是 PIC 五元杂交的终端商品肉猪，155 日龄达 100 千克体重；育肥期饲料转化率 1：(2.6～2.65)，100 千克体重背膘小于 16 毫米；胴体瘦肉率 66%；屠宰率 73%；肉质优良。

PIC 公司拥有足够的曾祖代品系，在五元杂交体系中，根据市场和客户对产品的不同需求，进行不同的组合用以生产祖代、父母代以及商品猪。目前 PIC 中国公司的父母代公猪产品主要有 L402 公猪，陆续推出的新产品有 B280、B337、B365 以及 B399 等；父母代母猪除了 PIC 康贝尔 C22 以外，将陆续供应市场的还有康贝尔系列的 C24、C44 父母代母猪等。

（2）达兰配套系　母系和父系的一般特点：达兰配套系猪的父系

体型大，主要选择生长速度、背膘厚度、应激敏感基因状况及肉质等性状。

母系同样体型大，主要选择繁殖性能，如适合繁殖能力发挥的体质外貌、产仔能力、哺乳能力（以仔猪断奶体重为标志）以及断奶后发情配种等。

终端商品育肥猪（又称杂优猪）具有典型肉用方形体型而不是所谓的健美体型，体现整体的产肉率，出栏体重大，整齐，生长速度快，饲料转化率高，肉质细嫩多汁。

（3）斯格配套系　母系和父系的一般特点：

母系的选育方向是繁殖性能好，主要表现在：体长、性成熟早、发情征状明显、窝产仔数多、仔猪初生体重大、均匀度好、健壮、生活力强，母猪泌乳力强。

父系的选育方向是产肉性能好，主要表现在：生长速度快，饲料转化率高，屠宰率高，腰、臀、腿部肌肉发达丰满，背膘薄，瘦肉率高。

终端商品育肥猪（又称杂优猪）群体整齐，生长快、饲料转化率高、屠宰率高，瘦肉率高、肉质好、无应激、肌内脂肪 2.7%～3.3%，肉质细嫩多汁。

（4）伊比德配套系　母系和父系的一般特点：

选育母系突出繁殖性能好，但要求生长速度、背膘厚度和饲料转化率也必须达到一定的水平，才能够选作继代种用，主要表现在：体长结实、体躯高大结构好，第二性征明显，如奶头、外阴部发育好、发情明显、产仔数多而整齐、健壮活泼，母猪泌乳力强。

父系的选育方向是育肥性能好，主要表现在：生长速度快、饲料转化率高，氟烷敏感基因阴性，腰、臀、腿部肌肉发达丰满，背膘薄，眼肌面积大，瘦肉率高等。

终端商品育肥猪（又称杂优猪）体重大，整齐，生长快，饲料转化率高、屠宰率高，瘦肉率高、肉质好、肌内脂肪2.8%、肉质细嫩多汁、无应激。

（5）迪卡配套系　该配套系具有产仔数量多（初产11.7头、经产12.5头），生长速度快（肥猪达90千克小于150天），采食抓膘能力强（饲料效率 2.8∶1），胴体瘦肉率高（大于 60%），肉质好（无 PSE 肉），适应性强，抗应激强，体质结实，群体整齐度高等突出优点。

任何代次的迪卡猪均具有典型方砖形体型、背腰平直、肌肉发达、腿臀丰满、结构匀称、四肢粗壮、体质结实、生长速度快、饲料转化率高、屠宰率高及群体整齐的特征。

（6）中育配套系 中育配套系（图 2-6）母系和父系的一般特点：

母系突出选育繁殖性能好，生长速度快，饲料转化率高。

父系突出选育瘦肉型体型，体质结实，肌肉发达，四肢粗壮，生长速度快，饲料转化率高，背膘不厚且均匀，瘦肉率高，氟烷敏感基因阴性。

图 2-6 中育配套系公猪

终端商品育肥猪出栏体重大，整齐，生长速度快，饲料转化率高，屠宰率高，瘦肉率高、肉质好、无应激。

（7）深农配套系 母系和父系的一般特点：

母系的选育方向是繁殖性能好，主要表现在：体长、发情征状明显、窝产仔数多、均匀度好、健壮、生活力强，母猪泌乳力强。

父系的选育方向是产肉性能好，主要表现在：体形外貌好、生长速度快、饲料转化率高，背膘薄，瘦肉率高，体质结实。

终端商品育肥猪的群体整齐，生长速度快，饲料转化率高，屠宰率高，瘦肉率高、肉质好。

3. 我国地方品种

我国幅员辽阔，地形地貌复杂，气候条件差异大，生物品种资源极其丰富，猪的种类也比较多，猪的生活习性和饲养环境各不相同。经过我国劳动人民多年的精心选择，培育出了许多优良品种和各具特点的猪种。我国猪种大都表现出对周围环境的高度适应性、耐粗饲放养管理、性成熟早、繁殖力高、抗病性强和肉质好等优良生产性能，但缺点是生长缓慢且含脂肪较多。列入国家级保护的猪品种有 34 个，同时列入各省重点保护的也有几十个。每个地区都有其代表的地方猪种，如两广小花猪、宁乡猪、太湖猪、藏猪、东北民猪等。对我国和世界养猪业的发展做出了重要贡献。约克夏猪（大白猪）就含有我国广东猪的血统，我国的枫泾猪、梅山猪及民猪于1989年被引入美国，美国著名的巴克夏猪就是以原产于英格兰的巴克夏猪用中国猪和泰国及那不勒斯的猪加以改良的。现对有代表性的品种简要介绍如下。

（1）梅山猪　见图2-7。

产地和分布：主要分布在江苏省的太仓、昆山以及上海、嘉定等地，梅山猪是太湖猪中的一个类群，以太湖排水干道——浏河两岸为繁殖中心。

体形外貌：体形中等，头大额宽，额部褶皱多且深，耳大并下垂，

图2-7　梅山猪

全身被毛黑色或青灰色，毛稀疏，四肢蹄部为白色，乳头多为8～9对。

生产性能：梅山猪以繁殖力高、泌乳力强、使用年限长和肉质鲜美著称。具有较强的环境适应能力，耐粗饲，性成熟早，于2.5～3.0月龄达到初情期，成年母猪平均排卵29枚。利用年限长，产仔多，3胎以上能达到16头。

（2）内江猪　见图2-8。

产地和分布：内江猪主要产于四川省的内江市，而以内江市东兴镇一带为中心产区，历史上曾称"东乡猪"。

图2-8　内江猪

体形外貌：体型大，头大，嘴筒短，额面横纹深陷成沟，额皮中部隆起成块，俗称"盖碗"。耳中等大、下垂，体躯宽深，背腰微凹，腹大不拖地，四肢较粗壮，皮厚，成年种猪体侧及后腿皮肤有深皱褶，俗称"瓦沟"或"套裤"。被毛全黑，鬃毛粗长。乳头粗大，有6～7对。

生产性能：内江猪有适应性强和杂交配合力好等特点，但存在屠

宰率较低、皮较厚等缺点。小公猪 54 日龄时有爬跨行为，公猪一般
5～6 月龄即可初次配种。公猪可利用 3～5 年。母猪于 113（74～
166）日龄时初次发情。母猪一般 6 月龄时初次配种。母猪泌乳力较
强，母猪利用年限最适繁殖期为 2～7 岁。对外界刺激反应迟钝，忍
受力强，对逆境有良好的适应性。

（3）荣昌猪　见图 2-9。

图 2-9　荣昌猪

产地和分布：荣昌猪原产于四
川省荣昌和隆昌两县，主要分布在
永川、泸县、泸州、合江、纳溪、
大足、铜梁、江津、壁山、宜宾及
重庆等十余个县、市。

体形外貌：体型中等，身躯长，背腹微凹，腹大而深，臀部稍倾
斜，四肢结实，结构匀称，头大小适中，面微凹，耳中等大、下垂，
额面皱纹多而深，头部黑斑不超过耳部，毛稀、鬃毛洁白粗长，母猪
乳头 6～7 对。

生产性能：荣昌猪具有适应性强、瘦肉率较高、配合力好、鬃质
优良等特点。公猪 4 月龄时进入性成熟期，5～6 月龄时可用于配种。
可利用到 3～5 岁。母猪初情期平均为 85.7（71～113）日龄。母猪
初配月龄一般为 4～5 月龄，但以 7～8 月龄、体重 50～60 千克较为
适宜。繁殖利用年限以 6～7 岁为宜。

图 2-10　民猪

（4）民猪　见图 2-10。

产地和分布：民猪（大民猪、
二民猪、荷包猪），原产于东北和华
北部分地区。主要分布于黑龙江、
吉林、辽宁、河北等省。

体形外貌：头中等大，面直长、
耳大下垂，体躯扁平，背腰狭窄，
臀部倾斜，四肢粗壮，全身被毛黑色，猪鬃较多，冬季密生绒毛。抗
寒能力强。在 -28℃ 仍不发生颤抖，-15℃ 下正常产仔哺育。乳头
7～8 对。

生产性能：民猪具有抗寒能力强、体质强健、产仔较多、脂肪沉

积能力强和肉质好的特点。适于放牧和较粗放的管理，性成熟早，母猪 4 月龄初情，护仔性强。体重 90 千克左右时开始配种，母猪于 8 月龄、体重 80 千克左右时初配。产仔数头胎 11 头，三胎 11.9 头，四胎以上 13.5 头。

（5）两广小花猪 见图 2-11。

图 2-11 两广小花猪

产地和分布：两广小花猪由陆川猪、福绵猪、公馆猪和广东小耳花猪（包括黄塘猪、塘缀猪、中垌猪、桂墟猪）归并，1982 年起统称两广小花猪。分布于广东省和广西壮族自治区相邻的浔江、西江流域的南部，包括广东的湛江、肇庆、江门、茂名和广西的玉林、梧州等地区。中心产区在陆川、玉林、合浦、高州、化州、吴川、郁南等地。

体形外貌：体型较小，具有头短、颈短、耳短、身短、脚短和尾短"六短"特征，额较宽，有"〈〉"形或菱形皱纹，中间有白斑三角星，耳小向外平伸，背腰宽广凹下，腹大拖地，体长与胸围几乎相等。被毛黑白花，除头、耳、背、腰臀为黑色外，其余均为白色。成年公猪体重为 103.2～130.9 千克，母猪为 81～112 千克。

生产性能：两广小花猪具有早熟易肥、产仔较多、母性好等优点。但背凹，腹大拖地，生长发育较慢，饲料利用率较低。公猪 2～3 月龄就能配种，公猪一般利用 4 年左右。母猪 4～5 月龄初配，在 6～7 月龄、体重 40 千克以上时开始配种，头胎产仔 8 头左右，三胎以上 10～11 头。

（6）藏猪 见图 2-12。

产地和分布：藏猪是藏区古老的原始品种，主要分布在海拔 2800～3500 米的半山地带，系高原放牧猪种，终年随牛、羊混群或单群放牧，长期生活在交通闭塞、气候严寒、四季不分的高寒山区。以野果（青

图 2-12 藏猪

杠籽等）和植物根茎等为食。

体形外貌：体小，嘴筒长直、呈锥形，额面窄，额部皱纹少，耳小直立、或向前平伸，体躯较短，胸较狭，背腰平直或微弯，腹线较平，后躯较前驱高，臀部倾斜，四肢紧凑结实，蹄质坚实直立，鬃毛长而密，每头可产鬃93～250克，被毛黑色居多，部分初生仔猪有棕黄色纵行条纹。

生产性能：藏猪具有皮薄、胴体瘦肉率高、肌肉纤维特细、肉质细嫩、野味较浓、适口性极好等特点。终年放牧生长缓慢，成年母猪体重41千克，公猪体重36千克，头胎产仔4～5头，三胎以上6～7头。肥育期日增重173克，48千克左右屠宰率为66.6%，膘厚3厘米，眼肌面积16.8厘米^2，瘦肉率为52.5%。

（7）野猪 野猪是一种杂食性野生动物，其肉鲜美细嫩，属低脂肪、低胆固醇肉类。据测定，野猪胴体瘦肉率比家猪高6～8个百分点，肌肉中亚油酸含量比家猪高出1.5～2倍（亚油酸目前被认为是唯一对人体最重要的必需脂肪酸，缺乏时可导致人体代谢紊乱，皮肤病变，生殖机能障碍和器官病变）。野猪肌肉中所含的动物蛋白和不饱和脂肪酸具有降低血脂、防止动脉硬化所致的冠心病和脑血管病的作用，因此野猪肉又是一项有待开发的新型肉类保健食品。

饲养野猪具有市场广、销量大的特点，是农村脱贫致富不可多得的好项目。

特种野猪是利用野生猪种驯养后通过专家进行杂交改良的，克服了其原有的野性，使其既有家猪的温驯和优良种猪生长快、肉料报酬高的优点，又保持了野猪原有的外形和具有野味、抗病极强、少得病、管理粗放的特点。

特种野猪的生态习性：被毛粗而稀，一般为灰黑或灰黄色。成年母猪体重100～150千克；对外界反应敏捷，有效乳头7对以上。特种野猪群居性强，容易合群。

特种野猪的适应性能：特种野猪经驯养后的后代对环境的适应性较强，能很快地适应圈养。每头特种种野猪圈面积不少于3米^2，设运动场3～4米^2，墙高不低于1.6米，圈与运动场之间最好有一道能关闭的门，以便能隔开母猪，更好地对苗猪进行疾病防治。特种野猪对疾病的抵抗力较强，在注射猪瘟、丹毒、肺疫和五号病等疫苗后安全有效，但特种野猪对药物的敏感性较强，宜以安全剂量为佳，应少量多次使用。特种野猪各类食物都要吃，特别喜食青绿多汁饲料，其饲料可以薯类、青菜为主。

野猪的繁殖：母猪初情期为 5 月龄左右，但初情不明显，一般 6 月龄可试配。方法是将公猪赶入母猪圈 1～2 天。一般夜间交配较多，20 天后观察母猪是否再发情，如无动情，则说明配上了，特种野猪情期受胎率可达 95％以上。

野猪的经济杂交：因纯种野猪繁殖力偏低，仔猪生长较慢，成猪后躯臀部不够丰满等缺点，必须采用导入优良家猪血统来弥补。将野猪改良为特种野猪，既保持了野猪瘦肉率高、适应性强、有野味的优点，又克服了野母猪仅在春季发情和在人工饲养下不易管理的缺点，使特种野猪既温驯又高产，平均产仔数可达 13 头以上，育成率达 97％。福建省福州市闽侯县尚干镇招宝农业开发公司技术员在专家指导下，经过几年摸索，杂交商品猪 60 日龄离群日增重达 290 克。育成肥猪的猪肉口感好、肉质红润，熟肉有香、鲜及野味感好的特点，深受宾馆、饭店的欢迎。

三、公猪与母猪的相对重要性

由于在一个特定季节或一生中，公猪比母猪的后代要多得多，所谓"母猪好，好一窝；公猪好，好一坡"。因此，从遗传观点上看，就整个猪群来说，单个公猪比母猪更重要，而就一个后代来说，公猪和母猪同等重要。由于 1 只公猪在特定时间内能与多只母猪配种，因此公猪通常比母猪选择得更严格，而育种者用在优秀公猪身上的费用要比同样优秀的母猪高。

同样在生产中养猪场也更愿意花费高于母猪几倍甚至是数十倍的价格来购买被公认为优秀的种公猪。如我们常见的种猪拍卖，被拍卖的种公猪价格都非常高，同时也会给养殖者带来丰厚的回报，因为该种公猪的精液可以高于一般种公猪精液的几倍，饲养这类种公猪的效益自然也好。

但是，从遗传的角度来说，大部分情况下公猪和母猪对任何一个后代的影响是相同的，所谓"公的好，母的好，后代错不了"。因此要力求种公猪和种母猪均要有优秀的性能。

四、利用好杂交优势

杂交是指不同品种、品系或品群间的相互交配。杂交是在纯种繁育的基础上，利用杂交优势，进一步提高各项生产性能，增强杂种后代的生活力。同时通过杂交，综合几个品种的优点，掩盖某些品种的一些主要缺陷。纯繁选育和杂交，是两个相互独立而又相互联系的过程，只有做好猪品种的纯种选育工作，杂交才会取得显著的效果。

生物学上有杂种后代表现出优于其亲本平均值的现象，对大多数性状而言，杂种的性能，如生活力、生长势和生产性能等方面一般总是优于其亲本的平均值。遗传学上也证明亲本的显性基因常比其隐性基因更有优势。因为不利性状常是隐性的，杂交提供了改良某些性状的最佳办法，通过显性基因（优点）掩盖或抑制隐性基因（缺点）而实现的，这种优势互补性解决了单个品种或品系存在的缺点，有目的地利用它们的优点进行杂交，使理想性状最大化，而使不利性状最小化。猪的很多性状，如产仔数、泌乳力、生长速度、饲料利用率、瘦肉率等是由多对不同遗传类型基因决定的。因此，其杂种优势的表现程度也不一样，总的来说，遗传力低的性状容易获得杂种优势，如产仔数、初生个体重、断奶窝重和成活率等；相反，遗传力高的性状难以获得杂种优势，如胴体长、背膘厚和眼肌面积等。亲本的遗传基础差异越大，杂种优势的表现就越明显，如瘦肉型猪×脂肪型猪、北方品种×南方品种等。当然不同的杂交组合和杂交方法，会直接影响杂交效果。有计划地选用2个或者2个以上不同品种猪进行杂交，利用杂种优势来繁殖具有高度经济价值的育肥猪。养猪实践中普遍利用这些规律来进行养猪生产。

1. 常见的杂交方式

主要有二元杂交、三元杂交、四元杂交、级进杂交、轮回杂交、顶交为主的二元杂交等，商品猪生产中常用的是引进品种的三元杂交和四元杂交方式。

（1）猪的二元杂交　二元杂交（又称"简单经济杂交"）是利用两个不同品种的公、母猪进行杂交所产生的杂种一代猪，直接将杂种一代的杂种优势用于经济目的（后代用来育肥，作商品猪）。这就是目前养猪生产推广的"母猪本地化、公猪良种化、肥猪杂交一代化"，是应用最广泛、最简单的一种杂交方式。

以两个品种的公母猪杂交，猪的两品种杂交（二元杂交）形式为：A品种公猪与B品种母猪交配，产出的后代可用作商品育肥猪。

在这种杂交方式中，父本可选用引进品种中生长速度快、饲料报酬较好、胴体瘦肉率高的杜洛克品种，母本可选用繁殖性能好、适应性强的大白、长白品种，或用本地品种、本地培育品种作母本。在选用本地品种或本地培育品种作母本时，繁殖性能会比大白或长白品种作母本好，但杂种后代的生长速度、饲料利用率和胴体瘦肉率方面的表现，比选用后者作母本时差。猪的两品种杂交（二元杂交）有如下几种类型：本地猪种与地方良种；地方良种与引入品种；地方良种与国内新培育的品种；引入品种与引入品种。试验表明：猪的平均日增重优势率为6％左右，饲料利用率的优势率约3％。

（2）猪的三元杂交　三元杂交是先用两个品种杂交，产生在繁殖性能方面具有显著杂种优势的母本群体，再用第三个品种作父本与其杂交。这种杂交方式直接获得了最大的直接杂种优势和母本杂种优势。另外，三元杂交比二元杂交能更好地利用遗传互补性。一般比二元杂交的肥育效果更好。因此，三元杂交在商品肉猪生产中已被逐步采用。最常见的组合有杜-长-大或杜-大-长。

猪的三品种杂交（三元杂交）形式为：

A品种的公猪与B品种的母猪杂交，在其后代中选择优良的母猪（AB）再与C品种的公猪杂交，所产的后代一律作商品育肥猪。

例：长白或大白的公猪与大白或长白的母猪杂交，选其后代长大或大长母猪再与杜洛克公猪杂交，所产的后代杜-长-大或杜-大-长三元猪即为商品育肥猪。

（3）猪的四元杂交　猪的四元杂交也称为双杂交。即在组代先用四个品种分别进行两两杂交，产生父母代；再在父母代中选留父系和母系进行杂种间杂交，生产经济性状更好的商品猪。这种杂交方式，不仅能够保持杂种母猪的杂种优势，提供生产性能更高的杂种猪用来育肥，可以不从外地引进纯种母猪，以减少疫病传染的风险，而且由于猪场只养杂种母猪和少数不同品种良种公猪轮回相配，在管理和经济上都比二元杂交、三元杂交具有更多的优越性。这种杂交方式，不论养猪场还是养猪户都可采用，不用保留纯种母猪繁殖群，只要有计划地引用几个肥育性能好和胴体品质好，特别是瘦肉率高的良种公猪作父本实行杂交，其杂交效果和经济效益都十分显著。

猪的四品种杂交（双杂交）形式为：A 品种的公猪与 B 品种的母猪杂交，其后代公猪再与 C 品种公猪跟 D 品种母猪杂交所得后代母猪杂交，获得的商品育肥猪具有 ABCD 四个品种的优势。

在这种方式中，可用汉普夏作父本、杜洛克作母本，生产杂种公猪，用大白和长白互作父母本，生产杂种母猪，或用大白或长白作父本，本地品种或本地培育品种作母本生产杂种母猪。应该注意的是，不同地区、不同市场条件要求的商品育肥猪的类型不同，而且同一品种不同类群的猪产生的杂交效果也不同。因此组织猪的杂交时，在品种的选用和作父母本的安排上，并不是一成不变的。不同的猪场，应根据本地区和特定市场的要求，开展不同猪品种间的杂交配合力测定工作，摸索出一种或几种最佳杂交组合形式。

2. 杂交亲本选用的原则

所谓杂交亲本，即猪进行杂交时选用的父本和母本（公猪和母猪）。实践证明，要想使猪的经济杂交取得显著的饲养效果，一个重要的条件是父本必须是高产瘦肉型良种公猪。如我国从国外引进的长白猪、大白猪（约克夏猪）、杜洛克猪、汉普夏猪、皮特兰猪、迪卡配套系猪等高产瘦肉型种公猪等都可作为父本，尤其用杜洛克公猪作为终端父本，它们的共同特点是生长快、耗料少、体形大、瘦肉率高，是目前最受欢迎的父本。

注意第一父本的繁殖性能不能太差，凡是通过杂交选留的公猪，其遗传性能很不稳定，要坚决淘汰，绝对不能留做种用。

对母本猪种的要求，特别要突出繁殖力高的性状特点，包产仔数、产活仔数、仔猪初生重、仔猪成活率、仔猪断奶窝重、泌乳力和护仔性等性状都比较良好。由于杂交母本猪种需要量大，故还需强调其对当地环境的适应性。母本如果选用引进品种，应选择产仔数多、母性强、泌乳力高、育成仔猪数多的品种，如大白、长白等，都是应用最多的配种。

由于我国地方品种母猪适应性强、母性好、繁殖率高、耐粗饲、抗病力强等，可以利用引进品种的良种公猪和地方母猪杂交后产生后代。这些后代一是生长快，饲料报酬高；二是繁殖力强，产仔多而均匀，初生仔体重大，成活率高；三是生活力强，耐粗饲，抗病力强，胴体品质好。选用我国地方品种时要选择分布广泛、适应性强的地方品种母猪，如太湖猪、哈白猪、内江猪、北京黑猪、里岔黑猪、烟台黑猪或者其他杂交母猪。

由此可知，亲本间的遗传差异是产生杂种优势的根本原因。不同经济类型（兼用型×瘦肉型）的猪杂交比同一经济类型的猪杂交效果好。因此，在选择和确定杂交组合时，应重视对亲本的选择。

3. 种公猪的挑选

种猪是繁殖的基础，种公猪的质量对猪场至关重要。种猪的质量直接影响整个猪群的生产水平。所以种猪的选择是养猪生产中关键的第一步，只有将种猪选好才能生产出优良的后代，种猪的选择必须符合生产目标。下面介绍一下挑选种公猪的具体指标。

（1）品种和外形特征的选择

① 品种特征　不同的品种，具有不同的品种特征，种公猪的选择首先必须具备典型的品种特征，如毛色、头形、耳形、体形外貌等，必须符合本品种的种用要求，尤其是纯种公猪的选择。

② 体躯结构　种公猪的整体结构要匀称，头颈、前躯、中躯和后躯结合自然、良好，眼观有非常结实的感觉。头大而宽，颈短而粗，眼睛有神，胸部宽而深，背平直，身腰长，腹部大小适中，臀部宽而大，尾根粗，尾尖卷曲，摇摆自如而不下垂，四肢强壮，姿势端正，蹄趾粗壮、对称，无跛蹄。

③ 性特征　种公猪要求睾丸发育良好、对称，轮廓清晰，无单睾、隐睾、赫尔尼亚，包皮积尿不明显。性机能旺盛，性行为正常，精液品质良好。腹底线分布明确，乳排列整齐，发育良好，无翻转乳头和副乳头，且具有6～7对以上。

（2）生产性能和记录成绩的选择

① 生产性能　种公猪的某些生产性能，如生长速度、饲料转化率和背膘厚度等，都具有中等到高等的遗传力。因此被选择的公猪都应该在这些方面确定它们的性能，选择具有最高性能指数的公猪作为种公猪。

② 系谱资料　利用系谱资料进行选择，主要是根据亲代、同胞、后裔的生产成绩来衡量被选择公猪的性能。具有优良性能的个体，在后代中能够表现出良好的遗传素质。系谱选择必须具备完整的记录档案，根据记录分析各性状逐代传递的趋向，选择综合评价指数最优的个体留作公猪。

③ 个体生长发育　个体生长发育选择，是根据种公猪本身的体重、体尺发育情况，测定种公猪不同阶段的体重、体尺变化速度，在同等条件下选育的个体，体重、体尺的成绩越高，种公猪的等级越高。对幼龄小公猪的选择，生长发育是重要的选择依据之一。

（3）以杜洛克公猪为例介绍一下具体的挑选标准

① 品种特征　杜洛克种猪应具备毛色棕红、结构匀称紧凑、四肢粗壮、体躯深广、肌肉发达，属瘦肉型肉用品种。

② 头部特征　头大小适中、较清秀，颜面稍凹、嘴筒短直，耳中等大小，向前倾，耳尖稍弯曲，胸宽深，背腰略呈拱形，腹线平直，四肢强健。

③ 第二性征　公猪的包皮较小，睾丸匀称突出、附睾较明显。

④ 挑选方法　从公猪的正面、侧面、后面观察公猪的体质结实度、整体发育程度、品种特性和精神状态。再对公猪部分器官重点观察。

要求左右两侧睾丸基本对称，大小基本符合所处月龄要求；阴囊皮肤松紧适中，能够适应日后的增长以及在不同气温下的收缩与松弛；睾丸下垂、远离尾根的公猪，一般抗热应激能力强；要求四肢粗壮有力，蹄叉不分开，蹄壳无裂纹，特别要注意后肢的选择；且要求体躯健壮灵活，膘情中等，腹线平直不下垂，性欲旺盛，精液品质优良等。要求活泼好动，种猪身上无脓包、大的划痕、五官缺损等，包皮没有较多积尿，成年公猪最好选择见到母猪能主动爬跨、猪嘴分泌大量白沫、性欲旺盛的。

挑选时最好多人同时挑选，将需要挑选的指标分解到每个挑选的人，每个人只把握一个指标，这样可以避免漏项和一个人观察不细致，甚至挑花眼。比如按五官、四肢、阴户、乳头、体表等划分进行挑选分工，人多时每人负责一项，人少可以适当调整。

⑤ 系谱档案　种公猪来源于取得省级《种畜禽生产经营许可证》的原种猪场，具有完整系谱和性能测定记录，评估优良、符合本品种外貌特征，耳号清晰、系谱清楚、档案记录齐全，综合评定等级优秀的种公猪。种公猪健康，无国家规定的一、二类传染病。所选种猪必须经检测无猪瘟、慢性萎缩性鼻炎等病症，并有兽医检疫部门出具的检疫合格证明。

4. 后备二元母猪的选择

我国目前的商品猪生产普遍采用的是三元杂交生产商品猪模式，这种模式对于大中型养猪场来说，可以饲养三个不同的纯种猪进行三元杂交生产，而对于绝大多数小规模养猪场（户）来说，同时饲养三个品种的纯种猪不现实，只能从外面的养猪场引进二元杂交母猪，然后同本场饲养的纯种公猪进行杂交生产商品猪。因此二元杂交母猪繁殖性能的优劣、品质的好差，直接决定三元杂交商品猪生产的发展。下面介绍二元母猪的选择方法：

（1）外场引进猪的挑选及注意事项

① 符合本品种特征　二元母猪遗传和保留着杂交双亲的许多典型外貌特征，主要体现在头形、耳形大小及耳角方向，脸面的平凹，嘴筒的尖钝，躯体的长短，四肢的高矮及粗细，被毛疏密及毛、皮颜色，脊背宽窄，腹线弧形大小等。这些典型特征是推断杂交亲本和鉴别二元母猪品质优劣的重要依据。因此，要了解不同双亲杂交繁殖的二元母猪的外貌特征，如长大二元杂交母猪，即长白公猪与大白母猪或者是大白公猪与长白母猪杂交所产生的一代杂种（长大或大长）猪。父母代要优良，符合本品种特征，无疾病，四肢健壮，食欲好，性欲旺盛；母代还要有产仔数多，初生重大，个体均匀，母性好，育成率高，无残缺疾病等。选留作种用的二元杂交仔母猪除有父母亲的以上优点以外，还应具备四肢健壮，结构匀称。

② 体躯结构　体况正常，体型匀称，躯体前、中、后三部分过渡连接自然，脊背平直且宽，肌肉充实，无凹陷或弯体。腹线平，略呈弧形，不宜太下垂或卷缩，有弹性而不松弛，腹部向两侧不过于膨大。四肢坚实直立，肢势不正的母猪不宜作种用。被毛光泽度好、柔软、有韧性；皮肤有弹性、无皱纹、不过薄、不松弛；体质健康，性情活泼，对外界刺激反应敏捷。很容易站立和卧下，走动时非常流畅。口、眼、鼻、生殖孔、排泄孔无异常排泄物粘连。无瞎眼、跛行、外伤；无脓肿、疤痕、无癣虱、疝气和异嗜癖。如果体型较小、个体大小差异明显、体质瘦弱、被毛粗乱逆立、缺少光泽、粘连尿粪污物等，很可能有品质遗传因素，或生长发育不良，或患有寄生虫病，或有潜在疾患，或疾病初，或饲养管理差、有恶习怪癖。

③ 第二性征　二元杂交母猪的乳房应发育良好、排列整齐、匀称、左右间隔适当宽。有效乳头数量不能少于 6 对，无假乳头、瘪乳头或瞎乳头等。

臀部与骨盆、生殖器官的发育有密切关系，可作为判断生殖机能的依据，要求臀部宽、平、长，微倾斜；阴户发育良好，外形正常，大而明显。

④ 系谱档案　到取得《种畜禽生产经营许可证》的种猪场选购二元母猪，具有完整的系谱和性能测定记录，评估优良、符合本品种外貌特征，耳号清晰、系谱清楚、档案记录齐全。二元母猪健康，无国家规定的一、二类传染病。所选种猪必须经检测无猪瘟、慢性萎缩性鼻炎等病症，并有兽医检疫部门出具的检疫合格证明。

(2) 本场二元母猪选留的方法及注意事项　主要按照母猪的生长发育状况选择，通常在断奶猪之后开始选择。主要考虑父母成绩、同窝仔猪的整齐度以及本身的生长发育状况和体质外形。一般来说，同一时期内出生的仔猪在管理和环境条件上基本相似，要选留的仔猪，首先是父母成绩优良，然后考虑从窝产仔猪较多且哺育率高、断奶体重大而均匀的窝中选留，同时要求体质外形符合种用特征。此时选种一般应为留种量的 4～5 倍。

① 2 月龄选择　2 月龄选择是窝选，就是在双亲性能优良、窝

内仔猪数多、哺育率高、断奶和育成体重大而均匀、同窝仔猪无遗传疾病的一窝仔猪中的好个体进行选择。2月龄选择时由于猪的体重小，容易发生选择错误，所以选留数目较多，一般为需要量的2～3倍。

②4月龄选留　4月龄时选择体形外貌好，骨骼发育匀称，生长发育良好，体格健壮，膘度适中，乳头排列整齐，匀称，有效乳头数在6对以上的母猪作后备。阴户大小适中，位置恰当。

③6月龄选留　后备猪达6月龄时各组织器官已经有了相当程度的发育，优缺点更加突出明显，可根据多方面的性能进行严格选择，淘汰不良个体。根据6月龄时后备母猪自身的生长发育状况、体形外貌、性成熟表现、外生殖器官的好坏，以及同胞的生长发育，胴体性状的测定成绩进行选择。淘汰那些本身发育差、体形外貌差的个体以及同胞测定成绩差的个体，淘汰量较大。

6月龄这一阶段重点选择生长速度，饲料利用率，同时要观察外形，有效乳头、有无瞎奶头，生殖器官是否异常等。此时选择一般为留种数量的1.5倍。由于选择的余地较大，要求比较严格，生长发育缓慢，外形有缺陷的要坚决选掉。一般猪种在6月龄时都有发情表现，此时可用成年公猪诱情，多次诱情没有明显发情表现的也不宜留种。地方品种猪此时可以配种，培育品种和国外品种一般还要推迟1～2个月。配种时表现不好，如明显发情但拒配，一个情期内没有稳定的站立反应，生殖器官发育异常的应及时淘汰。

④初配时的选择　此时是后备母猪初配前的最后一次选择。淘汰性器官发育不理想、性欲低下、发情周期不规律、发情征候不明显以及技术原因造成的2～3次配种不孕的个体。

⑤头胎母猪选留　头胎母猪选择时，因为种猪已经经过了两次筛选，对其父母表现、个体发育和外形等已经有了比较全面的了解，所以这时的选择主要看其繁殖力的高低。第一，对产仔数少的应予以淘汰；第二，对产奶能力差，断奶时窝仔少和不均匀的应予以淘汰。但是，有一点需要注意，母猪在产仔数、产奶多少、哺乳成活率等指标，各胎次的差异有时会很大。所以头胎猪表现一般的应尽量选留。

⑥ 二胎以上母猪的选留 此时留下的种猪一般没有太大的缺陷，对重复第一胎产仔数较少（少于 9 头），哺育力差（哺育期死亡率高、仔猪发育不整齐）的应予以淘汰。此时该种猪已有后代，对其后代生长发育不佳的母猪应予以淘汰。

五、仔猪的挑选方法

选好仔猪是养好育肥猪的基础和前提。要想挑选长得快，节省料，发病少，效益高的仔猪，须从以下几个方面参考：

一看精神。健康仔猪眼大有神，动作灵活，行走轻健，精神活泼，眼神明亮，尾巴摇摆自如，叫声清脆。贪食、好强、常举尾争食。如果仔猪动作呆滞，不愿活动，多为病猪或不健康的仔猪，不应选购。

二看粪便。拉粪成团，松软适中，无黏液。后躯有粪便污染，多为病猪或不健康的仔猪，不应选购。

三看皮肤。皮毛光洁，白猪皮色肉红，没有卷毛、散毛、皮垢、眼屎、异臭味，后躯无粪便污染，无乳头红斑、癣斑。如果仔猪动作呆滞、跛行、卷毛、毛乱，有眼屎，多为病猪或不健康的仔猪，不应选购。

四看外观。体表无外伤或畸型，如有无疝气。

五看品种。较普遍的是用长白，大约克与杜洛克杂交生产的三元杂种猪。瘦肉多，生长快，好销售，是市场的主流品种。

六看体型。一般选购嘴筒宽，口叉深，额部宽，眼睛大，耳廓薄，耳根硬挺，背平宽、呈双脊，体长与体宽比例合理，有伸展感的仔猪，不选"中间大，两头小"短圆的仔猪。皮薄有弹性，毛稍稀、有光泽，身腰长，胸深，臀部宽，四肢粗壮、稍高的仔猪。

七看仔猪疫病。了解清楚仔猪来源场的疫病情况，看是否来自非疫区，这条除了看所选猪场的管理和猪群的整体面貌以外，更多的是到最近或者经常购买该场仔猪的养殖场（户）去了解。

八看免疫记录。正规猪场都有免疫记录，看做了哪方面的免疫，尤其是猪瘟免疫是否做了，如果连猪瘟免疫都没做的，这样的猪场不可靠，千万不要买。

六、种猪购买"七不要"

1. 不要轻信二道贩子

养殖者自己不亲自到种猪场考察购买种猪，或者不懂得种猪购买的基本常识，轻信二道贩子的花言巧语，结果钱没少花，买到的种猪不是品种不纯，就是不能当种猪使用，甚至是把肥猪当种猪买，上当受骗。

有的生猪经纪人在联系销售肥猪的时候，也帮助养殖者联系仔猪和种猪，经纪人掌握行情，还能集中一次购买数量少的多家养猪户一起购买，本来是好事。通常联系购买种猪都要到大的种猪场，可是有的经纪人利用这个机会，根本不管猪的好坏，只要自己能挣到钱怎么好怎么说，有的猪场和这些贩子合伙作假，把自己猪场的肥猪当种猪卖，甚至到别的猪场购肥猪拉回来当种猪卖，像这种倒来倒去的卖，怎么能保证质量。

2. 不要买种猪场的淘汰种猪

大型种猪场在种猪的选留上非常严格，因此经常会有不适合留作种猪或者生产性能不佳的种猪淘汰，一些正规猪场也会把生产性能差或者有病的种猪淘汰，这些种猪淘汰时很多单从外表上不一定能看出什么缺陷，尤其是不太专业的人，有的种猪场为了多卖钱也不直接说透，让买主自己看，说得很直接，看好你就买。这也给心术不正的贩卖者提供了可乘之机，于是就会忽悠你上钩，让买主以为捡了大便宜。

好猪谁不知道自己留着，这样的猪说得再好也不能购买。

3. 不要买倒闭猪场的种猪

每年都有很多因为各种原因经营不下去的猪场倒闭，有的是品种不好、有的是经营不善、有的是管理不好、有的是疫病不断、有的是家庭变故等，情况各不相同，可谓"幸福的家庭是相似的，不幸的家庭各有各的不幸"。于是变卖猪场，对外出售种猪。

不排除这样的猪场出售的种猪有质量好的，但是俗话说"买的没有卖的精"，他们自己最清楚自己的种猪哪些好哪些坏，为了多挽回一些损失，往往要整体出售或好坏搭配出售，细算一下经济账，也不一定合算。

就算不是因为疫病原因出售，整体或搭配地买回来，好坏仅仅从外表上看不出来，买回来后要经过一段时间的观察才能确定哪些能留下使用，哪些要淘汰，搭工费料，胜算能有多大，谁心里都没有底儿，赌博性质的购买，风险非常大。从生物安全的角度考虑，就更不能购买了。

4. 不要舍不得花钱

品种一样的一头种猪，好的和差的价格相差3~4倍，有的相差10倍都正常，比如从国外直接引进的种猪，价格普遍在2万元以上，种猪拍卖会上的种猪，一头猪2万元也不算高。

正常情况下，种猪的价值是和种猪的品种以及纯度成正比的，好的品种，越纯价格越高，可谓物有所值。买种猪是为了取得好的经济效益，不是杀了吃肉。一分钱一分货，便宜没好货，好货不便宜，期待花小钱买到好种猪，是不可能的。

5. 不要没有重点，什么种猪都买

什么品种都想养，什么品种都购买，或者愿意听别人的，今天有人说这个品种好养，就购买这个品种，明天又有人说那个品种销路好，就购买那个品种，导致猪场成了种猪大市场、大杂烩。

从多家种猪场引种也同时带来发生疫病的风险，因为各个种猪场的细菌、病毒环境差异很大，而且现在疾病多数都呈隐性感染，不同猪场的猪混群后暴发疾病的可能性很大。

养猪要首先确定好品种和养殖的重点，引种时尽量从一家种猪场引进。不能朝三暮四，这山望着那山高，到了那山把手招。

6. 不要不懂装懂、乱试验

有的养殖者不懂猪的遗传育种知识，异想天开，胡乱试验。比如本来杜长大三元杂交是已经非常完美的组合，他偏要购买不适合同杜长大杂交的配套系或者地方品种种猪一起来杂交，期待能取得好成绩。

育种是非常专业的工作，是育种专家的活儿，不是普通养猪场能

做的事，全国也没有几个猪场能做育种的，还是按照规矩踏踏实实地把猪养好吧！

7. 不要以为到种猪场购买种猪不用挑选

不可否认，大型种猪场出售的种猪都是经过很多环节挑选出来的，绝大部分质量都很好。但是，谁都有看走眼的时候。俗话说：鱼过千层网，网网有漏鱼。要不是这样，也不会有人总结到种猪场挑选种猪时，注意不要挑选一批里体重最大的，因为那是被挑了很多次都没挑中剩下养大的。

种猪挑选是一个非常专业和细致的工作，自己不懂或者办事不细致的，就要聘请明白人、细心人帮助去做。

第 **3** 章
建设科学合理的猪场

　　猪舍是养好猪的保障，规模化、标准化养猪离不开一个科学合理的猪舍。养猪人一定要摒弃猪舍不需要太好，有一个地方就行的观念。要懂得一个冬不御寒、夏不防暑，排污设施不科学、不完善，造成舍内外粪水横溢的养猪环境是绝对养不好猪的。

　　一个科学合理的猪舍要求达到"冬季不冷、夏季不热、四季空气清新"的标准。为此，猪舍要求能够保温、隔热，舍内温度便于人工调控。要有适宜的降温系统，使夏季猪舍内温度保持在适宜的范围内。要有良好的通风换气设备，使舍内空气保持清新。要有适宜的排污系统，做到雨污分离，使病原微生物没有生存环境。要有布局和结构合理的栏舍，便于猪群的管理和调教，便于消毒和清扫。要有良好的饮水设施并在冬季能使饮水加温的设施。

一、污染控制是新建猪场或维持老猪场的首要要求

　　当前，畜禽养殖业发展对环境造成的污染问题日益突出，畜禽养殖业环境污染已成为一个不可忽视的环境污染源。畜禽养殖业造成的环境污染，不仅对人类生存环境构成严重危害，而且会引起畜禽生产力下降，导致养殖场周围环境恶化。毫不夸张地说，畜禽养殖业环境污染已成为世界性公害。因此必须采取有效措施，认真做好畜禽养殖业环境污染的控制工作。

　　2015 年 1 月 1 日，新修订的《中华人民共和国环境保护法》正

式实施，加大了对企业违法的处罚力度，也大大提升了执行力。加上之前的《畜禽规模养殖污染防治条例》及年初的"水十条"（《水污染防治行动计划》）。2015年的畜牧养殖业不但迎来了历史性转折关键期，而且随着国家颁发的一系列堪称史上最严的法律，养猪业乃至整个养殖业都迎来了环保的"大考"，很多污染严重和治污不达标的猪场都消失在了这部零容忍的法律之中。无论是新建猪场还是经营多年的老猪场，都面临这个问题。因为环保问题，全国很多市县都划定了禁养区和限养区，养猪业迎来了史无前例的禁养、限养和猪场拆迁大潮，许多在禁养区或限养区的养猪场只有退出、搬迁或被关停。但这也是环保要求对养猪业持续健康发展的一种促进和提升。畜禽养殖业污染物为粪便、尿、污水、饲料残渣、垫料、畜禽尸体等，需要经过科学的处理，猪场在养猪过程中如果不注意污染控制，会出现很多环境污染问题，有的养猪场粪污处理设备简陋，甚至部分猪场根本没有采取任何处理，粪污在其周边环境四处乱流，严重污染土壤、水源和空气，破坏生态环境。

污染控制既是环保法的要求，又是养殖企业自身发展的需要，如果猪场没有完善的污染控制系统，将会造成养猪生产麻烦不断。一个肮脏的养殖环境，必将造成猪场疫病流行，疾病会绵延不绝，猪场将难以维持正常的经营，更谈不上发展了。积极实行污染控制还可以推动养猪场的节水减排、种养结合，以及废弃物无害化处理、资源化利用设施设备及技术。

猪场的污染控制包括猪场自身的（即场内的）污染和猪场所处外界环境的污染两部分，理想的污染控制是猪场内不产生污染，同时猪场外不面对污染的威胁。

猪场内的污染控制要做到畜禽养殖场规划科学、猪舍布局合理、建设结构合理的猪舍、科学高效的排污系统、废弃物无害化处理、科学配制日粮、应用环保型饲料添加剂、加强卫生管理、加强用药管理、减少有害气体浓度等，同时还要保证这些设施的良好运转，真正达到污染控制的目的。

猪场外环境的污染控制则主要是从猪场的选址上予以克服。要在猪场建设的初期，即猪场的规划选址时就要进行充分地考察和论证，避免选址不当。如北京房山区王先生的养猪场，距离猪场 70 米左右的地方有一家生产钢结构模型的工厂，由于钢结构模型厂噪音较大，猪场的猪出现了异常状况：食欲不佳、母猪产崽无奶，先后有百余头猪死亡。为此，王先生多次找该厂主人李某要求处理此事。双方经协商后达成补偿协议：李某分 3 次给予王先生 24 万元的补偿，并约定了给付期限。

　　猪场选址要符合当地养殖业规划布局的总体要求，符合当地土地利用和城乡发展规划，符合环境保护和动物防疫要求。新建、改建和扩建养猪场、养猪小区要按照《中华人民共和国环境影响评价法》的有关规定进行环境影响评价，并提出切实、可行的污染物治理和综合利用方案。猪场应建在地势平坦、场地干燥、水源充足、水质良好、排污方便、交通便利、供电稳定、通风向阳、无污染、无疫源的地方，场址应位于居民区常年主导风向的下风向或侧风向。距铁路、县级以上公路、城镇、居民区、学校、医院等公共场所和其他畜禽养殖场 1000 米以上。场址周围 3 千米内无大型化工厂、矿区、皮革加工厂、屠宰场、肉品加工厂、畜禽交易市场、垃圾及污水处理场所、风景旅游以及水源保护区和其他畜牧场，场址距离干线公路、城镇、居民区和公众聚会场所 1 千米以上。场址应位于法律、法规明确规定的旅游区、自然保护区、水源保护区和环境公害污染严重的地区等禁养区以外，隔离条件良好。切忌不可将猪场场址选在地表水和地下水被污染的地方，或者在以气味、昆虫和灰尘影响为主的区域附近，或者居民生活聚集区等地方。

　　提倡实行生态养殖、种养结合、沼气工程和集中处理等模式，把猪场的污染控制问题做到最佳状态。

二、猪场选址地势、土质和朝向很重要

　　规模化猪场的选址，除了注意避开禁养区和符合环保方面要求的问题以外，猪场选址、地势、土质和朝向等问题也是要重点考虑的问题。

　　猪场应选地势高燥的地方，至少高出历史最高洪水线，地下水位应在 2 米以下。排水良好，最好有 2%～3% 的缓坡，但坡度最大不

宜大于 20°，坡度过大猪场建设难度也大，场内物资运输以及生猪周转也不便。同时，地形要求开阔整齐，边角不宜过多。不要选择江河边、沿海，还应避开雷区。另外，煤矿塌陷区也不宜建场，如据山东广播电视台电视农科频道《热线村村通》报道，德州齐河县李玉民的生态养猪场，由于距离该养猪场不远的山东新矿赵官能源公司从事的采煤作业导致该地地势下陷，养猪场的部分猪舍出现了断裂。受到台风达维带来的强降雨的影响，整个猪场因为地势下沉，无法正常排水，都被雨水淹没了。猪场被淹 6 天了，猪场里还有大量水，核心技术设备发酵床被毁，猪舍被毁猪只能散养，迫不得已低价出售，损失几百万，整个猪场无法正常运转下去。

很多猪场新建时，都是依靠推山填土的方式来平整地面的，由于新开挖和新填土之处尚未结实，如受到大量雨水连续浸泡、冲刷后容易造成泥石流和塌方。因此，猪场场地的土质要坚实，渗水性强，未被病原微生物污染，土质最好的是黏性土壤，这样的土壤容易黏结，即使受到雨水浸泡和冲刷也不易流失和塌方。沙质土壤黏结性不好、吸水性也差，受到雨水浸泡和冲刷很容易流失和塌方。

猪舍朝向要求充分利用和限制太阳辐射热对猪舍环境的影响，达到其在冬季可以增加舍内温度，减少能源消耗；夏季可以最大限度地减少太阳辐射热，降低舍内温度的目的。在冬季为争取最大的太阳辐射热量，应将纵墙面对着太阳辐射强度较大的方向，夏季炎热地区的猪舍应尽量避免太阳辐射热导致余热剧增，宜将猪舍纵墙避开太阳辐射强度较大的方向。

冬季太阳方位角变化范围小，在猪舍各朝向墙面上获得的日照时间变化幅度很大，南墙日照时间最长，东西墙日照时间短，北墙全天得不到日照。夏季太阳方位角变化范围较大，猪舍各朝向的墙面上都能获得一定日照，以东南向和西南向获得日照较多，北向较少。

猪舍朝向还要尽可能多地利用自然通风。保证夏季能获得良好的通风效果，冬季能减少冷风渗透。为使猪舍排出的污秽气体、尘埃借助于舍外的自然风迅速扩散、排除，防止相邻猪舍互相污染，传染疾病，决定猪舍朝向时，必须考虑猪场所在地自然风的主导风向。因为主导风向可直接影响冬季猪舍的热量损耗和夏季猪舍的舍内和场内通风。所在地主导风向可以从当地气象部门查询到。

因此，猪舍一般选取坐北朝南方向，要求背风向阳。如果是山区建场宜选在南面坡上，不宜在北面坡上。也就是适宜建在阳面坡上，而不宜建在阴面坡上。猪舍不要建在山谷底，也不宜建在山顶上，最好是三面环山，建在半山腰。

三、猪场规划布局要科学合理

规模化养猪场、养猪小区建设规划布局要本着科学合理、整齐紧凑，既有利于生产管理，又便于动物防疫原则。

养猪场、养猪小区分管理区（包括办公室、食堂、值班监控室、消毒室、消毒通道、技术服务室）、生产区（包括猪舍、人工授精室、兽医室、隔离观察室、饲草料库房和饲养员住室）、废弃物无害化处理区（病畜禽隔离室、病死畜禽无害化处理间和粪污无害化处理设施，如沼气池、粪便堆积发酵池等）3部分。

各功能区的布局要求：管理区、生产区处于上风向，废弃物及无害化处理区处于下风向，并离生产区一定距离，由围墙和绿化带隔开；生产区入口处应设消毒通道。养猪场、养猪小区周围建有围墙或其他隔离设施，场区内各功能区域之间设置围墙或绿化隔离带，以便于防火及调节生产环境等。

在布局时还要做到，凡属功能相同的建筑物应尽量集中和靠近。供料、供水、供电设施应设在与猪舍路程较短的生产区中心地带。各栋猪舍均应平行整齐排列（一行和二行排列），并有利于猪舍的通风、采光、防暑和防寒。

养猪场、养猪小区内净道和污道分开。人员、畜禽和物资运转采取单一流向。净道主要用于饲养员行走、运料和畜禽周转等；污道主要用于粪便等废弃物运出。

四、适合本场的需要就是最好的猪舍

猪舍是规模化、标准化养猪的必备条件之一，也是猪场最重要的硬件条件，规模化养猪离不开一个好的猪舍。

对于很多猪场来说，建设什么样的猪舍各有各的想法。大多数养猪场都是按照这样的方式去建设猪舍的，资金实力雄厚的投资者聘请畜牧院校、农科院和研究所等养殖方面的专家出图纸，而其他投资者多是参照别人猪舍的样式去建设。但是很多猪场在实际养殖过程中，无论是专家指导的，还是参考别人的，猪舍建成后总有各种问题，甚至很多看着很漂亮的猪舍却不能用。因此，猪舍建设也是令很多养殖参与者头疼的一件事。

猪舍建设是一门科学，需要不断地总结完善。猪舍建设要尽最大可能利用自然资源，如阳光、空气、气流、风向等免费自然资源，尽可能少利用，如水、电、煤等现代能源或物质。由于我国地域辽阔，南北和东西气候差异较大，经济发展水平也参差不齐，猪场建设投入也不一样，同时，我们要知道，没有一个放在哪里都适合的猪舍，只要适合本场的需要，就是最好的猪舍。因此，在建设猪舍前，要多方求教，既要向养殖方面的专家请教，又要向长期在生产一线工作的人员请教。特别是一些养殖经验丰富的饲养员、技术员、兽医等养殖实践者的经验是最可靠的，要多和这些人交流，养殖者要多参照养殖成功者的经验，再结合本场的资金实力、饲养管理水平、气候特点和养殖品种等实际来建设猪舍，这样建成的猪舍相对要适用很多。

一栋理想的猪舍应具备以下要求：

一是猪舍要求冬暖夏凉，能够保温、隔热，使舍内温度保持恒定。

二是要具有良好的通风换气设施，使舍内空气保持清洁。

三是要有适宜的排污系统，便于猪群调教和清扫。

四是要有严格的消毒措施和消毒设施。

五是要有良好的饮水设施，并有在冬季能使饮水加温的设施。

六是要具有适宜的降温系统，使夏季猪舍内温度保持在适宜范围。

七是便于实行科学的饲养管理，在建筑猪舍时应充分考虑符合养猪生产工艺流程，做到操作方便，降低劳动生产强度，提高管理定额，充分提供劳动安全和劳动保护条件。

五、规模化养猪离不开养猪设备

如今随着养猪业的发展，养猪设备已经从单纯重视猪栏到开始重视气候调控和自动喂料设备；从简单加工向提高工艺含量发展，向成套化、标准化发展；与动物福利相结合；设备由耗能型向节能型发展。用功能完善的养猪设备养猪已经成为养猪业人士的共识。养猪实践证明，养猪设备在规模化养猪中起着至关重要的作用，设备的合理应用能满足养猪生产需要，为各类猪群营造一个安全舒适的生长环境，也是提高生产水平和经济效益的重要保证。

目前，养猪使用的设备主要有猪栏、供暖设备、通风降温设备、饲喂设备、饲料加工设备、饮水设备、清洁和消毒设备、人工授精设备、医疗诊断设备、运输设备、猪场管理设备 11 大类。

1. 猪栏

使用猪栏可以减少猪舍占地面积，便于饲养管理和改善环境。不同的猪舍应配备不同的猪栏。按用途有公猪栏、配种栏、妊娠栏、分娩栏、保育栏、生长育肥栏等。按结构有实体猪栏、栅栏式猪栏、母猪限位栏、高床产仔栏、高床育仔栏等。

（1）实体猪栏　实体猪栏即猪舍内圈与圈间以 0.8～1.2 米高的实体墙相隔。优点在于可就地取材、造价低，相邻圈舍隔离，有利于防疫；缺点是不便于通风和饲养管理，而且占地。

适用于小规模猪场，适合饲养各类猪。

（2）栅栏式猪栏　栅栏式猪栏即猪舍内圈与圈间以 0.8～1.2 米高的栅栏相隔，栅栏通常由钢管、角钢、钢筋等金属型材焊接而成，一般由外框、隔条组成。优点是占地小，通风好，便于管理；缺点是耗费钢材，成本高，相邻圈之间接触密切，不利于防疫，使用中经常有开焊的地方需要重新焊接。

适用于规模化、集约化猪场。

（3）综合式猪栏　综合式猪栏即猪舍内圈与圈间以 0.8～1.2 米高的实体墙相隔，沿通道正面用栅栏。集中了二者的优点，适用于大小猪场。

（4）母猪单体限位栏　单体限位栏由钢管焊接而成，由两侧栏架和前、后门组成，前门处安装食槽和饮水器，尺寸：2.1米×0.6米×0.96米（长×宽×高），用于空怀母猪和妊娠母猪。优点是与群养母猪相比，便于观察发情，便于及时配种，避免母猪采食争斗，易掌握喂量，控制膘情；缺点是限制了母猪活动，易发生肢蹄病。

适用于工厂化、集约化养猪。

（5）高床产仔栏　高床产仔栏用于母猪产仔和哺育仔猪，由底网、围栏、母猪限位架、仔猪保温箱、食槽组成。底网采用由直径5米的冷拔圆钢编成的网或者采用塑料漏缝地板、铸铁漏缝地板，2.2米×1.7米（长×宽），下面用角铁、扁铁及铸铁或角铁撑起，离地20厘米左右；围栏即四面的侧壁，为钢筋和钢管焊接而成，2.2米×1.7米×0.6米（长×宽×高），钢筋间缝隙5厘米；母猪限位架为2.2米×0.6米×（0.9～1.0）米（长×宽×高），位于底网中央，架前安装母猪食槽和饮水器，仔猪饮水器安装在前部或后部；仔猪保温箱1米×0.6米×0.6米（长×宽×高）。

优点是占地小，便于管理，防止仔猪被压死和减少疾病；缺点是投资高。

高床产仔栏多用于现代化猪场的母猪产仔和哺育未断奶仔猪。

（6）高床育仔栏　高床育仔栏用于4～10周龄的断奶仔猪，结构同高床产仔栏的底网和围栏，高度0.7米，离地20～40厘米。

优点是占地小，便于管理，仔猪脱离地面，温度提高了，仔猪不与粪便接触，对促进仔猪发育有好处；缺点是投资高。

适用于工厂化、集约化养猪。

2. 供暖设备

我国大部分地区冬季舍内温度都达不到猪只的适宜温度，需要提供供暖设备。猪舍供暖分集中供暖和局部供暖两种。

（1）集中供暖　集中供暖由一个集中供热设备产生热水、水蒸气或热风，如锅炉、热风炉，再通过管道将热水、水蒸气输送到猪舍内的地热管线、暖气片，热风则直接由送风机吹进舍内，加温猪舍的空气，保持猪舍内的适宜温度。

工厂化、集约化猪场常采用锅炉给猪舍加温，热风炉中原地区猪场使用较多。

（2）局部供暖　局部供暖有热水加热地板、电热板、红外灯等，主要供仔猪保温使用，使用较普遍。另外还有太阳能采暖系统。

① 加热地板　用于分娩栏和保育栏，以达到供热保暖的目的。

② 红外线灯　设备简单，安装方便，经常通过灯的高度来控制温度，但耗电，寿命短。

③ 吊挂式红外线加热器。其使用方法与红外线相同，但费用高。

④ 电热板　优点是在湿水情况下不影响安全，外形尺寸多为1000毫米×450毫米×30毫米，功率为100瓦，板面温度为26～32℃，分为调温型和非调温型。

⑤ 电热风器　它吊挂在猪栏上，热风出口对着要加温的区域。

⑥ 挡风帘幕　用于南方较多，且主要用于全敞式猪舍。

⑦ 太阳能采暖系统　经济，无污染，但受气候条件制约，应有其他的辅助采暖设施。

3. 通风降温设备

猪舍小气候应该稳定，不受外界温度变化的影响，因此猪舍内应配备一些采暖和通风降温的养猪设备，来保证猪群正常健康的生长和生产。为了节约能源，尽量采用自然通风的方式，但在炎热地区和炎热天气，就应该考虑使用降温设备。通风除降温作用外，还可以排出有害气体和多余水气。自动化很高的猪场，供热保温、通风降温都可以实现自动调节。如果温度过高，则帘幕自动打开，冷气机或通风机工作；如果温度太低，则帘幕自动关闭，保温设备自动动作。

（1）通风设备　适合猪场使用的通风机多为大直径、低速、小功率的通风机。这种风机通风量大、噪音低、耗电少、可靠耐用，适于长期工作。适用于各类猪场。

通风换气要注意以下几个问题：一是避免风机通风短路，切不可把风机设置在墙上，下边即是通风门，使气流形成短路。二是如果采用单侧排风，应两侧相邻猪舍的排风口设在相对的一侧，以避免一个猪舍排出的浊气被另一个猪舍立即吸入。三是尽量使气流在猪舍内的大部分空间通过，特别是粪沟上，不要造成死角，以达到换气的目的。

（2）降温设备　虽然通风是一种有效的降温手段，但是它只能使舍温降至接近于舍外环境温度，当舍外环境温度大于养猪生产的最高极限温度（27～30℃）时，在通风的同时还应采取降温措施，以保证舍温控制在适宜的范围内。

现在猪场常用的降温系统有湿帘-风机降温系统、喷雾降温系统、喷淋降温系统和滴水降温系统，由于后三种降温系统湿度大，不适合分娩舍和仔培舍。湿帘-风机降温系统是目前最为成熟的蒸发降温系统，其蒸发降温效率可达到75％～90％，已经逐步在世界各地广泛使用。

① 水蒸发式冷风机　它是利用水蒸发吸热的原理达到降低空气温度的目的。在干燥的气候条件下使用时，降温效果特别显著；湿度较高时，降温效果稍微差些；如果环境相对湿度在85％以上时，空气中水蒸气接近饱和，水分很难蒸发，降温效果差些。

② 喷雾降温系统　其冷却水由加压水泵加压，通过过滤器进入喷水管道系统，而从喷雾器喷出成水雾，使猪舍内空气温度降低。其工作原理与水蒸发式冷风机相同，而设备更简单易行。如果猪场自来水系统水压足够，可以不用水泵加压，但过滤器还是必要的，因为喷雾器很小，容易堵塞而不能正常喷雾。旋转式喷雾可使喷出的水雾均匀。

③ 滴水降温　在分娩栏，母猪需要用水降温，而小猪要求温度稍高，而且不能喷水使分娩栏内地面潮湿，否则影响小猪生长。因而采用滴水降温法。即冷水对准母猪颈部和背部下滴，水滴在母猪背部体表散开、蒸发、吸热降温，未等水滴流到地面上已全部蒸发掉，不会使地面潮湿。这样既照顾了小猪需要干燥，又使母猪和栏内局部环境温度降低。

4. 饲喂设备

饲喂设备包括饲料供给设备（饲料储存和输送设备）和食槽。饲料储存、输送及饲喂，不仅花费劳动力多，而且对饲料利用率及清洁卫生都有很大影响。饲料储存、输送及饲喂设备主要有储料塔、输送机、加料车、食槽和自动食箱等。

（1）饲料供给设备

① 储料塔　储料塔多用 2.5～3.0 毫米镀锌波纹钢板压型而成，饲料在自身重力作用下落入储料塔下锥体底部的出料口，再通过饲料输送机送到猪舍。

② 输送机　用来将饲料从猪舍外的储料塔输送到猪舍内，然后分送到饲料车、食槽或自动食箱内。类型有：卧式搅龙输送机、链式输送机、弹簧螺旋式输送机和塞管式输送机。

以上饲料输送供给设备适用于工厂化、集约化猪场。

③ 加料车　主要用于定量饲养的配种栏、怀孕栏和分娩栏，即将饲料从饲料塔出口送至食槽，有两种形式：手推式机动和手推人力式加料。

适用于各种类型的猪场，尤其是中小规模的养猪场（户）使用最多。

（2）食槽　食槽分自由采食和限量食槽两种。材料可用水泥、金属等。

① 水泥食槽　主要用于配种栏和分娩栏，优点是坚固耐用，造价低，同时还可作饮水槽，缺点是卫生条件差。

② 金属食槽　主要用于怀孕栏和分娩栏，既便于同时加料，又便于清洁，使用方便。

a. 间歇添料饲槽：条件较差的一般猪场采用。可为固定或移动饲槽。一般为水泥浇注固定饲槽。设在隔墙或隔栏的下面，由走廊添料，滑向内侧，便于猪采食。一般为长形，每头猪所占饲槽的长度依猪的种类、年龄而定。

b. 方形自动落料饲槽：常见于集约化、工厂化猪场。方形落料饲槽有单开式和双开式两种。单开式的一面固定在与走廊的隔栏或隔墙上；双开式则安放在两栏的隔栏或隔墙上，自动落料饲槽一般为镀锌铁皮制成，并以钢筋加固。

c. 圆形自动落料饲槽：用不锈钢制成，较为坚固耐用，底盘也可用铸铁或水泥浇注，适用于高密度、大群体生长育肥猪舍。

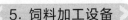
5. 饲料加工设备

中小规模养猪场自己配制饲料，需要专门的饲料加工设备，最基本的是粉碎机、搅拌机、提升机。为了提高生产效率还可以购置小型饲料机组。

6. 饮水设备

主要包括猪饮用水和清洁用水的供应，都是同一管路。应用最广泛的是自动饮水系统（包括饮水管道、过滤器、减压阀和自动饮水器等）。猪用自动饮水器的种类很多，有鸭嘴式、杯式、吸吮式和乳头式等，其中最普遍的是鸭嘴式自动饮水器，其次是乳头式饮水器，适用于各种类型的猪场。

（1）鸭嘴式自动饮水器　由于乳头式和杯式自动饮水器的结构和性能不如鸭嘴式饮水器，目前普遍采用的是鸭嘴式自动饮水器。鸭嘴式猪用自动饮水器主要由饮水器体、阀杆、弹簧、胶垫或胶圈等部分组成。平时，在弹簧的作用下，阀杆压紧胶垫，从而严密封闭了水流出口。当猪饮水时，咬动阀杆，使阀杆偏斜，水通过密封垫的缝隙沿鸭嘴的尖端流入猪的口腔。猪不咬动阀杆时，弹簧使阀杆恢复正常位置，密封垫又将出水孔堵死停止供水。鸭嘴式自动饮水器内的弹簧使用一段时间后弹性减弱，属于易损件，要经常检查更换。

（2）乳头式饮水器　乳头式饮水器具有便于防疫、节约用水等优点。由饮水器体、顶杆（阀杆）和钢球组成。平时，饮水器内的钢球靠自重及水管内的压力密封水流出的孔道。猪饮水时，用嘴触动饮水器的"乳头"，由于阀杆向上运动而钢球被顶起，水由钢球与壳体之间的缝隙流出。用毕，钢球及阀杆靠自重下落，又自动封闭。乳头式饮水器对水质要求高，易堵塞，应在前端加装过滤网，并经常检查出水情况，及时清理滤网上的沙粒等。

7. 清洁和消毒设备

养猪场常用的场内清洁消毒设备分为冲洗设备和消毒设备，有高压清洗机、火焰消毒和背负式喷雾器。火焰消毒器与药物消毒配合使用才具有最佳效果，先用药物消毒后，再用火焰消毒器消毒，灭菌可达 95％以上。

（1）固定式自动冲洗系统　　自动冲洗系统能定时自动冲洗，配合程式控制器（PLC）做全场系统冲洗控制。冬天时，也可只冲洗一半猪栏，在空栏时也能快速冲洗，以节省用水，但造价高。

（2）简易水池放水阀　　水池的进水与出水靠浮子控制，出水阀由杠杆机械人工控制。

优点是简单、造价低，操作方便；缺点是密封可靠性差，容易漏水。

（3）自动翻水斗　　工作时根据每天需要冲洗的次数调好进水龙头的流量，随着水面的上升，重心不断变化，水面上升到一定高度时，翻水斗自动倾倒，几秒钟内可将全部水倒出，冲入粪沟，翻水斗自动复位。

优点是结构简单，工作可靠，冲力大，效果好；主要缺点是耗用金属多，造价高，噪声大。

（4）虹吸自动冲水器　　常用的有两种形式，盘管式虹吸自动冲水器和 U 形管虹吸自动冲水器。

优点是结构简单，没有运动部件，工作可靠，耐用，故障少，排水迅速，冲力大，粪便冲洗干净。

以上设备适用于工厂化、集约化养猪场。

（5）高压清洗机　　高压清洗机采用单相电容电动机驱动卧式三柱塞泵。当与消毒液相连时，可进行消毒。

（6）火焰消毒器　　利用煤油或煤气燃烧产生的高温火焰对设备或猪舍进行瞬间高温喷烧，以达到消毒杀菌之功效。

（7）紫外线消毒灯　　以产生的紫外线来消毒杀菌。安装简单、使用方便、购买和使用费用低，是养殖场消毒最常用的设备之一。

以上设备各种类型的养猪场均适用。

8. 运输设备

运输设备主要有仔猪转运车、饲料运输车和粪便运输车。

仔猪转运车可用钢管、钢筋焊接，用于仔猪转群。

饲料运输车采用罐装料车或两轮、三轮和四轮加料车。

粪便运输车多用单轮或双轮手推车。

9. 医疗和诊断设备

根据猪场实际情况可选择下列仪器：饲料成分分析仪器、兽医化验仪器、人工授精相关仪器、妊娠诊断仪器、称重仪器、活体超声波测膘仪、计算机及相关软件。

另外，产房、保育舍内的仔猪常发生腹泻等疾病，需要在饮水中投药，因此在产房和保育舍内应设置投药箱（桶）。投药桶有两种：一种是整间产房或保育舍统一装一个投药桶；另一种是每个产房或保育栏上装一个投药桶。前者的优点是简单，投资少；后者的优点是便于各个产床或保育栏单独使用。

10. 漏缝地板

现代化猪场为了保持栏内清洁卫生，减少人工清扫，普遍在粪尿沟上铺设漏粪地板，猪在漏粪地板上排粪排尿后，尿随缝隙流入粪沟，粪便落到漏粪地板上，经其踩踏后自动落入下面的粪沟中，从而避免猪与粪便的接触，采用漏缝地板易于清除猪的粪尿，减少人工清扫，便于保持栏内清洁卫生，保证猪的生长，有利于防止和减少疫病的发生。漏缝地板要求耐腐蚀、不变形、表明平整、坚固耐用，不卡猪蹄、漏粪效果好，便于冲洗、保持干燥。漏粪地板是否适用的关键是漏缝宽度，漏缝宽度过小，漏粪率低，漏粪效果差；宽度过大，致使猪蹄滑入漏缝中，造成严重的蹄腿外伤。

根据其在猪栏内的铺设范围，漏缝地板分为全漏粪和局部漏粪两种形式。在高床上饲养的分娩栏和保育栏宜采用全漏粪地板，在地面上饲养的猪栏一般采用局部漏粪地板（1/3～1/2漏粪地板）。通常猪的排池区为漏粪地板，而采食和休息区为实体地面。

漏粪地板有各种形状，一般制成块状、条状或网状。使用的材料有水泥、金属、塑料等。

（1）水泥漏缝地板　表面应紧密光滑，否则表面会有积污而影响栏内清洁卫生，水泥漏缝地板内应有钢筋网，以防受破坏。

（2）金属漏缝地板　由金属条排列焊接（或用金属编织）而成，适用于分娩栏和小猪保育栏。其缺点是成本较高，优点是不打滑、栏内清洁干净。

（3）金属冲网漏缝地板 适用于小猪保育栏。

（4）生铁漏缝地板 经处理后表面光滑、均匀无边，铺设平稳，不会伤猪。

（5）塑料漏缝地板 由工程塑料模压而成，有利于保暖。

（6）陶质漏缝地板 具有一定吸水性，冲洗后不会在表面形成小水滴，还具有防水功能，适用于小猪保育栏。

（7）橡胶或塑料漏缝地板 多用于配种栏和公猪栏，不会打滑。

11. 猪场管理设备

猪场管理设备有猪只标示器件、赶猪鞭、断尾钳、猪场管理软件、猪场监控系统和种猪测定站等。

猪场监控系统，要在猪场设置单独的监控展示控制室，全场装上监控系统，并和猪场的所有控制系统相连，在控制室就能远距离查看猪场的现场图像和各类设备的数据，完成人员在场外对猪场进行参观考察和出售猪的展示工作，以及控制完成猪场每一栋猪舍的风机、水帘、卷帘、采暖、喂料、消毒、喷雾、粪便的清理等工作。猪场监控系统适用于条件好的大中型猪场。

六、猪舍建设保温最重要

猪舍良好的保温、隔热措施可能意味着需要更多的投资，但是这样可以使猪群在极端气候条件下免受生产损失，特别是在保育舍，好的生产条件可能对成活率等主要生产指标产生显著影响，从而影响整个猪场的经济效益。因此，必须做好猪舍的保温。

关键点之一：屋顶。猪场保温不仅仅是北方的事，南方同样需要。因为从屋顶来看，炎热的夏季，屋顶如果不保温隔热，那么屋顶的阳光照射直接传导到舍内，使舍内温度升高很多，如果屋顶保温隔热做得好，舍内温度就不会升高得太快。

做好猪舍外围护结的隔热设计可防止或削弱太阳辐射热和高气温的综合效应。猪舍隔热设计的重点在屋顶，可采取增大屋顶的热阻、修建多层结构屋顶、建造有空气间层的屋顶、屋面选用浅色而光平的材料以增强其反射太阳光的能力等多种方法。如猪舍采用瓦屋顶上覆盖彩钢夹芯板，隔热效果最好。

关键点之二：设置天棚。在猪舍的外围护结构中，失热最多的是屋顶，因此设置天棚极为重要，铺设在天棚上的保温材料热阻值要高，而且要达到足够厚度并压紧压实。修盖猪舍最好搭天棚，天棚可用木板、芦苇等材料制成。用木板作天棚，木板两边制成裁口，天棚铺完后涂以沥青用来防腐；用芦苇作天棚时，要将叶片去掉，用铁丝扎成 5～10 厘米厚芦苇草把或打成帘，其上抹泥巴再加上 20～30 厘米的锯末屑、稻壳、珍珠岩等保温层，也可以用 10 厘米厚的高密度苯板，效果更好。这样舍外的热量因为保温层的阻隔不能直接进入舍内，舍内的热气不能从天棚外逸，起到了保暖的作用。

关键点之三：墙体要有一定厚度。墙壁的失热仅次于屋顶，普通红砖墙体必须达到足够厚度，用空心砖或加气混凝土块代替普通红砖，用空心墙体或在空心墙中填充隔热材料等均能提高猪舍的防寒保温能力。绝大多数猪舍都为实心墙，如果是实心墙体，就要求墙体的厚度至少是三七墙。二四墙太薄，不能起到很好的保温隔热作用，这就造成冬季、早春舍内与舍外温差太大，使窗台下的墙壁结露，每天猪栏爬卧区潮湿，影响猪休息并增加了舍内的湿度。最好的办法是墙体加一层保温材料，如珍珠岩、70 毫米厚挤塑板或者 100～120 毫米厚高密度聚苯乙烯泡沫板，这样的保温效果最好。如果加珍珠岩等保温材料，要求砌筑两道墙，两道墙按一层二四墙和一层立砖即可，把珍珠岩放入中间夹层内，当然中间夹层也可以放聚苯乙烯泡沫板。聚苯乙烯泡沫板还可以贴在二四墙的墙体外表面上，然后再抹一层水泥罩面。

关键点之四：门窗。设南门，建设猪舍除设东、西门外，还须留南门。入冬前将东西大门用保温被封闭，冬季西北风多，封闭东西大门能防止空气对流，避免冷气入内、暖气外逸。饲养员、猪皆走南门，南门带内门斗，防止冷气直接进入猪舍。一般 50 米长的母猪舍只设一个南门，100 米长的母猪舍可设 2～3 个南门，每个南门高 1.8 米、宽 1.5 米，可制作两扇"三七门"，如果是木制门，要在木门的中下部用白铁皮钉上，以增加牢固程度，同时可以防止老鼠。

关键点之五：地面。地面失热虽较其他外围护结构少，但由于猪直接在地面上活动，所以加强地面的保温能力具有重要意义。为有利于猪舍的清洗消毒、防止猪的拱掘，猪舍地面多为水泥地面，但水泥地面冷而硬，因此可在趴卧区加铺地板或垫草等。也可用砖等建造保温地面，但造价稍高。

第四章
掌握规模化养猪技术

　　规模化养猪有很多实用技术，这些技术是经过畜牧科研工作者和广大养猪生产者长实践总结出来的，并在生产中不断总结、发展和完善，对养猪生产具有非常重要的指导作用。

　　科学技术是第一生产力，而养猪技术就是养猪的第一生产力，养猪离不开养猪技术，要养好猪必须掌握科学的养猪技术。供求关系影响市场价格，养殖水平决定生存发展，我们养猪人改变不了供求，但可以改变养殖水平。只有熟练掌握和在养猪生产中运用好规模化养猪技术，才能使养猪的效益实现最大化。

一、母猪发情鉴定技术

　　无论自然交配还是人工授精，适时配种是获得良好繁殖力的重要因素，而准确查情又是成功配种的关键。

　　我国地方品种猪繁殖力强，发情明显、容易观察、能适时配种。规模化猪场饲养的品种多为大约克、长白和杜洛克等引进品种，它们的发情表现不如本地品种明显，特别是有的经产母猪发情后采食正常，不跳圈，不鸣叫，阴户变化不明显，因此常常错过配种时机，导致母猪受胎率降低或长期空怀。鉴定后备母猪的初次发情常常很困难，因为它们往往不表现出明显特征。调查统计，约36%的后备母猪初次发情无明显征兆，约16%表现静立发情。发情后备母猪早上6时表现静立反应的比例为60%；高于中午和下午的比例。鉴定引进品种的发情要仔细，每天查情 2 次（排卵时间易变，所以一天查情 2 次），上午和下午各检查 1 次，每次 30 分钟。主要观察母猪的表现，如观察到以下几种现象即为母猪发情的表现：阴户红肿，阴道内有黏液性分泌物；在圈舍内来回走动，起卧不安，排尿频繁，爬跨同圈其他猪，也接受同圈其他猪的爬跨；有时站立不动，发呆，特别是压背时静立不动；食欲减退或完全不吃料；鸣叫。

　　除了采用以上方法进行母猪发情鉴定以外，还可以用成熟公猪试情的方法鉴别母猪是否发情。此种方法尤其对发情征状不明显的母猪效果最好。方法是把公猪赶进母猪栏，对母猪提供最好的刺激。公猪同母猪鼻对鼻的接触；公猪嗅母猪的生殖器官（外部性器官），母猪嗅公猪的生殖器官；头对头接触，发出求偶声，公猪反复不断地咀嚼和嘴上起泡沫并有节奏地排尿；公猪追随母猪，用鼻子拱其侧面和腹线，发出求偶声；或当公猪在场时可以压背，也可刺激肋部和腹部，观察母猪的表现，如果母猪静力不动、主动追逐公猪或接受公猪爬跨，都说明母猪已到配种时机。

　　理想的查情公猪至少要 12 月龄以上、走动缓慢、口腔泡沫多。赶猪时用赶猪板或另外一个人来限制公猪的走动速度，切除过输精管的公猪可被用于查情。母猪在短时间内接触公猪后就可达到最佳静立反射并且在公猪爬跨时尾巴上翘。

二、促进母猪发情和排卵技术

　　经产母猪的排卵数一般在 20～30 板，增加经产母猪的排卵数，对提高窝产仔数的意义不大。但经产母猪断奶后，体况的差异很大，体况越瘦的母猪，重新发情的时间也越迟。只有经过一段时间加强饲养，等体况恢复正常后，才会正常发情排卵。有些母猪，在配种后经过妊娠检查，证明并没有受孕，但由于体内生殖激素分泌紊乱，不再表现发情。对以上这三种类型猪，都必须采取相应的措施，促进其发情和排卵。

　　促进空怀母猪发情和排卵的措施，常用的有以下几种：

1. 增加饲料中维生素 A、维生素 E 的含量

　　增加饲料中维生素 A、维生素 E 的含量。在炎热的季节，母猪

的受胎率常常会下降。一些研究表明，在日粮中添加一些维生素，可以提高受胎率。除饲料中添加维生素 A、维生素 E 外，饲喂含维生素 A、维生素 E 多的青绿饲料、胡萝卜等都有助于发情。

2. 增加与公猪接触的机会

增加与公猪接触的机会，每天一次公猪调情能明显增加母猪发情次数。把公猪赶进母猪圈内比公猪在过道内走效果好。公猪的刺激，包括视觉、嗅觉、听觉和身体接触，这些刺激对促进母猪发情排卵的作用很大。性欲好的公猪和成年公猪的刺激作用，比青年公猪和性欲差的公猪作用更大。待配种的母猪，应该关养在与成年公猪相邻的栏内，让母猪经常接受公猪的形态、气味和声音的刺激。每天让成年公猪，在待配母猪栏内追逐母猪 10～20 分钟，这些既可以让母猪与公猪直接接触，又可以起到公猪的试情作用。

3. 用已发情的母猪刺激

用已发情的母猪刺激，特别是发情高潮的经产母猪的爬跨对促进母猪发情作用很强。

4. 增加运动

增加运动也能促进发情，对久不发情的母猪最好每天有一定时间适当驱赶，或将大批母猪放在舍外自由活动等，都有刺激发情的效果。

5. 改变环境

改变环境就是改变猪所处环境的温度、光照、方位等，都可起到刺激母猪发情的作用。

6. 调圈

调圈就是将猪群原有的结构打乱，重新调整猪群，通过新环境的应激刺激发情。

7. 调整饲喂量

过肥猪减料，过瘦猪加料都有催情作用。母猪在配种前，采食高能量的日粮，对断奶后体况较差的母猪恢复正常体况很有效。断奶后体况较瘦的经产母猪，对催情料的反应比体况肥胖的母猪大。

体况较差的断奶母猪，在断奶后开始，可每天喂给专门配制的高能量饲料，或使用常规的空怀母猪料。但每天的投喂量，要比正常喂料量多 1/3～1/2（视体况而定）才可达到催情的目的。

三、配种技术

常用的配种技术有自然交配和人工授精两种。

1. 自然交配

自然交配也称本交，是指发情母猪与公猪所进行的直接交配，通常分为自由交配和人工辅助交配。

（1）自然交配　自然交配是把公母猪放在一起饲养，公猪随意与发情母猪交配。一般 15～20 头母猪放入一头公猪，让其自然交配。这易造成公母猪乱交滥配，母猪缺乏配种记录，无法推算预产期，公猪滥配，使用过度，影响健康，这种配种方式在养猪生产上已很少采用。

（2）人工辅助交配　人工辅助交配的公猪平时不和母猪混在一起饲养，而是在母猪发情时，将母猪赶到指定地点与公猪交配或将公猪赶到母猪栏内交配。当公猪爬上母猪背时，辅助人员用手把母猪尾拉开，另一手牵引公猪包皮引导阴茎插入阴道，然后观察公猪射精情况，当公猪射完精后，立即将公猪赶走，以免进行第二次交配。这种方法能合理地使用公猪。

（3）配种可分为单次配种、重复配种、双重配种、多次配种。

单次配种指在一个发情期内，只与一头公猪交配 1 次。重复配种指第一次配种后，间隔 8～12 小时用同一公猪再配 1 次，以提高母猪受胎率和产仔数。双重配种指在母猪的一个发情期内，用同一品种或不同品种的 2 头公猪，先后间隔 10～15 分钟各配种 1 次。此方法只适宜生产商品猪的猪场。多次配种指在一个发情期内，用同一头公猪交配 3 次或 3 次以上，配种时间分别在母猪发情后第 12、24、36 小时。为了保证高受精率，有条件的最好采用双重配种。

2. 人工授精

人工授精的优点很多，是规模化养猪必须掌握的一门技术。人工

授精技术包括种公猪的调教、采集公猪精液、精液品种检查、精液稀释、精液保存和输精等环节。

（1）公猪采精调教

①调教的目的是公猪爬跨假母猪台；②后备公猪7月龄开始进行采精调教；③每次调教时间不超过20分钟；④一旦采精获得成功，分别在第2、3天再采精1次，进行巩固掌握该技术；⑤采精调教可采用发情母猪诱导（让待调教公猪爬跨正在发情的母猪，爬上后立即把公猪赶下，赶走母猪，然后引导公猪爬跨假母猪台），观摩有经验的公猪采精，在假母猪台后端涂抹发情母猪尿液或母猪分泌物、成年公猪尿、精液或包皮液等刺激方法；⑥调教公猪要循序渐进，有耐心，不打骂公猪；⑦注意调教人员的安全。配种人员在公猪圈内或者哄赶公猪时要小心，防止公猪的头和嘴伤害人。如果站在公猪旁边时，一定要站在它的后面，周围没有障碍物，便于躲闪。如果人站在公猪前面，则要与公猪保持一定距离。

（2）采精频率　8～12月龄公猪每周1次；12～18月龄青年公猪每2周采3次；18月龄后每周采2次。通常建议采精频率为72～48小时。所有采精公猪即使精液不使用时，每周也应采精1次，以保持公猪性欲和精液质量。

（3）公猪的射精时间和采精量因年龄、个体大小、采精技巧和采精频率变化很大，公猪完成1次射精最少需要5～9分钟。整个采精时间需要5～20分钟，正常情况下，1头公猪的射精量为150～300毫升，也有的会超过400毫升。建议采精频率为48～72小时。

（4）采精

①采精前准备　采精室要做到清洁、干燥，地面没有异物。采精室顶棚采用铝扣板或塑钢板材，减少灰尘落上，并且每周清扫1次。采精人员头戴卫生帽，防止头发和皮屑脱落污染精液。化学制品（乳胶手套、水、肥皂、酒精等）、光（阳光、紫外线）和温度（热、冷）对精子都是有害的，应避免。采精员采精时戴手套，如徒手时必须严格消毒，防止精液交叉污染，同时采精员必须定期修剪指甲，防止指甲过长划破手套污染精液。在采集精液前，所有与精液接触的物

品包括手套、采精杯、精液分装瓶等全部要在恒温箱37℃预热，保证采精时精液与其接触物品的温度相差不高于2℃。

② 清洁公猪　饲养员将待采的公猪赶至采精栏，用温水（夏天用自来水）将公猪的下腹部清洗干净，挤掉包皮积尿，清水清洗包皮后，用卫生纸把包皮彻底擦干净。

③ 采精员戴上消毒手套，蹲在假母猪左侧，公猪爬跨假母猪台用0.1%高锰酸钾溶液将公猪包皮附近洗净消毒。当公猪阴茎伸出时，用手紧握伸出的公猪阴茎螺旋状龟头，顺势将阴茎拉出，让其转动片刻，用手指由轻至紧，握紧阴茎龟头不让其转动，待阴茎充分勃起时，顺势向前牵引，用手在螺旋部分的第1和第2脊处有节奏地挤压，压力要适当，不可用力过大或过小，直到公猪射精完成才能放手。这个动作模仿母猪子宫颈，形成了一个锁（指用手指呈环状握紧公猪阴茎），公猪即可射精。

④ 另一只手持带有专用过滤纸（或无菌纱布）的集精保温杯（瓶），杯（瓶）内放一次性采精袋收集浓精液，公猪第1次射精完成，按原姿势稍等不动，即可进行第2或第3、4次射精，直至完全射完为止。采精过程中前段精液和末段精液不要收集，前段几乎无精子可能还会混有少量尿液，让最初的几下喷射到地上；后段精液胶状物含量多并且精子含量少，也不宜收集。一般情况下仅收集中间乳状且不透明的富含精子部分。精液采集后撤掉过滤纸，把采精袋扎好并立即盖上保温杯盖子。

⑤ 采集的精液应迅速放入恒温箱中，由于猪精子对低温十分敏感，特别是当新鲜精液在短时间内剧烈降温至10℃以下，精子将产生不可逆的损伤，这种损伤称为冷休克。因此在冬季采精时应注意精液的保温，以避免精子受到冷休克的打击不利于保存。集精瓶应该经过严格消毒、干燥，最好为棕色，以减少光线直接照射精液而使精子受损。由于公猪射精时总精子数不受爬跨时间、次数的影响，因此没有必要在采精前让公猪反复爬跨母猪或假母猪提高其性兴奋程度。

（5）精液品质的检查

① 精液量　以电子天平称量精液，按1克=1毫升计。

② 颜色　正常的精液是乳白色或浅灰白色，精子密度越高，色

泽越浓，其透明度越低。如带有绿色或黄色是混有脓液或尿液的表现，若带有淡红色或红褐色是含有鲜血或陈血的表现，这样的精液应舍弃不用。并针对症状找出原因，进行相应诊治。

③ 气味　猪精液略带腥味，如有异常气味，应废弃。

④ 精子活（率）力检查　活力是指呈直线运动的精子百分率，在 200 倍或 400 倍显微镜下观察精子活力，原精液一般按 0～5 分评分；稀释后的精液一般按百分制评分，一般要求原精活力在 2 分以上可以进行稀释；稀释后精液活力在 70% 以上进行分装；储藏精液活力在 60% 以上使用。

⑤ 精子密度　精子密度指每毫升精液中所含的精子数，是确定稀释倍数和可配母猪头数的重要指标。种猪的输精浓度过小会造成产仔数降低，浓度过大将影响精液的保存期。精子密度检测的主要方法有显微镜观测法、白细胞计计数法和光度仪测定法。

显微镜观测法：此法操作简便，可与精子活力同时进行。在（37℃）显微镜下对没有稀释的原精液进行观察，根据精子的稠密程度确定镜子密度。

白细胞计计数法：此法设备比较简单，但操作繁杂、耗费时间。用吸管吸取原精液滴入计数器上。

光度仪测定法：根据公猪精液样品的不透明度决定于精子数目的原理，即精子密度越大，其精液越浓，透光性越低，使用光度仪可以准确测定精子密度。要求被测定的精液需滤去胶状物。

三种方法可根据实际情况使用，如对公猪精液做定期全面评估时可使用白细胞计计数法和光度仪测定法，而平时生产时用显微镜观测法即可。

⑥ 精子畸形率　畸形率是指异常精子的百分率，一般要求畸形率不超过 20%。畸形精子种类很多，如巨型精子、短小精子、双头或双尾精子，顶体膨胀或脱落、精子头部残缺或与尾部分离、尾部变曲。

⑦ 精液的 pH 值检查　正常精液的 pH 值为 7.4～7.5。精液的 pH 值大小对精液的质量有影响，pH 值偏小说明其品质较好。常用的测定 pH 值的方法是 PH 试纸比色。

（6）精液的稀释

① 实验室内应保持地面、台面、墙面和顶棚无尘土　精液稀释人员进入实验室必须更换工作服和鞋帽。每次用完采精杯、稀释杯、玻璃棒和稀释粉瓶要进行彻底清洗，清洗后用双蒸水润洗两次，然后进行高压或者干烤消毒（根据仪器的性质）。精液稀释必须用双蒸水或者去离子水进行，并且双蒸水和去离子水的保存期不能超过 1 个月。

② 精液采集后应尽快在 30 分钟内稀释　精液稀释也要提前至少 1 个小时放在 37℃水浴锅中预热，保证稀释液混合均匀。实验室的空调设置为 25℃最适宜。稀释液和原精的温差不得高于 2℃，否则将严重影响精液稀释后的精子活力。

③ 稀释时，将稀释液沿盛精液的杯壁缓慢加入精液中，然后轻轻摇动或用消毒玻璃棒搅拌，使之混合均匀。

④ 稀释倍数的确定　活率≥0.7 的精液，每剂量精液的精子数目通常在 20 亿～60 亿个之间，每剂精液在 60～120 毫升，我们一般按每个输精剂量含 40 亿个总精子，输精量为 80 毫升确定稀释倍数，例如，某头公猪一次采精量是 200 毫升，活力为 0.8，密度为 2 亿个/毫升，要求每个输精剂量是含 40 亿精子，输精量为 80 毫升，则总精子数为 200 毫升×2 亿个/毫升＝400 亿个，输精头份为 400 亿个÷40 亿个＝10 份，加入稀释液的量为 10 份×80 毫升－200 毫升＝600 毫升。

如果缺乏准确的密度资料，可根据下面的方法来稀释精液：精液和稀释液至少要按 1∶4 的比例稀释，但最多不能超过 1∶10，即如果有 100 毫升精液，其稀释后的精液容量不能超过 1000 毫升。

⑤ 稀释后要求静置片刻，再做精子活力检查，如果精子活力低于 70%，不能进行分装。

（7）精液的常温保存

① 精液稀释后，检查精液活力，若无明显下降，按每头份 80～90 毫升分装。贴上标签，标注采精日期、公猪号、失效期。

② 稀释好的精液不要立即放入 17℃恒温箱中，要置于 22～25℃的室温（或用几层毛巾包被好）1 小时后（在炎热的夏季和寒冷的冬

季，特别应注意本环节），再放置于17℃恒温箱中。

③ 保存过程中要求每12小时将精液缓慢轻柔地混匀一次，防止精子沉淀而引起死亡。

（8）输精

① 输精时间　断奶后3～6天发情的经产母猪，发情出现站立反应后6～12小时进行第1次输精配种；后备母猪和断奶后7天以上发情的经产母猪，发情出现站立反应，就进行配种（输精）。

② 将待配种母猪赶入专用配种栏，使母猪在输精时可与隔壁栏的试情公猪鼻部接触，在母猪处于安静状态下输精。用0.1%高锰酸钾水溶液清洁母猪外阴部、尾根及臀部周围，用干净卫生纸擦干净母猪的外阴部。

③ 将输精管45°角向上插入母猪生殖道内，输精管进入10厘米左右之后，感觉到有阻力时，使输精管保持水平，继续缓慢用力插入，直到感觉输精管前端被锁定（轻轻回拉不动）。

④ 缓慢摇匀精液，用剪刀剪去精液袋管嘴，接到输精管上，使精液袋竖直向上，保持精液流动畅通，开始输精。

⑤ 输精过程中，尽量避免使用用力挤压的输精方法，当输精困难时，可通过抚摸母猪的乳房或外阴、压背刺激母猪等方法，使其子宫收缩产生负压，将精液吸纳；如精液仍难以输入，可能是输精管插入子宫太靠前，这时需要将输精管倒拉回一点。

⑥ 输精时间最少要求3～5分钟，输完一头母猪后应在防止空气进入母猪生殖道的情况下，把输精管后端一小段折起，使其滞留在母猪生殖道内3～5分钟后，再将输精管慢慢拉出。

⑦ 每头母猪在1个发情期内要求至少输精2次，2次输精时间间隔12小时左右。

四、母猪妊娠诊断技术

妊娠诊断是母猪繁殖管理上的一项重要工作。管理者要懂得，饲养空怀母猪的代价是昂贵的！所以，必须熟练掌握母猪的妊娠诊断技术。配种后，应尽早检出空怀母猪，及时补配，防止空怀。养猪生产中对母猪的妊娠诊断采用较多的方法有观察法、公猪试情法、药物和试剂检测法、仪器检测法等。观察法和公猪试情法是传统的检查方法，仪器检测法能比较准确地诊断出母猪是否妊娠，是目前养殖条件较好的猪场普遍采用的诊断方法。

1. 观察法

观察法是通过观察母猪是否返情来判断其是否妊娠。母猪的发情周期平均为 21 天，母猪配种后，经过一个发情周期未表现发情，基本上认为母猪已妊娠。人们在生产中根据母猪的外部表现总结了观察的顺口溜：疲倦贪睡不想动，性情温顺动作稳，食欲增加上膘快，皮毛发亮紧贴身，尾巴下垂很自然，阴户缩成一条线。

此种方法对配种前发情周期正常的母猪比较准确。但这种判断方法受人为因素影响大，主观性比较强，需要经验足的配种员才能保证准确率。对个别母猪假发情的，还需要结合仪器检测法。

还可以用拇指与食指用力压捏母猪第 9 胸椎到第 12 胸椎背中线处，如背中线指压处母猪表现凹陷反应，即表示未受孕；如指压时表现不凹陷反应，甚至稍凸起或不动，则为妊娠。

2. 公猪试情法

公猪试情法是利用成年公猪的求偶声音、外激素气味、求偶及交配行为，通过听觉、视觉、嗅觉等刺激成年母猪的脑垂体，很容易引发母猪排卵、发情、求偶、接受交配等行为。

在母猪配种后 18～24 天，用性欲旺盛的成年公猪试情，若母猪拒绝公猪接近，并在公猪 2 次试情后 3～4 天始终不发情，可初步确定为妊娠。

试情公猪要求年龄较大，行动稳重，性欲旺盛，气味重，口腔泡沫多，性情温和，听从指挥，不攻击人。

3. 激素和试剂检测法

（1）孕马血清促性腺激素（PMSG）法　孕马血清促性腺激素，即 PMSG，也称为马绒毛膜促性腺激素。它是在怀孕母马血清中发现的一种激素，并已知在妊娠马属动物（驴、斑马等）都有产生，所以有人称为马属动物绒毛膜促性腺激素。PMSG 是一种经济实用的促性腺激素类药，具有促卵胞素和促黄体素活性。可促进母畜卵巢卵

泡发育成熟，并引起发情和排卵。促进公畜性欲，并促使精子的形成，主要用于母畜催情和促进卵泡发育，也用于胚胎移植时的超数排卵。

母猪妊娠后有许多功能性黄体，抑制卵巢上的卵泡发育。由于功能性黄体分泌孕酮，可抵消外源性 PMSG 和雌激素的生理反应，母猪注射 PMSG 后如果不表现发情即可判断为妊娠。

在母猪配种后 14～26 天，将注射用孕马血清促性腺激素用注射用水或生理盐水稀释后一次性皮下或肌内注射 600IU。如果注射 PMSG 制剂的母猪 5 天内不发情或发情微弱及不接受交配者判定为妊娠；5 天内出现正常发情，并接受公猪交配者判定为未妊娠。

该法不会造成母猪流产，母猪产仔数及仔猪发育均正常，具有早期妊娠诊断和诱导发情的双重效果。

（2）碘化法　取母猪尿 10 毫升左右放入试管内，用比重计测定其密度（应在 1.0～1.025），过浓加水稀释，然后滴入碘酒在酒精灯上加热，逐渐升温直至尿液沸腾，观察尿液将达到沸点时发生的颜色变化：如尿液由上到下呈现红色，表示受孕；如果出现淡黄色或褐绿色，且冷却后颜色马上消失，则说明母猪没有怀孕。

此方法准确率虽然比较高，但对操作人员能力要求也高，必须掌握一定专业知识，且工作量大，特别是不容易采取到母猪的晨尿。

4. 猪用 A 超测孕仪诊断法

母猪的子宫在怀孕期间充满了羊水，当超声波与子宫里的羊水接触后将产生一次回应，这些超声波的回应被接收并且由 A 超测孕仪（图 4-1）所产生连续可听见的声音或显示灯来表示，使我们知道母猪是否怀孕。这种仪器体积较小，如手电筒大，操作简便，几秒钟便可得出结果，适合基层猪场使用。

开始检查母猪前，准备好专用超声吻合剂，也可以用石蜡油、菜油或机油等帮助接触的液体，或者

图 4-1　猪用 A 超测孕仪

抹在 A 超测孕仪的探头表面或抹在母猪身上的被检测部位。在测试期间，最好使母猪隔离和安静下来（在喂料时做测试），将 A 超测孕仪的探头接触母猪被检测部位（最好的测试位置是位于母猪乳头线 3 厘米以上和母猪后腿前 5～8 厘米之间的位置以扫描子宫）（图 4-2）。当 A 超测孕仪发出只有间断的"滴滴滴"声音（无任何连续长音），说明母猪没有怀孕；当 A 超测孕仪发出连续的"滴滴滴滴滴滴"声音，说明母猪已怀孕。

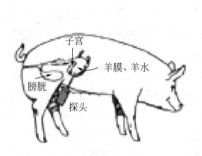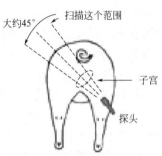

图 4-2　A 超使用示意图

　　A 超测孕仪的最好使用时机是母猪配种后 30～72 天，最早可以在母猪配种后 18 天进行测试，最晚不能超过母猪配种后 75 天。18 天进行的测试应该在 30 天再重复 1 次以保证精确的测试结果。注意 18 天检测必须是测到大胎仔猪，也就是说 10 头以上，但是测不到并不表示未孕，在 30 天时再检测 1 次确诊，如还是没有就表示未孕，准备 42 天再发情了（母猪的发情期为 21 天）。

5. B 型超声波诊断法

　　B 型超声波是利用换能器（探头）（图 4-3）经压电效应发射出高频超声波透入机体组织产生回声，回声又能被换能器接收变成高频电信号后传送给主机，经放大处理于荧光屏上显现出被探查部位的切面声像图的一种高科技影像诊断技术。

　　B 型超声诊断仪可通过探查胎体、胎水、胎心搏动及胎盘等来判

图 4-3　B 型超声波诊断仪

断妊娠阶段、胎儿数、胎儿性别及胎儿状态等。具有探查时无任何损伤和刺激、探查时间短、无应激、图像直观、准确率高等优点，但价格昂贵、体积大，需要操作者具备一定使用知识，适用于大型猪场定期检查。

超声波进入母猪体内后，遇到不同的组织界面，反射或者散射形成了回声，回声被B超接收，放大或处理以后以不同的形式显示在屏幕上，就是声像图。

图像的大小，反映的是回声界面的大小，图像从亮到暗的变化程度称为灰度，反映的是回声的强弱，回声越强就越亮，反之就越暗。

母猪体内的各种组织器官，因其形态结构不同，对于超声波的反射和散射也各不相同，在声像图上就会表现为大小和灰度的差异，母猪体内的病变也会引起某些组织结构的改变，从而使其声像图发生变化，比如超声波在通过液体时，没有回声，在声像图上就表现为无回声暗区，又称为液性暗区或液性无回声区。母猪体内常见的液体，如尿液、胆汁和血液就是典型的液性暗区。一些病理性积液，如胸腔积液、腹腔积液、脑积水、血肿、脓肿等也表现为液性暗区，但脓肿和有凝血的血肿在液性暗区内会有细小的弱回声。一些器官，如淋巴结、肾锥体、肾上腺皮质因其结构均一，而具有较好的透声性能，在声像图上也表现为暗区，这种暗区称为弱回声或实质性暗区。而肝脏、脾脏、子宫、心肌等器官在声像图上表现为中等灰度的回声，称为等回声。

声像图是B超诊断的重要依据，正确分析声像图是准确判断母猪妊娠的关键，对于妊娠母猪的B超诊断来说，声像图的识别并不复杂，主要分为以下几种情况：

一是声像图显示椭圆形的暗区就是孕囊，孕囊是怀孕最初的形态，母猪怀孕初期会产生孕囊，因为孕囊中含有液体，超声波穿过液体时，在图像上就表现为无回声的暗区，通过这个声像图技术人员能够很容易地做出判断，此头母猪已经怀孕。

二是利用B超检测时，如果显示子宫内呈现一片灰白色，看不到黑色圆形的孕囊，宫内没有任何内容物，显现为凝结的白云模样，根据这样的图案，基本可以判定为空怀母猪。

　　三是利用 B 超检测时，如果声像图呈现网格状的阴影区，这是患有子宫炎的表现。事实上，在现在的规模化养猪场中，母猪在配种前，都会经过仔细检查，确认其子宫产后恢复情况及健康状况，出现这样的情况很可能是由于配种过程中的不当操作，引发子宫炎，对于患有子宫炎的母猪需要及时给予治疗。

　　母猪一般不需要保定，只需要其保持安静即可，如果在限位栏中对母猪进行检测更方便，侧卧、趴卧或采食均可，安静站立最好。

　　体外探查一般在母猪下腹部后肋部前的乳房上部（图 4-4）进行，从最后一对乳腺的后上方开始，随妊娠增进，探查部位逐渐前移，最后可达肋骨后端。猪被毛稀少，探查时不必剪毛，但需要保持探查部位的清洁，以免影响 B 超图像的清晰度，体表探查时，探头与猪皮肤接触处必须涂满耦合剂。如是直肠检查则无需耦合剂。

图 4-4　使用 B 型超声波
诊断仪诊断

　　体外探查时探头紧贴腹壁，妊娠早期检查，探头朝向耻骨前缘，骨盆腔入口方向，或成 45°角斜向对侧上方，探头贴紧皮肤，进行前后和上下的定点扇形扫查，动作要慢。妊娠早期胚胎很小，要细心慢扫才能探到，切勿在皮肤上滑动探头，快速扫描。操作时要根据实际情况灵活运用，以能探查到子宫里面的情况为准，当猪膀胱充尿胀大，挡住子宫，造成无法扫到子宫或只能探查到部分子宫时应等猪只排完尿以后再进行探测。

　　测孕的最佳时间段是配种后 25～30 天，因为此时孕囊最明显且呈现规则的圆形黑洞，最易判断。越往后随着孕囊的发育，孕囊会变得不规则，反而不如前期好判断，但是和空怀母猪的图像相比还是能明显地发现其不同之处。当母猪妊娠天数达到 70 天以后，小猪骨骼钙化，此时在 B 超图像上显示为一条间断的形式虚线的弧线，此为小猪的脊椎骨，此时应以此判断母猪是否怀孕。

　　为提高准确率，应进行 2 次检测。2 次检测的时间安排是：第 1

次在配种后 21～25 天进行，第 2 次在配种后 35～38 天进行复测。这样做还可以检测出猪妊娠早期（配种 20 多天）容易出现隐性流产的问题。在 20 多天的时候测出母猪已经怀孕，为什么到最后却不产仔，就可能是母猪隐性流产了，孕囊被子宫吸收，也不表现出流产的症状，所以必须进行 40 天左右后的第 2 次测孕，以提高准确率。而母猪在配种 40 天以后如果流产会有流产的症状，可以及时观察到，这个时候如果 B 超检测已经怀孕，就可以断定母猪已经怀孕。

五、同期发情技术

同期发情技术主要是借助外源激素刺激卵巢，使其按照预定要求发生变化，使处理母猪的卵巢生理机能都处于相同阶段，从而达到同期发情。

母猪的生殖生理中卵巢的形状与机能起重要作用，母猪的发情周期中卵巢要经过卵泡期和黄体期两个期。两期交替、反复出现就形成了发情周期。但两期中的黄体期的控制对发情周期的控制是关键。由于猪群中每头母猪通常都是处在发情周期的不同阶段，控制发情就是通过激素或药物处理控制黄体期黄体的寿命，使所有母猪的发情周期调整到相同阶段，达到同期化发情的目的。进而实现将一定数量母猪群的发情、配种、妊娠、分娩调整到一定时间内同时进行，这样做的好处是仔猪同时出生，并可以统一进行哺乳、断奶、仔猪培育、育成、育肥等饲养管理。符合规模化养猪的生产工艺流程要求，实现全进全出的目的。

同期发情通常采用两种途径：一种途径是延长黄体期，给一群母猪同时施用孕激素药物，抑制卵泡的生长发育和发情表现。经过一定时期后同时停药，由于卵巢同时失去外源性孕激素的控制，卵巢上的周期黄体已退化，于是同时出现卵泡发育，引起母猪发情。采用孕激素抑制母畜发情，实际上是人为地延长黄体期，起到延长发情周期、推迟发情期的作用。另一种途径是缩短黄体期，应用前列腺素 F2α 加速黄体退化。使卵巢提前摆脱体内孕激素的控制，于是卵泡得以同时开始发育，从而达到母畜同期发情。这种情况实际上是缩短母畜的发情周期，促使母畜在短时间内发情。

两种途径使用的激素性质不同，但都是对黄体功能起调节作用，结果使黄体期延长或缩短，最后达到调节卵巢功能的目的。

对后备母猪可采取每天每头饲喂 15 毫克四烯雌酮，连续饲喂 14 天，停喂后 7～9 天后备母猪进入发情高峰期。北京市 SPF 猪育种管理中心杨光等对后备母猪饲喂四烯雌酮进行了试验，将 120 头后备母猪分成 3 组，每组 40 头，后备母猪日龄≥210 天。第 1 组在定位栏饲养，第 2 组在大栏饲养，第 3 组日龄较第 1、2 组大 30 天以上，也在定位栏饲养。每头后备母猪每天饲喂四烯雌酮 15 毫克，连续饲喂 14 天。结果显示，第 1～3 组后备母猪的发情率分别为 60.0%、92.5%、75.0%，发情高峰期在停喂四烯雌酮后第 7～9 天，后备母猪的有效饲养面积和日龄对后备母猪的发情率影响显著。

对经产母猪可使用孕马血清促性腺激素（PMSG）和绒毛膜促性腺激素（HCG）诱发发情周期不正常的母猪发情和排卵。PG-600 产品含有 400 国际单位的孕马血清促性腺激素（PMSG）和 200 国际单位的绒毛膜促性腺激素（HCG），通常在注射 PG-600 后 110～120 小时母猪就会排卵。

当然，采用母猪同期断奶的方法是最简单、最经济的办法，也是饲养管理水平较高猪场的最常用方法。通常健康及体况正常的哺乳母猪，分娩 21～35 天，一般都会在断奶后 4～7 天内发情。因此，对于分娩时间接近的哺乳母猪实施同期断奶，即可达到断奶母猪发情同期化的目的。

六、催情补饲技术

关于催情补饲技术，第 7 版《养猪学》是这样介绍的：经产母猪和青年母猪在配种之前的 2～3 周，将日粮能量提高 50%～100%，这称为催情补饲。催情补饲的优点可归结为：更多卵胞排除，具有提高产仔数的潜力。然而，通过催情补饲生产第 2 胎和第 3 胎的母猪，从实验和经验上并没有显示出其益处，可能是因为从断奶到配种的时间比较短。此外，催情补饲对青年母猪，尤其是限饲的青年母猪似乎是有效的，可能是因为这些年轻动物需要摄取更多能量。

当考虑催情补饲时，必须注意两点：首先，对于自由采食的或体

况很好的母猪，实行催情补饲不会获得成功。它对限饲母猪是最有效的。其次，配种后母猪日粮要立刻降到 1.8～2.7 千克。据资料显示，配种后仍持续自由采食将使催情补饲变得无效。

七、仔猪早期断奶技术

安全断奶是建立在仔猪发育正常，已经能够不依靠母乳，而通过自己采食仔猪料生存，同时母猪不因断奶而患乳腺疾病，甚至影响下次发情配种这两个基本前提下。断奶时间以 3～5 周为宜，要求 21 日龄断奶体重不低于 5 千克，28 日龄断奶体重应在 6 千克以上，35 日龄断奶体重应在 7 千克以上，断奶后方可取得理想效果。断奶周龄视饲养管理条件而定，规模化饲养场一般选择 28 天断奶。断奶前 3～5 天哺乳母猪喂料量要逐渐减少，以减少泌乳量，从而迫使仔猪多吃料。同时也是防止母猪乳腺炎的有效办法。断奶时最好在早晨进行，同时尽量使仔猪不改变环境，以减少应激。如果条件允许，断奶时可将母猪移走，仔猪留在原圈饲养几天。这样仔猪对原猪舍环境熟悉，无不适应感，可避免仔猪环境应激的发生，仔猪吃食休息基本正常，有利于仔猪顺利渡过断奶关，能促使母猪在断奶后迅速发情。

断奶的方法有一次性断奶法、分批断奶法和逐步断奶法三种。

1. 一次性断奶法

当仔猪达到预定的断奶日期，断然将母猪与仔猪分开。这种方法省工省时，操作简单，适合规模化养猪场。采用此方法断奶时，在断奶前 3 天左右适当减少母猪的饲喂量，为减少仔猪的环境应激，仔猪断奶时将母猪转走，仔猪在原产床继续饲养 1 周，再转移至仔培舍。

2. 分批断奶法

根据仔猪食量、体重大小和体质强弱分别先后断奶，一般是发育好、食欲强、体重大、体格健壮的仔猪先断奶，发育差、食量小、体重轻、体质弱的仔猪适当延长哺乳期。采用这种方法会延长哺乳期，此法有利于弱小仔猪的成活与生长发育，但影响母猪年产仔窝数，而且先断奶仔猪所吮吸的乳头，称为空乳头，易患乳腺炎。

3. 逐渐断奶法

在仔猪预期断奶前的 3～4 天每天把母猪赶到离原圈较远的圈里，定时赶回让仔猪吃乳，逐日减少哺乳次数，到预定日期停止哺乳。这种方法可减少对仔猪和母猪的断奶应激，但较麻烦，不适于产床上饲养的母猪和仔猪。

八、仔猪寄养方法

仔猪出生后，经常会遇到母猪泌乳量不足或无乳、仔多而母猪奶头不足、母猪母性不强拒绝哺乳、有咬仔恶癖、母猪产后体质虚弱有病、母猪产后死亡或淘汰、平衡母猪产仔猪的数量过多或过少等问题，特别是规模化猪场在生产中不可避免地会遇到这个问题。此时为了保证仔猪的生长发育，将仔猪寄养给其他正在哺乳的母猪是最好的解决办法。

1. 代养母猪的选择

代养母猪要求产仔猪时间较短，健康无疾病，母性强，乳汁分泌旺盛，除了哺乳自己所产的仔猪以外还有哺养其他仔猪的能力。

2. 寄养的方法

实施寄养的时候，利用母猪主要利用嗅觉来辨别仔猪的生物学特性，在被寄养的仔猪身上涂抹代养母猪的尿液，或在母猪自己所产仔猪和被寄养仔猪身上同时喷洒上气味相同的液体，如来苏水等以掩盖仔猪身上原有的异味，可有效减少母猪对寄养仔猪的排斥。

3. 要求

(1) 寄养母猪的产仔日期越接近越好　一般来说，仔猪在出生后的前 2 天内就应该被转移，母猪的生产日期相差不超过 1 天为最佳。寄养到一起的仔猪大小、强弱要相当，以避免仔猪体重相差较大，体重大的影响体重小的仔猪生长发育。

(2) 让寄养仔猪吃到足够的初乳　初乳对仔猪的生长发育非常重要，因此必须让仔猪吃到足够的初乳，仔猪寄养到另一头母猪之前应该从母亲那里吃到初乳，如果母猪分娩后死亡或无乳汁的，可以实施

人工干预，让仔猪吃其他刚分娩母猪的初乳，吃到初乳后再实施寄养。

（3）有病仔猪不得往健康窝内寄养，防止疫病交叉感染。

（4）仔猪寄养前，需要做好耳刺等标记与记录，以免发生系谱混乱和便于后期生产管理。

（5）无论初生仔猪寄养与否，都要做好固定乳头的工作。固定乳头可以减少仔猪打架争乳，保证及早吃足初乳，是实现仔猪均衡发育的好方法。固定乳头应当顺从仔猪的意愿适当调整，对弱小仔猪一般选择固定在前 2 对乳头上，体质强壮的仔猪固定在靠后的乳头上，其他仔猪以不争食同一乳头为宜。

（6）为了以后的后备猪选择，雌性仔猪应该由亲生母亲哺乳，保存记录更有利一些。

九、母猪分阶段饲养管理技术

母猪的主要生产任务是繁殖仔猪，提供猪源。母猪生产性能的好与坏，直接关系到养猪场的经济效益。为此，生产中根据母猪在繁殖周期中所处阶段生理特点的不同，将母猪的整个繁殖周期分为后备母猪、空怀母猪、妊娠母猪、分娩母猪、哺乳母猪五个阶段，根据这五个阶段母猪对营养需要、温度、湿度、疫病防治和管理等要求的不同，在饲养管理的各个方面实行有针对性地差别化饲养，使母猪始终处于最佳生产状态，达到高产高效的目的。

1. 后备母猪的饲养管理技术

后备母猪也指青年母猪。一般指被选留作为母猪，但尚未参加配种这一时间段的母猪。后备母猪管理的好坏，可影响其繁殖性能和使用寿命。

（1）饲养管理目标　对后备母猪的饲养既要保证其正常生长发育，又要保持适宜的体况，维持正常的生殖功能。

（2）饲养管理重点

① 圈舍　宜采用专门的后备母猪舍，保证后备母猪有必要的活动空间。猪舍最好设有运动场。

② 分群　后备母猪群不能太大，一般 5 月龄前不超过 8 头，6 月

龄以后以 4～5 头为宜。自己留作种用的青年母猪在 4～5 个月时就应与商品猪分圈饲养。肥瘦母猪须分圈饲养，防止出现肥的越肥，瘦的越瘦。

③ 营养 必须供给全面的、必需的营养物质，尤其是蛋白质、维生素、矿物质等养分的充分供给。营养水平高的，排卵数也较多。实践证明，使用全价配合饲料效果最好，单喂玉米、番薯等碳水化合物饲料，母猪就会肥胖而不愿意发情。蛋白质不足、品质不完善，会影响卵子发育，排卵减少，降低受胎率，甚至不育。母猪对钙的缺乏十分敏感，供应不足会不易受胎和减少产仔数。此阶段严禁使用对生殖系统有危害的棉籽饼、菜籽饼及霉变饲料。维生素 A、维生素 D、维生素 E，对母猪繁殖非常重要，缺乏时影响母猪发情、受胎、产仔等。青绿多汁饲料对促进母猪发情、排卵数量、卵子质量、排卵的一致性和受精等都有良好的作用，应注意供给。

④ 饲喂 做到"两增一减"（两头增中间减）的饲喂技术，抓好"促、控、催、调"，确保后备母猪的配种受胎。

4 月龄（60 千克）前，以促进生长发育为主，可采用育肥猪料自由采食，但要注意保持体形。

4 月龄（60 千克）以后到配种前 15 天，控制生长发育，从而使后备母猪在 7～8 月龄时体重达 120～140 千克。此阶段不能继续饲喂育肥猪料，也不能饲喂妊娠母猪料，而是要喂给后备母猪专用日粮，并减少配合饲料饲喂量，以每天每头后备母猪喂给 1.8～2.2 千克为宜。有饲喂青粗饲料条件的可喂给青粗饲料，并适当增加青粗饲料量。青饲料可占日粮的 1/4，日喂 3 餐，供给充足清洁饮水。

配种前（即初次公猪试情后的 3 个发情期，具体时间应在 7～8 月龄之间）的 15 天开始催情补饲，加大营养供给，增加饲喂量，每头每天饲喂 3～3.5 千克全价配合饲料，促进发情排卵，确保配种受胎。

⑤ 管理 保持圈舍干燥、清洁卫生，训练后备母猪定点排泄粪便，环境温度保持在 15℃左右。饲养员要每天定时将猪赶到运动场运动，以促进骨骼和肌肉的正常发育，保证匀称结实的体型，防止过肥和肢蹄不良，促进性成熟。

⑥ 发情管理 后备母猪繁殖力高的一个标志就是能够在 4～6 月龄时第 1 次发情。后备母猪初次配种时间通常建议在第 3 次发情期或以后，并且体重达到 120～135 千克，背膘厚度 18 毫米左右。如果提前配种，经常会造成后备母猪在仔猪断奶后难以发情。后备母猪到 7 月龄仍不发情或达不到理想的配种体重，则建议将其淘汰。

当后备母猪达到 4 月龄时，就要注意观察母猪的初情期。每天早晚用成年公猪与后备母猪接触，以刺激发情，并记录母猪的发情情况。

⑦ 免疫与保健 后备母猪生长发育过程中必须进行必需的疫苗注射和体内外寄生虫病的清除，确保后备母猪健康投入生产。

a. 常规免疫 按照免疫程序进行免疫接种疫苗。包括猪瘟、口蹄疫、细小病毒、蓝耳病、伪狂犬病、猪喘气病，每年三、四月份的乙型脑炎疫苗。

b. 用药净化 净化后备母猪体内的细菌性病原体，预防呼吸道疾病、猪痢疾、回肠炎。饲喂广谱抗生素（如氟苯尼考、金霉素、强力霉素、利高霉素、土霉素等）对猪体内病原微生物进行净化。

c. 控制寄生虫病 蛔虫、结节虫、绦虫、线虫、鞭虫、肾虫、外寄生虫（螨虫、猪虱等）。后备母猪配种前 15 天进行一次驱虫，用伊维菌素或阿维菌素拌料，连喂 7 天，为后备母猪能够顺利妊娠打下一个良好的基础。

2. 空怀母猪的饲养管理技术

空怀母猪是指未配或配种未孕的母猪，包括后备母猪和经产母猪。由于后备母猪已经在上面单独介绍了，这部分只介绍经产母猪的饲养管理技术。

（1）饲养管理目标 对断奶或未孕的经产母猪，积极采取措施组织配种，缩短空怀时间。

（2）饲养管理的重点

① 合理分群 断奶后空怀母猪可采取群饲，每栏 3～5 头。按照体况分群，将大小、强弱和肥瘦相当的母猪分在一起。空怀母猪小群饲养既能有效地利用建筑面积，又能促进发情。特别是当同一栏内有母猪发情时，由于爬跨和外激素的刺激，可以诱导其他空怀母猪

发情。

②圈舍　可采用专门猪舍饲养，猪舍温度应保持在16～25℃，相对湿度70%～80%为宜。夏季采取防暑降温措施，冬季做好保温工作。

③营养　应选用母猪专用预混料或使用母猪专用全价配合饲料。母猪专用预混料是根据母猪不同的生理阶段配制的，根据这些预混料提供的配方制作不同阶段的母猪饲料，只有这样才能满足母猪的不同生理阶段需要，才能促进母猪及时发情和多排卵。

④饲喂　母猪断奶前和断奶后各3天，要减少精饲料的饲喂量，可多喂给一些青粗饲料。母猪断奶当天不喂料并适当限制饮水。

空怀母猪可喂哺乳料，日喂两餐，每头日喂2.5～3.0千克。

俗话说，"空怀母猪七八成膘，容易怀胎产仔高"。母猪偏肥偏瘦都不利于发情配种，将来会出现发情排卵异常或产子泌乳异常。如果哺乳期母猪饲养管理得当，断奶时膘情适中，通常母猪在断奶后3～7天就会发情配种。可见断奶母猪的膘情至关重要，过肥或过瘦的断奶母猪要通过调整喂料量，以促其及时发情配种。因此要根据断奶母猪的体况膘情适时进行调整，体况过瘦的断奶母猪要增加饲料喂量，实行短期优饲，每头日喂3.0～4.0千克，达到加料催情的目的；体况过肥的母猪要减少饲料喂量，每头日喂1.8～2.0千克，控制膘情，达到促其发情的目的。

母猪配种后应饲喂较低营养水平的日粮，并减少饲喂量，每头日喂1.5～1.8千克。现已证明，配种后前期维持高营养水平的饲喂，会增加胚胎的死亡率。

⑤管理　保持圈舍卫生、干燥和清洁。对猪舍内外环境、猪栏、用具定期进行消毒。保持圈舍空气清新，特别是注意解决好冬季寒冷地区的猪舍通风问题，防止猪舍内氨味过大。保证充足清洁的饮水。母猪每天保持自由运动2～3小时。

夏季做好防暑降温。母猪虽然是多周期发情家畜，可以常年发情配种，但在夏天炎热的季节（6～9月）仔猪断奶后，母猪发情率较其他季节要低15%～25%，尤其是初产母猪更为明显，又比经产母猪低20%～30%。瘦肉型品种及其二元杂交母猪对高温更为敏感，夏季气温在 28℃ 以上会干扰母猪的发情行为表现，降低采食量和排卵数；夏季持续 32℃ 以上高温时，很多母猪会停止发情。因此猪场要做好绿化，夏季及时在猪舍外面铺设遮阳网，安装调试好通风降温设备。当舍温升至 30℃ 以上时，要及时采取降温措施。可于上午 11 时和下午 3 时、6 时和晚间 9 时各给空怀母猪身体喷水 1 次。如果舍内空气湿度过大，采用喷水降温一定要配合良好的通风。最好采用湿帘降温，效果更理想。

及时淘汰无价值的母猪。对长期不发情、屡配屡返情（无生殖道疾病连续返情超过 3 次）、习惯性流产、繁殖力低下（产仔数少或哺乳性能差）、有肢蹄病不能使用、久病不愈、体况差没有恢复迹象的母猪要及时淘汰。有计划地淘汰 7 胎以上的老龄母猪。确定淘汰猪最好在母猪断奶时进行。

⑥ 发情与配种管理　做好发情鉴定。母猪发情鉴定参见母猪发情鉴定技术一节。

及时进行配种。母猪配种时机、配种方式和次数参见配种技术一节。

⑦ 免疫与保健　断奶母猪易患乳腺炎和子宫炎，同时需要进行必需的疫苗注射和体内外寄生虫病的清除，确保空怀母猪健康投入生产。

a. 常规免疫　按照免疫程序进行免疫接种疫苗，包括猪瘟、口蹄疫、细小病毒、蓝耳病、伪狂犬病、猪喘气病，每年 3、4 月份的乙型脑炎疫苗。

b. 用药净化　净化空怀母猪体内的细菌性病原体，预防乳腺炎、子宫炎、呼吸道疾病、猪痢疾、回肠炎。饲喂广谱抗生素（如氟苯尼考、金霉素、强力霉素、利高霉素、土霉素等），对猪体内病原微生物进行净化。

c. 控制寄生虫病：蛔虫、结节虫、绦虫、线虫、鞭虫、肾虫、外寄生虫（螨虫、猪虱）等。空怀母猪转入空怀母猪舍时进行一次驱虫，用伊维菌素或阿维菌素拌料，连喂 7 天。

3. 妊娠母猪的饲养管理技术

妊娠母猪是指从配种受胎后至分娩前这段时间的母猪。

（1）饲养管理目标　一是保胎，防止流产、减少胚胎早期死亡的发生；二是提供满足母猪自身生长及胎儿发育的营养需要的高质量日粮，同时让母猪有适度的膘情，为下一步分娩和泌乳打下良好的基础。

（2）饲养管理重点

① 饲养方式　可小群饲养或者使用妊娠母猪限位栏（单体栏）饲养。小群以 3～5 头母猪在一个圈里饲养。将配种时间接近、体重相近的母猪放在一圈饲养，最好是空怀期间生活在一个圈的母猪配种后还在一个圈，以保持猪群稳定，避免母猪之间相互咬架和拥挤，而引起母猪流产。

② 妊娠鉴定　母猪配种后，应尽早做出妊娠诊断，这对于保胎，减少空怀，缩短产仔间隔，提高繁殖率和经济效益具有重要意义。早期妊娠诊断方法很多，可根据实际情况选用。具体诊断方法见母猪妊娠诊断技术一节。

③ 营养需要与饲喂　妊娠母猪的饲料很重要，饲养方法是否合适，对母猪的健康和仔猪的健康发育有很大影响，必须根据母猪的个体情况和季节变化，适当调理，进行合理地饲养。妊娠中母猪增重到什么程度为好，视母体年龄、交配时间的膘情而定，一般来说，在分娩和哺乳期所失去的体重应等于在妊娠期间所得到的补充。

a. 妊娠前期　是指从配上种到怀孕 80 天。此阶段应进行限饲，使胚胎能够顺利着床。空怀母猪经配种后继续限量饲喂，定时定餐，初产母猪饲喂量控制在每日 2～2.5 千克为宜（视母猪肥瘦体况而定），适当增加青饲料。经产母猪 1.8 千克。有研究已经证实限饲能够提高胚胎成活率和增加母猪产仔数；选择优质饲料，防止霉菌毒素引起流产，不要随意添加脱霉剂。禁喂发霉、变质、冰冻、有刺激性的饲料，以防流产。最好选择全价妊娠料。

b. 妊娠中期　是指怀孕 25 天到 80 天。此阶段应恢复母猪的正常食料量。添加动物性蛋白饲料，注意勿偏喂单一饲料。可根据母猪不同的体况，分别控制母猪的采食量在 2.0～2.5 千克范围内。可适当提高粗纤维水平，增加母猪的饱腹感，预防便秘、减少死胎、流产的发生。

c. 妊娠后期　是指怀孕 80 天后到胎儿分娩阶段。此阶段胎儿发育迅速，钙质、营养需要迅速增加。料选择不好极易引起母猪瘫痪、仔猪弱小多病。这阶段就是平时所说的"攻胎"。料应是逐渐换成哺乳料，若条件许可，可在每日的饲料中添加干脂肪或豆油，以提高仔猪生重和存活率。饲喂方式是定时定餐，定量采食，每日喂料以 2.5～3.5 千克为宜，视母猪膘情而定，对膘情上等的母猪，在原饲料的基础上减料，以免产后乳汁过多过浓，造成仔猪吮吸不全而引起乳腺炎；对膘情较差的母猪，适当加料，以满足产后泌乳的需要。但一定要注意防止母猪过肥造成难产和产后采食量下降，怀孕母猪在产前 7 天增减料。长白猪分娩后体重迅速减少，这是由产仔数多、仔猪发育旺盛、母猪减重较快所造成的。为防止体重减少，要从妊娠期就增加营养，使其事先具备耐受力。

④ 管理　防暑降温，防寒保暖，注意舍内外安静、干燥和清洁卫生。不能鞭打，惊吓和追赶，不要让母猪在光滑的地面上运动、行走，防止跌倒，造成机械性流产。采用限位栏（单体栏）饲养的，需要解决好地面潮湿、猪粪便清理等问题，另外，这样做不符合福利养猪的要求，应逐步取消。

⑤ 免疫与保健

a. 疫苗免疫　产前 7 周猪瘟苗、产前 6 周蓝耳灭活苗、产前 5 周伪狂犬、产前 4 周猪传染性萎缩性鼻炎，产前 21 天仔猪腹泻基因工程 K88、K99 双价灭活疫苗或仔猪三痢苗。

b. 保健和驱虫　产前 2 周用 1 天的伊维菌素注射剂按每 10 千克体重 0.3 毫升计算，对猪驱虫一次，一般可要用短针头注射于皮下，不要注入肌肉或血管内。若用伊维菌素粉剂则在产前 3 周按每千克体重含伊维菌素 0.1 毫升或每千克饲料含伊维菌素 2 毫升拌料连喂 7 天。每吨饲料中添加 80% 支原净 125 克、10% 氟苯尼考 600～800 克，连用 7～10 天，可降低呼吸道疾病和大肠炎的发病率。

4. 分娩母猪的饲养管理技术

母猪分娩前 7 天至产后 7 天这段时间，被称为母猪围产期。母猪分娩是养猪生产中非常重要的环节，必须做好母猪分娩前后的工作。

（1）管理目标　保证母猪安全顺利分娩、促进母猪产后泌乳、仔猪吃上初乳和满足仔猪对温度的需要。提高仔猪成活率及断奶窝数、窝重；维持母猪种用体况，提高母猪的使用年限。

（2）饲养管理重点

① 预产期推算　母猪的妊娠期为111～117天，平均为114天。据此，妊娠母猪的预产期推算常用以下3种方法。a. "三三三"法：一个月按30天计算，即3个月（90天）加3个星期（21天）再加3天，共计114天。例如：1月10日配种，第一步加3个月是4月10日；第二步加3个星期（21天）是5月1日；第三步加3天是5月4日为分娩日期。b. "月加4日减6"法：即配种月份加上4，配种日期减去6。例如：配种日期1月10日，第一步月份加4是5月，第二步配种日期10减去6是4，日期是4日，即5月4日为分娩期。c. 查表法：因为月份有大有小，天数不等，为了把预产期推算得更准确，把月份大小的误差排除掉，同时也为了应用方便，减少临时推算的错误，可查预产期推算表。如表4-1所示。母猪预产期推算表中，上边第一行为配种月份，左边第一列为配种日，表中交叉部分为预产日期。例如：某号母猪1月1日配种，先从配种月份中找到1月，再从配种日中找到1日，交叉处的数字4和25，即4月25日为该母猪的预产期。再比如6月15日配种的母猪，查表可知该母猪的预产期为9月7日。

表 4-1　母猪的预产期推算表

月	一	二	三	四	五	六	七	八	九	十	十一	十二
日	四	五	六	七	八	九	十	十一	十二	一	二	三
1	25	26	236	24	23	23	23	23	24	23	23	25
2	26	27	24	25	24	24	24	24	25	24	24	26
3	27	28	25	26	25	25	25	25	26	25	25	27
4	28	29	26	27	26	26	26	26	27	26	26	28
5	29	30	27	28	27	27	27	27	28	27	27	29
6	30	31	28	29	28	28	28	28	29	28	28	30
7	1/5	1/6	29	30	29	29	29	29	30	29	1/3	31
8	2	2	30	31	30	30	30	30	31	30	2	1/4

续表

月	一	二	三	四	五	六	七	八	九	十	十一	十二
日	四	五	六	七	八	九	十	十一	十二	一	二	三
9	3	6	1/7	1/8	31	1/10	31	1/12	1/1	31	3	2
10	4	4	2	2	1/9	2	1/11	2	2	1/2	4	3
11	5	5	3	3	2	3	2	3	3	2	5	4
12	6	6	4	4	3	4	3	4	4	3	6	5
13	7	7	5	5	4	5	4	5	5	4	7	6
14	8	8	6	6	5	6	5	6	6	5	8	7
15	9	9	7	7	6	7	6	7	7	6	9	8
16	10	10	8	8	7	8	7	8	8	7	10	9
17	11	11	9	9	8	9	8	9	9	8	11	10
18	12	12	10	10	9	10	9	10	10	9	12	11
19	13	13	11	11	10	11	10	11	11	10	13	12
20	14	14	12	12	11	12	11	12	12	11	14	13
21	15	15	13	13	12	13	12	13	13	12	15	14
22	16	16	14	14	13	14	13	14	14	13	16	15
23	17	17	15	15	14	15	14	15	15	14	17	16
24	18	18	16	16	15	16	15	16	16	15	18	17
25	19	19	17	17	16	17	16	17	17	16	19	18
26	20	20	18	18	17	18	17	18	18	17	20	19
27	21	21	19	19	18	19	18	19	19	18	21	20
28	22	22	20	20	19	20	19	20	20	19	22	21
29	23	23	21	21	20	21	20	21	21	20	23	22
30	24	24	22	22	21	22	21	22	22	21	24	23
31	25	25	23	23	22	23	22	23	23	22	25	24

注：上行月份为配种月份，左侧第一行为配种日期；下行月份为预产期月份，从左侧第2~12行的数字为预产日期。

② 管理　母猪分娩前 3~5 天要减少运动，只在圈内自由活动，不能追赶、惊吓、并圈等。产后 3 天内，由于母猪体弱，仔猪吮乳频繁，最好让母猪在圈内休息。3 天以后，如果天气良好，可让母猪到舍外活动。

③ 母猪产前准备　母猪进产房前对分娩舍、产床、用具和周围环境（包括猪舍的屋角、墙壁、通道等）进行彻底消毒，母猪的体表也要进行清洁消毒后，提前一周进入产房。并做好以下接产准备。

a. 便于夜间接生的工作灯。

b. 经过严格消毒的毛巾。

c. 必备药品：断尾和断脐带消毒用的碘酒、青霉素、链霉素、催产素、预防仔猪下痢用的药物和猪瘟疫苗等。

d. 结扎脐带的缝合线、止血钳、电热断尾钳子、断牙钳子、耳号钳等。

e. 最好使用母猪产床产仔。使用产床产仔的，要在母猪上产床前将产床彻底清洗消毒备用。在地面上分娩的要铺好干净木板，并铺干草、麻袋片等垫料。无论在地面还是在产床上分娩，都要给仔猪准备保温箱，这是提高仔猪成活率的最关键措施。保温箱加热的方式有电热板和红外线灯，采用哪种方法都行。使用前要检查保温箱的加热装置是否正常工作。冷天产仔时要在厩舍门窗挂上草帘或活动塑料薄膜挡风保温，猪舍要求温暖干燥，清洁卫生，舒适安静，阳光充足，空气新鲜，温度在 20℃ 以上，相对湿度在 65%~75% 为宜。

④ 做好母猪临产征兆的观察　分娩母猪会出现阴部红肿、乳房膨大、腹部阵缩、衔草做窝、走动不安等一系列变化，一旦出现这些变化表明母猪即将分娩产仔。

⑤ 控制分娩技术　在自然分娩前 1 天上午给母猪颈部肌注氯前列烯醇注射液 0.1 毫克（用药后 26~27 小时开始分娩），母猪会在第二天白天分娩，大大缩短产程。

⑥ 分娩与接产　接产人员剪短并锉平指甲，用肥皂水把手洗净，再用消毒液消毒，产前要将猪的腹、乳房及阴户附近的污垢清除，然后用消毒液进行消毒，并擦干。初产母猪不愿卧下者，应来回抚摸母猪腹部皮肤及乳房，设法让其卧下。

正常分娩：母猪分娩时多数侧卧，腹部阵痛，全身哆嗦，呼吸紧迫，用力努责。阴门流出羊水，两腿向前伸直，尾巴向上卷，产出仔猪。有时，第一头仔猪与羊水同时被排出，此时应立即准备好接产。胎儿产出时，头部先出来的约占总产仔数的 60%，臀部先出来的约占 45%，均属正常分娩。母猪顺产时，平均每头仔猪出生间隔为 15～20 分钟，约需 2 小时左右分娩完毕，产程短的仅需 0.5 小时，而长的达 8～12 小时。

接产步骤：

第一步擦净黏液。仔猪产出后，接产人员应立即用手指将仔猪的口、鼻处黏液掏出并擦净，再用经过消毒的毛巾将全身黏液擦净。

第二步断脐带。先将脐带内的血液向仔猪腹部方向挤压，为了防止出现脐疝，脐带应在距离腹部 10～15 厘米处用手指做钝性掐断或用剪子剪断。结扎脐带，如不出血也可不结扎，断处用碘酒消毒。

第三步断乳牙。用钳子剪短出生仔猪的 8 个牙齿，以避免伤害母猪乳头和咬伤其他仔猪。注意钳子要消毒，不能剪得过短，要剪平，以免损伤齿龈和舌头。

第四步断尾。用电热断尾钳子在距离尾根部 2 厘米处剪断，断处用碘酒消毒。也有用长 3 毫米的自行车气门芯用镊子撑起后，套在距离尾根部 2 厘米处，从套处到尾端因血液不循环，几天后坏死脱落。对体弱的仔猪可不断尾。

第五步仔猪编号。编号是育种工作的基本环节。编号的方法有剪耳法和耳标法，以剪耳法应用较普遍。剪耳法是利用耳号钳在猪耳朵上剪缺刻，每个缺刻代表一个数字，将所有数字相加即为耳号数。例如"上 1 下 3"法，右耳上缘一个缺刻代表 1，下缘一个缺刻代表 3，耳尖一个缺刻代表 100，耳中部打一圆洞代表 400，左耳相应部位的缺刻分别代表 10、30、200、800。再如"个、十、百、千"法，左耳上缘、下缘和右耳上缘、下缘依次代表千位、百位、十位、个位上的数字，以近耳尖处的缺刻代表 1，近耳根处的缺刻代表 3。

第六步乳前免疫。有猪瘟威胁的猪场可在仔猪没吃初乳前做猪瘟超前免疫。一般用猪瘟弱毒疫苗免疫，每头仔猪 2 头份，用 7 号～9 号针头做皮下注射或肌内注射。免疫后 2 小时后再让仔猪吃初乳。

第七步让仔猪吃初乳。处理完上述工作后，立即将仔猪送到母猪身边吃初乳，有个别仔猪生后不会吃乳，需进行人工辅助，必须保证每头仔猪都及时吃上初乳，以提高仔猪免疫力，减少仔猪发病率。吃完初乳的仔猪放到有加热装置的 35℃ 保温箱内，寒冷季节，无供暖设备的圈舍要生火保温，或用红外线灯泡提高仔猪休息区域的局部温度。

第八步假死仔猪的急救。有的仔猪产出后没有了呼吸，但心脏仍在跳动，称为"假死"，其急救办法有：

① 人工呼吸法 有 2 种方法，一种是先清除口鼻中的黏液，将仔猪四肢朝上，一手托着肩部，另一手托着臀部，然后一屈一伸反复进行，直到仔猪叫出声为止；另一种是先迅速掏出口中黏液，用 5％ 碘酒棉球擦一下鼻子，一手抓住两后肢，头向下把猪提起，排出鼻中羊水，然后对准鼻子吹气，进行人工呼吸。

② 刺激法 往仔猪鼻部涂酒精等刺激物或针刺的方法。

③ 捋脐带法 擦干仔猪口鼻上的黏液，抬高仔猪头部置于软垫上，在距离腹部 20～30 厘米处剪断脐带，一手捏住脐带断端，另一手向仔猪腹部方向反复捋脐带，直到仔猪救活。

④ 将仔猪浸于 40℃ 温水中，口鼻在外，约 30 分钟后复活。

第九步难产的处理。母猪整个分娩过程大约为 2 小时，一般5～25 分钟产出一头仔猪，胎儿全部产出后 0.5～2 小时左右排出胎衣，胎衣排出后立即清除，防止母猪因吃胎衣后吃仔猪，如胎破水半小时仍不产下仔猪，母猪长时间剧烈阵痛，可能为难产，产下几头仔猪后，如超过 1 小时未产下一头仔猪也需要进行助产处理，但仔猪仍产不出，且母猪呼吸困难，心跳加快，应实行人工助产，一般可注射人工合成催产素，按每 50 千克体重 1 毫升，注射后 20～30 分钟可产出仔猪。如注射催产素仍无效，可采用手术掏出，洗净双手，消毒手臂，涂上润滑剂，趁母猪努责间歇时慢慢伸入产道，伸入时五指并拢、手心朝上，慢慢旋转进入产道。摸到仔猪后随母猪努责慢慢将仔猪拉出，掏出一头仔猪后，如转为正常分娩，不再继续掏。实行人工助产后，母猪应注射抗生素或其他抗炎症药物。如产道过窄，应请兽医做剖腹产。

第十步清理。母猪分娩结束后，及时移走胎衣和被羊水胎粪污染的褥草，以免病原微生物引起母猪产后感染而发病。

⑦ 饲喂　为了保证分娩母猪的营养需要，必须给予足够的营养。临产前5～7天对于体况较好的母猪应按日粮的10%～20%减少精料，并调配容积较大而带轻泻性饲料，可防止便秘，饲喂量每天1.8～2.0千克；分娩前10～12小时最好不再喂料，但应保证充足饮水，冷天时水要加热。母猪产后疲劳、口渴、厌食、懒动。对那些不愿活动的母猪，应驱赶起来，使其尽早饮水，有条件的可喂些稀盐水麸皮汤，可防止母猪过于口渴而发生吃仔猪的恶癖。对较瘦弱的母猪，不但不减料，还应增加一些富含蛋白质的催乳饲料。分娩后第二天起逐渐增加喂料量，每天增加1千克，保证饲料易消化，5～7天后达到哺乳母猪的饲养标准和喂量。达到日采食量5千克以上，在产后20天左右母猪日粮达到高峰，母猪日粮喂量可按3.5～4千克，再加上每头仔猪0.25千克而定，一般喂量在5～6千克。直到断奶前5天开始减料。注意霉变饲料决不能用来喂母猪，尤其是喂湿拌料的猪场，每天都要清刷料槽。否则饲槽里有吃不干净的饲料发生霉变，引起母猪中毒，乳汁发生变化，从而导致新生仔猪拉稀直至死亡。

⑧ 保健　分娩后给母猪注射抗生素（青霉素、阿莫西林、头孢类、长效土霉菌等）预防感染性疾病，人工助产的猪连注4天。

5. 哺乳母猪的饲养管理技术

哺乳母猪是指分娩后哺乳仔猪到仔猪断奶这段时间的母猪。

（1）饲养管理目标　最大限度地提高采食量，提高母猪的泌乳能力，使母猪有足够的奶水喂养仔猪，保证新生仔猪有高的成活率并发育良好，断奶体重大，同时使母猪不因哺乳仔猪体况下降（体重下降和背膘减少），保证在下一个配种期正常发情与排卵。

（2）饲养管理重点

① 饲养方式　哺乳母猪宜采用封闭式产房，规模化饲养场可采用全进全出（所谓全进全出饲养管理，是建立在同期发情、同期配种和同期分娩控制技术基础上的，即选择分娩期和断乳期相同或相近的分娩母猪同时在一个产房的单独房间饲养，可以有效解决消毒问题和提高管理效率）饲养管理模式，营造易于控制的小环境。一般采取产

床饲养，也可在地面平养，如在地面平养要铺垫草，并有专门防止母猪压小猪的隔离设施。

② 饲喂

a. 日喂量　母猪产仔当天不喂料。产后母猪身体虚弱，应以流食为主，喂些温麸皮汤和电解多维，连喂两次，以促进恶露排出和迅速恢复体力。分娩后的第 2 天，喂给母猪 1 千克左右饲料，以后每日增加 0.5 千克饲料，同时喂一定量麸皮和加有电解多维的清洁温开水防止母猪便秘，至 4～5 天恢复其正常食料量，食欲正常后，让母猪自由采食，以保证仔猪足够吸乳，并能保持良好的繁殖性能。一般母猪本身的维持需要在 2 千克左右，哺乳一头仔猪需要 0.4 千克，如母猪产仔 10 头，母猪日喂量＝2＋10×0.4＝6 千克。饲喂时还要根据上述营养需要特点及气候变化适当增减。到仔猪断奶前 1 星期，哺乳母猪逐渐减料，并将哺乳料逐渐换成空怀料。断奶当天，母猪日喂饲料量维持在 1.8～2.0 千克，这样可以防止母猪断乳后，乳汁还按正常时期分泌，从而使母猪乳房肿胀，发生母猪乳腺炎。

b. 补充青绿饲料 10 千克可替代 1 千克精料，但青料不可喂得过多，并且应保证卫生。

c. 饲料不宜随便更换，且饲料质量要好，建议使用哺乳母猪全价料，严格按饲养标准和需要量喂母猪，防止乳汁过浓而造成猪下痢。不能喂任何发霉、变质的饲料。

d. 保证供给充足的清洁饮水，确保泌乳的需要。

e. 哺乳母猪日喂次数调整为 3 次，每次间隔时间要均匀，保持其食欲。

f. 预防顶食：母猪产仔后，体能消耗大，身体虚弱，消化机能较弱，食欲不好不应多喂料。产后加料过急，喂得过多，不易消化，容易发生"顶食"。"顶食"后几天内不吃食，严重的会呕吐，还以为是炎症，即使可以消化，也易产生乳腺炎、产后热、仔猪下痢等问题同时乳汁分泌量突然减少，引起仔猪泌乳不足，严重的造成死亡。预防"顶食"的办法是分娩的头 3 天应适当控制食量，以后逐步增加喂量，以能吃完不浪费为原则，到 4～5 天后恢复定量。如果母猪产后食欲不振，可用 3～4 两食醋拌 1 个生鸡蛋喂给母猪，能在短期提高母猪食欲。

③ 管理

a. 专人管理　对哺乳母猪应实行专人管理，选择工作责任心强，吃苦耐劳，工作细心的优秀员工担任母猪饲养员。饲养管理人员对分娩舍要做到不间断地巡视，特别是产后 10 天以内，重点观察母猪采食、粪便、精神状态及仔猪生长发育等健康状况。

b. 控制环境　分娩舍环境应保持安静，让母猪休息好。禁止打母猪，防止因母猪受惊吓突然活动，影响哺乳和压死仔猪。保持栏舍清洁卫生、干燥，温度适宜，加强防寒保暖工作。夏季注意防暑、防蚊蝇叮咬，冬季注意保暖，防风寒、防潮湿、防冷食。

c. 哺乳调教　初产母猪缺乏哺乳经验，仔猪吮乳会应激、恐惧而拒哺，可人工引诱驯化。如挠挠母猪的肚皮让仔猪轻轻吸吮；经常按摩乳房，使仔猪接触乳头时不至于兴奋不安；饲养员经常在母猪旁边看守，结合固定哺乳位置，看住仔猪不要争抢奶头，保持母猪安静。

d. 适当运动　地面平养母猪的，在天气好的时候，让母猪带领仔猪到舍外活动，这样有利于母猪消化、增加泌乳和仔猪的生长。

e. 保护乳头　乳头对于哺乳仔猪的重要性不言而喻，母猪乳头却经常受到产床底网、漏封地板和仔猪牙齿等损伤，可对母猪趴卧的地方铺垫一块稍厚的木板，及时剪断磨平仔猪的乳牙。

④ 防病与保健

a. 栏舍定期消毒　每周室内消毒 2 次（1 次全舍喷洒高效消毒液消毒，一次冰醋酸熏蒸消毒，潮湿天气带体消毒可以推后进行），分娩舍门口的消毒池和洗手盆每周更换 2 次，而且要保证消毒水的有效浓度，病死猪要及时清走，室内垃圾要每天清扫 1 次。

b. 母猪产后保健　母猪产后第 1 天和第 4 天各肌注长效土霉素，既可以预防产后感染，又可以通过奶水预防仔猪黄白痢。每天饲喂 100 克中药制剂益母生化散，连用 5～7 天，有利于子宫恢复和预防乳腺炎。

c. 哺乳母猪用药　母猪若有发烧，要严禁使用大剂量安乃近之类药物，否则会引起心力衰竭。

　　d. 防治产后便秘　便秘是引起子宫炎、乳腺炎和无乳症候群的主要因素。对母猪和仔猪影响都非常大，发现粪便有干硬时，在保证充足饮水的前提下，给母猪适当饲喂一些粗纤维日粮，或在日粮中加入适量泻剂（硫酸钠或硫酸镁）。

　　e. 防治乳腺炎症　每当奶水充足而仔猪刚吸吮乳头时母猪立即发出尖叫声、猛地站起来还要咬仔猪时，就说明母猪患了乳腺炎或有创伤，要及时治好乳腺炎症。断乳时要注意防止母猪乳腺炎，可采取隔离方式控制哺乳时间，经 4～6 天过渡后再进行断乳。同时应逐渐减少母猪精饲料的喂量，适当减少饮水，乳房萎缩后再增加精料，开始催情饲养。

　　f. 防治缺乳　如果母猪产后乳房不充实，仔猪被毛不顺，每次给仔猪喂奶后，仔猪还要拱奶，而母猪趴卧或呈犬坐，有意躲避仔猪，不肯哺乳，这是缺奶的表现。缺奶或无奶的主要因素为以下三种：一是不重视母猪营养，猪体过胖或消瘦。主要是饲料营养不平衡，如怀孕期间喂给的能量饲料太多，猪体过胖，导致内分泌失调。二是母猪年龄太大，产龄过长。三是母猪有疾患，产后发生产道感染等疾病。应区别原因对症治疗，营养不良的应用能量和蛋白质高的饲料加强饲养，如添加优质鱼粉等；过胖的应适当减少饲料喂给的数量，多喂一些青饲料；因产后感染疾病、体温升高而发生厌食或不食的母猪，需针对感染的病症，采用相应的抗生素和中药进行对症治疗。在对症治疗的同时配合一些催乳药物如肌注催产素或选择中药催乳散。还可以用新鲜小鱼（以鲫鱼最佳）或胎衣等熬成清汤，稍加些盐拌在饲料中喂或单独饲喂。也可用热毛巾按摩母猪乳房，以促进乳腺发育。

十、育肥猪分阶段饲养技术

　　在养猪生产中，根据育肥猪不同生长发育阶段的生理特点和营养需要的不同，通常将其划分为哺乳期、保育期和生长育肥期等阶段，以便根据其生理特点，采取不同的饲养管理措施。根据猪不同的生长阶段实施分阶段饲养，有利于为生猪提供不同营养配方饲料及生长环境、切断各种传染病的传播途径，同时依据不同的市场需求采用不同

的饲养方式，能大大提高养猪的综合效益。

从出生至断奶的仔猪即为哺乳仔猪。这一时期的仔猪处于生命的早期，绝对生长强度小，相对生长强度大，饲料报酬高，生长发育快，新陈代谢旺盛，利用养分能力强。但仔猪的消化器官不发达，胃容积小，消化机能不完善。体温调节能力不健全，寒冷防御能力差。缺乏先天免疫，易患病死亡。如饲养管理不善，易导致生长发育受阻，形成僵猪。

（1）饲养管理目标　成活率高、生长发育快、大小均匀、健康活泼、断奶体重大，为今后的生长发育打下基础。

（2）饲养管理重点

① 吃好初乳　在仔猪出生、断脐、断尾、测出生重、剪乳牙后马上让仔猪吃初乳，最迟不宜超过 2 小时，让出生的仔猪尽早地吃上初乳，使仔猪及时得到营养补充，有利于仔猪恢复体温。最主要的是使仔猪通过初乳获得被动免疫力，初乳中蛋白质含量高，含有轻泻作用的镁盐，可促进胎粪排出。

② 固定乳头　新生仔猪固定乳头就是让仔猪出生后通过人为调节，始终吮吸单一乳头的乳汁，使仔猪吸乳均匀，生长整齐度高，是保证仔猪全活全壮的一项重要措施。固定乳头要根据仔猪的强弱、大小等区别对待。将全窝中最小的或较小的仔猪安排在靠前的乳头，最大的仔猪安排在靠后的乳头，其余的以自选为主。一窝中只要固定了最大、最小的几只，全窝其他仔猪就很容易固定了。对个别能抢乳的仔猪，专门抢食其他仔猪乳头的乳汁，有这样的仔猪时，要适度延长看守固定乳头的时间。固定乳头越早，一些人为调节措施越易做到。

③ 并窝寄养　当母猪产出过多仔猪，或母猪因病、无乳、流产、少产而需要并窝时，应采取寄养措施。将多余仔猪转让给其他母猪代哺，以平衡窝仔猪数。具体寄养方法是：寄养的仔猪必须吃到初乳后再实行寄养，否则仔猪成活率大大降低。寄养的仔猪日龄最好是同一天出生的，前后相差最多不超过 3 天，以防止出现大欺小、强凌弱的现象。寄养的仔猪要转给性情温顺、泌乳量高的母猪代哺。为防止母猪不接受，可用涂抹来苏水或粪尿等气味伪装的方法寄养，开始时饲

养员要照看，待适应了方可让仔猪自由吃奶。

④ 喂养仔猪　如果没有寄养条件可实行个别哺乳的办法来喂养仔猪，保证出生的健康仔猪都能成活，注意必须让仔猪吃到初乳后再实行。常见的方法有用脱脂奶粉、仔猪专用代乳粉或自配人工乳等。

⑤ 防压死小猪　新生仔猪死亡的最主要原因是被母猪压死。因此最好使用产床，如果没有也可制作护仔架。护仔架可用直径6~7厘米的木条，安装在母猪的左、右和臀部三面，离地面和墙壁适当距离，保证母猪卧下时仔猪能从容躲开而不被压着。

⑥ 防寒保暖　仔猪的保暖是提高成活率的关键，不只是冬天和北方，夏季和南方同样需要做好保暖。最好的方法是采用仔猪保温箱。也可以在母猪上方安装250瓦的红外线灯泡，据资料报道，距离地面20厘米处，局部温度可达33℃左右；30厘米处，温度为27℃左右。

⑦ 仔猪补料　仔猪早期补饲能够促进消化器官发育，增强消化功能；提高断奶重和成活率。补料应在7日龄左右开始。可在地面撒些仔猪专用开口料，让仔猪自由采食。如仔猪不愿意吃，可把开口料用温水调成粥状往仔猪嘴上抹，可以达到诱食之目的。少喂勤添，逐步增加料量。随着母猪的母乳高峰逐步下降，奶质、奶量下滑，仔猪生长快，采食量逐渐增大，要加大补料速度和给料量。每天要对补料场所和补料用具进行清扫，除去剩余未吃完的或者被踩踏过不卫生的饲料，并及时更换新饲料，保证开口料的新鲜、卫生。

⑧ 哺乳仔猪补水　由于仔猪生长迅速，代谢旺盛，特别是由于母乳脂肪含量高，诱食料往往是干料，消化吸收需要较多饮水，更由于仔猪所处的环境温度高，奶中的水分是远远不够的，故在仔猪2~3日龄起就应补水。可设置适宜的水槽或安装仔猪专用自动饮水器，同时在水中添加少量甜味剂、酸味剂和营养剂，特别是柠檬酸、延胡索酸、甲酸钙、丙酸、食醋等酸化剂，能增加饲料的适口性，提高仔猪的采食量；同时还能提高饲料的消化吸收率，并降低日粮的pH值，使仔猪胃肠道呈酸性，减少仔猪腹泻的发生。

给仔猪补水要注意使用的自动饮水器水压不能太大，水压太大小

猪不愿意去喝。饮水器流量以每分钟 300 毫升、高度以 10～15 厘米为好。同时，要保证饮水温暖和清洁，冬天最好饮用 37～38℃温水，利用水槽饮水还要经常换水。

⑨ 公猪去势　去势时间选择在 3～10 日龄之间，因为这段时间仔猪对疼痛不敏感，痛苦小、出血也少。

⑩ 早期断奶　早期断奶的具体方法见仔猪早期断奶技术一节内容。

⑪ 防病

a. 防下痢　新生仔猪消化能力差，抵抗力弱，易发生下痢。为控制仔猪下痢，应掌握仔猪下痢的发病规律及其易发的 3 个阶段。第 1 阶段下痢多为仔猪黄痢期，常发生在仔猪新生后的 3 日龄前后，即早发性大肠杆菌下痢。第 2 阶段下痢为仔猪易发白痢期，2～4 周龄时暴发，尤其出生 10～20 天的仔猪发病最多，占发病总数的 35％以上。这是致病性大肠杆菌所引起的哺乳仔猪传染病。第 3 阶段下痢，即断奶仔猪的下痢，仔猪断奶后 1～2 周内，尤其是断奶后 2～10 天内，是仔猪下痢死亡的第 3 次高峰。预防方法是在仔猪出生后用链霉素、庆大霉素、氟哌酸滴入 2 滴，1 小时后再喂初乳，以消炎抑菌，减少和防止仔猪下痢。

b. 补铁和补硒　铁是动物不可缺少的矿物微量元素，因为它是血红蛋白和多种酶（如细胞色素氧化酶等）的重要组成成分，初生仔猪极容易缺铁，不及时补充就会出现贫血和其他毛病，生长不良。仔猪的补铁方法是仔猪生后 3～4 日龄采用注射牲血素、右旋糖酐铁剂等方法补铁，每头仔猪 100～150 毫克，14 周龄再注射 1 次。

硒在动物营养上也是重要的微量元素，可防止脂类过氧化，保护细胞膜。硒与维生素 E 有协同抗氧化作用。仔猪缺硒时会突然发病，表现为白肌病、心肌坏死等。仔猪补硒的方法是在仔猪生后 3～5 日龄每头仔猪肌注 0.1％亚硒酸钠溶液 0.5 毫升，60 日龄再注射 0.1％亚硒酸钠液 1 毫升。

c. 注射疫苗　主要是在 21 日龄和 60 日龄给仔猪注射猪瘟疫苗。其他免疫项目可结合本场受到疫病威胁的状况，制定适合本场实际的免疫程序进行免疫。

2. 保育猪的饲养管理技术

保育猪是指仔猪断奶后 70 日龄左右的仔猪。生产中亦称断奶仔猪。断奶日龄根据各场的饲养管理水平不同，有所区别。通常有 21 日龄、28 日龄和 35 日龄。据有关统计数据，断奶期间引起的死亡约占全程死亡率的 40%。因为仔猪断奶时，其各项生理机能和免疫功能还不完善，主动免疫系统还未发育成熟，抗病力弱，极易受各种病原微生物的侵袭，加之断奶时多种应激因素的影响，易诱发疫病的发生。因此对断奶仔猪加强饲养管理与保健非常重要。

（1）饲养管理目标　尽量减少仔猪因断奶后脱离母猪、食物和生活环境变化引起的应激影响，保证断奶仔猪的成活率，提高日增重，为育肥猪的生长打下基础。

（2）饲养管理重点

① 圈舍要求　保育仔猪应设专门的保育舍进行饲养，保育舍应采用保温设计，使用保温隔热好的材料建设，保证具有良好的环境条件。规模化猪场宜采用高床保育栏饲养保育猪，地面饲养保育猪的宜采用漏缝地板。在提高保育舍温度方面宜采用对保育舍环境没有影响的热源，如红外线保温灯、电热板、水暖等保温设备，尽量不使用碳、煤等对空气质量影响大的热源。

② 全进全出制度　全进全出是指让同时出生、同步断奶的仔猪同时进入保育阶段。这样可以对猪舍内外进行彻底消毒，有利于疾病的控制。在猪舍内有猪的情况下，始终难以彻底清洗和消毒。况且目前还没有任何一种消毒剂可以完全杀灭排泄物中的病原体。即使当时消毒非常好，但由于病猪或带毒猪可以通过呼吸道、消化道、泌尿生殖道不断向环境中排放病源，污染猪舍和猪栏。下一批猪进入猪舍后，就可能被这些病原体感染。有些猪场虽然在设计的时候是按照全进全出设计的，但由于生产方面存在问题，如生长缓慢或有些猪发病，可能在原来的猪舍断续饲养，而病猪或生长缓慢的猪带毒量更高，毒力更强，所以更危险。坚持"自繁自养、全进全出"的原则，可以有效地防止从外面购入仔猪带来传染病的危险。许多疫病往往是由于购入病畜、康复带毒畜或畜产品引发和流行的。如果不是自繁自养，需要外购仔猪饲养时，必须从非疫区选购，并进行严格的检疫，

保证健康无病。购入后需隔离观察一个月以上。确认无病后，方可混群饲养。

③ 合理分群　断奶仔猪转群时一般采取原窝培育，即将原窝仔猪（剔除个别发育不良个体）转入保育舍同一栏内饲养。每栏饲养10头左右，最多不超过25头。夏天数量要少，寒冷冬季数量适当增多，以便仔猪相互取暖，但一定要保证每头仔猪有 0.6～0.8 米^2 的活动空间。如果原窝仔猪过多或过少时，可个别调整，日龄不要相差太大，最好控制在 7 日龄以内。以仔猪较多的一窝为主，从少的向多的合群，尽量避免打乱重新分群，如外购仔猪不可避免要重新分群的，可按其体重大小、体质强弱进行并群分栏，同栏仔猪体重相差不应超过 1～2 千克。有条件的也可将仔猪中的公猪和母猪分别分群饲养，另外，将弱小仔猪合并成小群进行单独饲养。合群仔猪会有争斗位次现象，由于猪相互识别主要凭气味，可在合群前往仔猪身上喷洒来苏水或喷酒进行气味伪装和适当看管，防止咬伤。一般 2 天后分出次序以后即可停止。还有一种方法是先把原存栏猪赶出栏外，在新进猪的身上喷酒，栏舍也要用酒喷一遍，然后将新猪放进栏，再把原栏猪赶回栏。原存栏猪和新进仔猪间互相闻不出异味，原栏猪识别不了新进猪，新进的猪只也识别不出原栏猪，也会使原栏猪失去霸栏习性，因而不会出现不合群和咬斗现象。在很大程度上避免原栏猪和新进猪的咬斗、不合群现象发生，效果也很好。

④ 管理

a. 保育猪调教　新断奶转群的保育猪吃食、卧位、饮水、排泄尚未形成固定位置，对仔猪的调教主要是训练仔猪定点排便、采食和睡卧的"三点定位"，这有利于保持圈内干燥、清洁卫生。利用猪排粪尿喜欢寻找潮湿地方的特点，在猪进栏时，在预定排粪尿的地方放点水，粪便暂不清扫，其他区的粪便及时清除干净，诱导仔猪来排泄。如果仔猪没有在预定的地点排泄，可用小棍哄赶并加以训斥。仔猪睡卧时，可定时哄赶到固定区排泄，经过 1 周的训练，可建立起定点睡卧和排泄的条件反射，就能定点排泄了。饲养员训练要有耐心。

b. 加强通风与保温，保持保育舍干燥舒适的环境。仔猪断奶后转入保育舍，仍然对温度的要求较高，一般刚断奶仔猪要求局部有

30℃的温度，以后每周降 3～4℃，直到降到 22～24℃。断奶仔猪保温可以减少寒冷应激，从而减少断奶后腹泻以及因寒冷引起的其他疾病的发生。解决好冬季通风与保温的矛盾，采用通风设备加强通风，降低舍内 NH_3、CO_2 等有害气体的浓度，减少对仔猪呼吸道的刺激物质，从而减少呼吸道疾病的发生。

c. 及时清理猪粪，清扫猪舍，减少冲洗的次数，使舍内空气湿度控制在 60%～70%。湿度过大会造成腹泻、皮肤病的发生，而湿度过小造成舍内粉尘增多而诱发呼吸道疾病。

⑤ 动物福利　每个保育栏内悬挂 1～2 条铁链、橡胶环等供仔猪玩耍，既可以分散注意力，又可避免仔猪咬尾和咬耳等恶癖的发生。

⑥ 饲喂　使用保育猪专用饲料，并进行饲料过渡。保育仔猪处于强烈的生长发育阶段，各组织器官还需进一步发育，机能尚需进一步完善，特别是消化器官更突出。猪乳极易被仔猪消化吸收，其消化率可高达 100%，而断奶后所需的营养物质完全来源于饲料，主要能量来源的乳脂由谷物淀粉所替代，可以完全被消化吸收的酪蛋白变成了消化率较低的植物蛋白，并且饲料中还含有一定量粗纤维。据研究表明，断奶仔猪采食较多饲料时，其中的蛋白质和矿物质容易与仔猪胃内的游离盐酸相结合，不能充分抑制消化道内大肠杆菌的繁殖，常引起腹泻。为了使断奶仔猪能尽快地适应断奶后的饲料，减少断奶造成的不良影响，除对哺乳仔猪进行早期强制性补料，迫使仔猪在断奶前就能进食较多乳猪料外，还要对进入保育的仔猪进行饲料和饲喂方法的过渡。

过渡方法是仔猪断奶 1 周之内应保持饲料不变（仍然饲喂哺乳期使用的乳猪饲料），并添加适量抗生素、益生素等，以减轻应激反应，1 周之后开始在日粮中逐渐减少保育猪饲料的比例，逐渐增加保育猪料的比例，直到完全使用保育猪饲料。

保育猪栏内安装自动饮水器，保证随时供给仔猪清洁饮水。保育猪采食大量干饲料，常会感到口渴，需要饮用较多水，如供水不足不仅会影响仔猪的正常生长发育，还会因饮用污水造成拉痢等疾病。

⑦ 仔猪去势　对没有在哺乳期间去势的公仔猪，在保育期间要去势，要合理安排去势、防疫和驱虫的时间，不能同时进行，在时间

上应恰当分开。一般是按照去势-防疫-驱虫的顺序进行，间隔在 7 天以上。

⑧ 及时淘汰残次猪　残次猪生长受阻，即使存活，养成大猪出售也需要较长时间和较多饲料，结果必定得不偿失；残次猪大多是带毒猪，在保育舍中对健康猪是传染源，对健康猪构成很大的威胁；而且这种猪越多，保育舍内病原微生物越多，其他健康猪就越容易感染；残次猪在饲养治疗的过程中要占用饲养员很多时间，势必造成恶性循环；照顾残次猪的时间越多，花在健康猪群的时间就越少，以后残次猪就不断出现，而且越来越多。

⑨ 防病

a. 猪舍清洗消毒　猪舍内外要经常清扫，定期消毒，消灭传染源，切断传播途径，防止病原体交叉感染。仔猪进舍前 1 周应对空舍的门窗、猪栏、猪圈、食槽、饮水器、天棚及墙壁、地面、通道、排污沟、清扫工具等彻底清洗消毒。用高压水枪冲洗 2 次，干燥后用火焰消毒 1 次，再用卫康或百菌消或 0.2% 过氧乙酸等高效消毒剂反复消毒 3 次，每日 1 次，空舍 3 天以上进猪。以后每周至少对舍内消毒 1 次，带猪消毒 2 次。要保持猪舍干燥卫生，严禁舍内存有污水、粪便，注意通风，保持空气新鲜。

b. 规范免疫程序，减少免疫应激　疫苗的接种应激不仅表现在注射上，还可以明显地降低仔猪的采食量，影响其免疫系统的发育，过多的疫苗注射甚至会抑制免疫应答，所以在保育舍应尽量减少疫苗的注射；应以猪瘟、口蹄疫为基础，根据猪场的实际情况来决定疫苗的使用。仔猪 60 日龄注射猪瘟（第二次免疫）、猪丹毒、猪肺疫和仔猪副伤寒等疫苗。

c. 药物驱虫　仔猪阶段（45 日龄），此时猪体质较弱，是寄生虫的易感时期，每 10 千克猪体重用阿维菌素或伊维菌素粉剂（每袋 5 克，含阿维菌素或伊维菌素 10 毫克）1.5 克拌料内服。或口服左旋咪唑，按每千克体重 8 毫克。

3. 生长育肥猪的饲养管理技术

育肥猪是指出生 70 日龄以后的仔猪，经过保育期的饲养至大猪出栏这一时间段的猪。生长育肥阶段是猪生长速度最快和饲料消耗最大的阶段。

(1) 饲养管理目标 根据育肥猪的生长规律实行科学管理,提高产品质量、日增重和最大限度地提高饲料利用效率,缩短肥育期,提高出栏率,降低生产成本,提高经济效益。

(2) 饲养管理重点

① 全进全出饲养 全进全出是猪场控制感染性疾病的重要途径。部分猪场是按照全进全出模式设计的,但在养猪效益好时,盲目扩群,导致密度扩大。如果做不到完全全进全出,就易造成猪舍的疾病循环。因为猪舍内留下的猪往往是生长不良猪、病猪或病原携带猪,等下一批猪进来后,这些猪就可作为传染源将病菌传染给新进猪,这样影响的猪更多,如此恶性循环,后果相当严重。如果猪场能够做到全进全出,就会避免这些现象的发生,从而降低这些负面影响给猪场带来的不必要损失。

② 合理分群 适宜的猪群规模和饲养密度可以提高猪的增重速度和饲料转化率。组群的原则:"留弱不留强""夜合昼不合";同品种、同类型的猪尽可能组成一群;同期出生或出生期相近、体重一致的应组织在一群;同窝仔猪尽可能整窝组群肥育。组群原则一般要保持猪群的稳定,不要轻易拼群或调群,但遇到个别体弱的、患病掉队的猪应及时挑出另外护养。

③ 饲养密度 生长育肥猪饲养密度的大小根据体重和猪舍的地面结构确定,通常以出栏时体重所占面积决定饲养数量。在我国南方地区,夏季因气温较高,湿度较大,应适当降低饲养密度。北方冬季气温低,可适当加大饲养密度。实践证明,15～60千克的生长育肥猪每头所需面积为 0.6～1.0 米^2,60千克以上的育肥猪每头需 0.9～1.2 米^2。一般以每群 10～20 头为宜,最多不超过 25 头。大群饲养育肥猪,还可在猪圈内设活动板或活动栅栏,根据猪的个体大小调节猪栏面积大小。

④ 调教 调教是饲养员不能忽视的工作。要使猪养成"三定位"讲卫生的习惯("三定位"为固定地点排泄、躺卧、进食),这样既有利于其自身的生长发育和健康,又便于进行日常管理工作。减轻饲养员的劳动强度,并防止强弱争食、咬架等现象,必须加强调教工作。

猪一般多在门口、低洼处、潮湿处、墙角等处排泄，排泄时间多在喂饲前或是在睡觉刚起来时。因此在调群转入新栏以前，应事先把猪栏打扫干净，特别是猪床处，必须保证干爽清洁。在指定的排泄区堆放少量粪便或泼点水，然后把猪调入，可尽快使猪养成定点排便的习惯。如果这样仍有个别猪只不在指定地点排泄，应将其粪便铲到指定地点并守候看管，经过三五天猪只就会养成采食、卧睡、排泄"三定位"的习惯。

猪圈栏建筑结构合理时，这种调教工作比较容易进行，如将猪床设在暗处，铺筑得高一些，距离粪尿沟或饮水处远一些，以保持洁净干燥，而把排泄区设在明亮处，并使其低矮一些。调教成败的关键在于抓得早（猪进入新栏前即进行）和抓得勤（勤守候、勤看管）。

⑤ 育肥方法　常用的育肥方法有阶段育肥法和一贯育肥法。

阶段育肥法，又叫吊架子育肥法或分期育肥法，即把猪分为幼猪、架子猪和催肥猪三个阶段，采用一头一尾精细喂，中间时间吊架子的方式育肥；一贯育肥法，又叫一条龙育肥法和直线育肥法，即从仔猪断乳到育肥结束，全程采用较高的饲养水平，实行均衡饲养方式，一般在6～8月龄时体重可达90～100千克。一贯育肥法适应于规模化养猪场，需要有相应的经济承受力。采用这种育肥方法，就是在整个育肥期，将猪按体重分成两个阶段，即前期30～60千克，后期60～90千克或以上；或者分成三个阶段，即前期20～35千克，中期35～60千克，后期60～90千克以上。根据育肥猪不同阶段生长发育对营养需要的特点，采用不同营养水平和饲喂技术。一般是从育肥开始到结束，始终采用较高的营养水平，但在育肥后期，采用适当限制喂量或降低饲粮能量水平的方法，以防止脂肪沉积过多，提高胴体瘦肉率。"一条龙"育肥方法，日增重快，育肥期短，一般出生后155～180天体重即可达90千克左右，因而出栏率高，经济效益好。

无论哪种方法，饲料营养应符合生长育肥猪的营养需要标准。饲料以生料为主，因为生料未经加热，营养成分没有遭到破坏，因而用生料喂猪比用熟料喂猪效果好，节省煮熟饲料的燃料，减少饲养设备，节约劳动力，提高增重率，节约饲料。

⑥ 饲喂方法　饲喂方法可分为自由采食与限制饲喂两种。

　　自由采食有利于日增重，节省喂料时间和劳动力。但猪体脂肪量多，胴体品质较差。规模化养猪通常采用全价配合饲料全程自由采食的饲喂方式育肥。

　　限制饲喂可提高饲料利用率和猪体瘦肉率，但增重不如自由采食快。饲喂定时、定量、定质。定时指每天喂猪的时间和次数要固定，这样不仅使猪的生活有规律，而且有利于消化液的分泌，提高猪的食欲和饲料利用率。要根据具体饲料确定饲喂次数。精料为主时，每天喂 2～3 次即可，青粗饲料较多的猪场每天要增加 1～2 次。夏季昼长夜短，白天可增喂 1 次，冬季昼短夜长，应加喂 1 顿夜食。每日喂 2 次的，时间安排在清晨和傍晚各喂 1 次，因傍晚和清晨猪的食欲较好，可多采食饲料，有利增重。饲喂要定量，不要忽多忽少，以免影响食欲，降低饲料的消化率。如果要获得瘦肉率高的胴体，采用定时定量饲喂比较好。

　　在生长育肥前期（体重 20～60 千克）让猪自由采食，在后期（体重达 50～60 千克后）采用定时定量饲喂，这样既可使全期日增重高，又不至于使胴体的脂肪太多，同时可以提高饲料转化率，节省饲料。要根据猪的食欲情况和生长阶段随时调整喂量，每次饲喂掌握在八九成饱为宜，也有的以添完料后 20 分钟猪能吃完为标准，没吃完说明添的料过多，提前吃完说明添的料过少。使猪在每次饲喂时都能保持旺盛的食欲。饲料的种类和精、粗、青比例要保持相对稳定，不可变动太大，变换饲料时，要进行过渡，并逐渐进行，使猪有适应和习惯的过程，这样有利于提高猪的食欲以及饲料的消化利用率。

　　⑦ 饮水　育肥期间要保证有清洁充足的饮水供应。在猪只的饲养过程中，缺水比缺料应激反应更严重。育肥猪的饮水量与体重、环境温湿度、饲粮组成和采食量相关。一般冬季，其饮水量应为风干饲料量的 2～3 倍，或体重的 10% 左右；春秋季节，饮水量为采食风干饲料量的 4 倍，或体重的 16%；夏季，饮水量为风干饲料量的 5 倍，或体重的 23%。饮水设备以自动饮水器较好，或在栏内单独设一水槽，经常保持充足清洁的饮水，让猪自由饮用。饮水器的高度不合适、堵塞、水管压力小、水流速度缓慢等，均会影响猪只的饮水量。

　　⑧ 去势　去势可以降低猪的基础代谢，有利于提高饲料利用率

和猪肉的品质。如果不去势，屠宰后有性激素的难闻气味，尤其是公猪，膻气味更加强烈，所以肥育开始前都需要去势。供肥育用的公猪一般在仔猪哺乳期间去势，因为仔猪体重小，易保定，手术流血少、恢复快。如果没有去势的，可在猪群稳定的情况下尽早去势，以免因去势晚影响育肥猪生长。

⑨ 温度和湿度控制　生长育肥猪的适宜环境温度为16～23℃，前期为20～23℃，后期为16～20℃，在此范围内，猪的增重速度最快，饲料转化率最高。养猪人都知道，小猪怕冷大猪怕热，因此夏季要防止猪舍内温度过高，可采取猪舍铺设遮阳网、勤冲洗圈舍和给猪淋浴措施。冬季做好防寒保温，特别是防止贼风侵入。无论冬夏都要做好猪舍的通风换气，保持猪舍内空气清新。

生长育肥猪舍适宜的相对湿度为65％～75％，最高不能超过85％，最低不能低于50％，否则不利于猪群的健康和生长。

⑩ 食品安全　严格执行农业部颁布的《无公害食品生猪饲养管理准则》《无公害食品畜禽饲养兽药使用准则》《无公害食品畜禽饲料和饲料添加剂使用准则》《食品动物禁用的兽药及其化合物清单》和《禁止在饲料和动物饮水中使用的药物品种目录》等规定，育肥猪饲养全程做到不滥用抗生素、不使用违禁添加剂、严格按规定的休药期停止用药等，保证在养殖环节不出现食品安全问题。

⑪ 适时出栏　出栏体重不仅影响胴体瘦肉率，而且关系着猪肉质量及养猪的经济效益。猪的体重越大，膘越厚，脂肪越多，瘦肉率越低，育肥时间越长，饲料利用率越低，经济效益越差。现在普遍饲养的瘦肉型品种，一般在5～7月龄时体重可达90～110千克为最佳出栏体重。

⑫ 防病

a. 搞好猪舍卫生　猪舍卫生与防病有密切关系，必须做好猪舍的日常清洁卫生工作和定期消毒工作。猪舍要坚持每天清扫2～3次并及时将粪、尿和残留饲料运走。每周至少2次对猪舍及猪体用高效消毒液消毒。每隔两周全面消毒1次，每次消毒要彻底，包括地面、栏杆、墙壁、走道等。每批猪出栏或转群后，也要彻底进行消毒处理。禁止闲杂人员进入猪舍，饲养人员的衣物要勤清洁和消毒。

b. 药物保健 猪只从保育舍转群到育肥舍后，可在饲料中连续添加一周的药物，如每吨饲料中添加 80％支原净 125 克、15％金霉素 2 千克或 10％强力霉素 1.5 千克，可有效控制转群后感染引起的败血症或育肥猪的呼吸道疾病。此药物组合还可预防甚至治疗猪痢疾和结肠炎。无论是呼吸道疾病还是大肠炎，都会引起育肥猪生长缓慢和饲料转化率减小，造成育肥猪生长不均，出栏时间不一，难以做到全进全出，最终影响经济效益。

对于育肥阶段的种猪，引种客户经过长途运输到场后应先让种猪饮水，并在饮水中添加电解多维，连续 3 天，以提高其抵抗力。

c. 预防接种 一般仔猪应该在出生后至 70 日龄前做完猪瘟、猪丹毒、猪肺疫、仔猪副伤寒、链球菌疫苗。一般不再进行疫苗接种。如果确认没做或有疫病威胁时，可根据当地及本场的疫病流行情况做相应的加强免疫。

d. 驱虫 生长育肥阶段猪易患寄生虫病，此阶段的寄生虫主要有蛔虫、囊虫（有囊虫的猪肉常称为"痘猪肉"或"米心肉"）、疥螨和虱子等体内外寄生虫。通常在育肥期应该驱虫 2 次，90 日龄和 135 日龄左右各 1 次，每次驱虫用药 2 次，间隔时间为 7 天，按 50 千克猪体重用阿维菌素或伊维菌素注射液（每毫升含阿维菌素或伊维菌素 10 毫克）1.5 毫升各皮下注射 1 次，进行全群驱虫。驱除蛔虫常用盐酸左旋咪唑，每千克体重猪 7.5 毫克，驱除疥癣可选用 2％敌百虫溶液、阿维菌素或伊维菌素皮下注射。使用驱虫药后，要注意观察，出现副作用要及时解救，驱虫后排出的虫体和粪便要及时清除，注意环境卫生的综合治理，以防再度感染。

十一、公猪的饲养管理技术

俗话说，"公猪好，好一坡；母猪好，好一窝"，可见养好公猪至关重要。

1. 饲养管理目标

保持公猪种用体况，体质结实，精力充沛，性欲旺盛，精液品质好，提高公猪的繁殖力和延长使用年限。

2. 饲养管理重点

(1) 单圈饲养 公猪应单圈饲养,每圈一头公猪,减少打斗、爬跨和争料带来的损伤。水泥地面要做防滑处理,以免摔伤。除配种时间外,最好不要让公猪看到母猪,以减少对公猪的性刺激,使之保持安静。经常保持圈舍清洁干燥、阳光充足,创造良好的生活条件。

(2) 清洁卫生 公猪的腥臊气味比较大,圈舍要勤清理消毒,每天清扫 3 次以上,尿液要及时用水冲洗干净。保持食槽的清洁,食槽至少每周用高压清洗机清洗 1 次,采用广谱高效消毒药物每周消毒 2 次,并做好吃、睡、排泄三点定位,夏季可用水管淋浴和刷拭,每天 1 次。冬天也可用刷子刷拭,1~2 次/天,能有效防止皮肤病及体外寄生虫(疥螨、虱子等),同时可促进血液循环,增强性机能,提高精液品质和配种能力,能加强人猪亲和性,便于公猪的使用。

(3) 专人饲养,合理调教 种公猪性情比较暴躁,无论是饲喂还是配种采精都严禁大声喊骂或随意赶打,否则会引起公猪反感,影响公猪射精效果,甚至咬人,所以公猪管理人员和采精人员要固定,同时采用科学的饲养管理制度,定时饲喂、饲水、运动、洗浴、刷拭和修蹄,合理安排配种,使公猪建立条件反射,养成良好的生活习惯。从公猪断奶起就要结合每天的刷拭对公猪进行合理调教,训练公猪要以诱导为主,切忌粗暴乱打,以免公猪对人产生敌意,养成咬人恶癖。

(4) 饲喂方式 根据全年配种任务的集中与分散,分为两种饲喂方式:一种为始终采用高营养浓度均衡饲养的方式。母猪实行全年均衡分娩,公猪需常年负担配种任务,全年都要均衡地保持公猪配种所需要的高营养水平。另一种为按配种强度区别对待的饲养方式。母猪季节产仔,在配种季节开始前一个月,对公猪逐渐增加营养,保持较高的营养水平;配种季节过后,逐步降低营养水平,供给公猪维持种用体况的营养水平。

公猪使用配比合理的全价公猪料,避免营养不均衡。合理确定蛋白质的含量,如果蛋白质不足 12%,则性欲低,射精量少,精子总数少;超食蛋白质也不好,可导致公猪超重,提前报废,血氨浓度高,清液品质降低。规模小的养猪场或养猪户都可用妊娠前期母猪料代替，一般要求粗蛋白在 14%～16%，并且要求蛋白质饲料种类多样，以提高氨基酸的互补作用。夏秋季节可以通过饲喂苜蓿、苦荬菜、胡萝卜等补充维生素。冬季、早春可以喂胡萝卜等青储饲料来补充。饲喂公猪要定时定量，体重 150 千克以内公猪日喂量 2.3～2.5 千克，150 千克以上的公猪日喂 2.5～3.0 千克的全价料，湿拌料或干粉料均可。鸭嘴式饮水器饮水，每天补喂优质鲜牧草或青储料。要求公猪日粮有良好的适口性，并且体积不宜过大，以免把公猪喂成大肚，影响配种。

在满足公猪营养需要的前提下，要采取限饲，定时定量，每顿不能吃得过饱；严寒冬季要适当增加饲喂量，炎热夏季提高营养浓度，适当减少饲喂量，饲喂时要根据公猪的个体膘情给予增减，保持 7～8 成膘。公猪过肥或过瘦，性欲会减退，精液质量下降，产仔率会有影响。

（5）防寒、防暑　种公猪最适合温度为 18～20℃，种公猪能够适应的温度为 6～30℃。因此冬季猪舍要做好防寒保温，以减少饲料的消耗和疾病的发生。保温措施有封堵朝西向和朝北向的门窗、加铺垫草、门窗加挂草帘、搭设塑料棚等。夏天高温酷暑要做好防暑降温，高温对种公猪的影响尤为严重。轻者食欲下降，性欲降低。

（6）适当运动　运动对公猪的身体健康和正常使用是必需的，运动是加强机体新陈代谢，锻炼神经系统和肌肉的主要措施。合理的运动可促进食欲，帮助消化，增强体质，提高性欲和精液品质。如果运动不足，种公猪表现性欲差，四肢软弱，精液活力下降，直接影响受胎率，出现早衰现象，减少使用年限。所以每天应保持种公猪适量运动。公猪多的猪场可考虑建一公猪运动场，公猪可在无人看管的情况下自由运动，每次 30 分钟左右。规模小的猪场可考虑驱赶运动，每天驱赶运动 1 千米左右。运动时间夏季最好在早晚进行，冬季在中午为宜。如遇酷热或严寒、刮风下雨等恶劣天气时，在圈栏内运动。配种期一般每天上下午各运动 1 次，每次约 1 小时左右。

（7）防止自淫　自淫是公猪最常见的恶癖。公猪自淫是受到不正常的性刺激，引起性冲动而爬跨其他公猪、饲槽或圈墙而自动射精，容易造成阴茎损伤。公猪形成自淫后体质瘦弱、性欲减退，严重时不

能配种，失去种用价值。防止公猪自淫的措施是杜绝不正常的性刺激。非配种时间，不让公猪看到发情母猪或闻到母猪气味、听到母猪声音等；母猪配种远离公猪舍，防止发情母猪到公猪舍逗引公猪；公猪单栏饲养，栏内不放置任何可爬跨的支撑物如食槽等；不使用的公猪也要定期采精，不用可以废弃；如果公猪群饲，当公猪配种后带有母猪气味，易引起同圈公猪爬跨，可让公猪配种后休息1～2小时后再回圈；后备公猪和非配种期公猪应加大运动量或放牧时间，公猪整天关在圈内不活动，容易发生自淫。

(8) 避免公猪咬架　公猪好斗，当配种或者运动时，两头公猪只要有机会相遇，就有可能打架。避免的办法有：减少公猪相遇的机会；驱赶公猪运动时，每次一头猪，一旦打架，可用木板隔开或者用发情的母猪引开；也可用水猛冲公猪眼部将其撵走，但不能用棍棒打。

(9) 公猪整理　公猪整理包括修剪肢蹄、剪獠牙和剪包皮毛。肢蹄对公猪非常重要，蹄不正常会影响公猪的活动和配种。要保护好公猪的肢蹄，对不良的蹄形进行修整。经常修整公猪的蹄子，防止种公猪患蹄病和交配时划伤母猪。每隔6～8个月，还要剪公猪獠牙及其包皮上的毛。

(10) 防病

① 防疫　预防烈性传染和种猪繁殖性疾病的发生，做好常规疫苗的免疫接种工作。每隔4～6个月做口蹄疫灭活疫苗；每隔6个月做猪瘟弱毒疫苗、高致病性猪蓝耳病灭活疫苗和猪伪狂犬基因缺失弱毒疫苗；乙型脑炎流行或受威胁地区，每年3～5月份（蚊虫出现前1～2月），使用乙型脑炎疫苗间隔1个月免疫2次。

② 驱虫　定期驱除体内外的寄生虫（疥癣、虱子）。每年2次对种公猪进行体内和体外驱虫工作，用盐酸左旋咪唑片内服或阿维菌素或伊维菌素粉剂（针剂）驱虫。

(11) 公猪使用　后备种公猪参加配种的适宜年龄，一般应根据猪的品种、年龄和体重来确定。本地培育品种一般为9～10月龄，体重在100千克左右。国外引进品种一般为10～12月龄，体重在110千克以上。一般不满12月龄的青年公猪还未达到体成熟，只有当青年公猪体成熟后，射精量和精子密度才能达到最大值。过度使用 12 月龄之前尚未体成熟的青年公猪，会降低母猪受胎率、配种分娩率和产仔数，导致仔猪体弱、生长缓慢。公猪过早参加配种，影响公猪本身的生长发育，缩短公猪的利用年限；过晚参加配种易使公猪不安，影响正常发育，易产生恶癖。种公猪一般利用年限为 3~4 年，2~3 岁时正值壮年，为配种最佳时期。

种公猪的配种强度应合理，一般根据种公猪的年龄和体质状况合理安排。如配种过度频繁，可造成精液品质显著降低，缩短利用年限，降低配种能力，最终影响受胎率。长期不配种，引起种公猪性欲不旺盛，精子中衰老和死亡精子数增加，同样会引起受胎率下降。

实行本交的公猪，一般 1~2 岁青年公猪，每周配种 2~3 次，最多不超过 4 次。壮年公猪每天可配种 1~2 次，配种时间一般选择早上没有饲喂时，如果每天配种 2 次，可早、晚各配 1 次，时间间隔 8~10 小时，连续配种 4~6 天，应休息 1 天为好。夏天配种时间应安排在早、晚凉爽时进行，避开炎热的中午。冬季安排在上午和下午天气暖和时进行，避开早、晚的寒冷。配种前、后 1 小时内不要喂饲料，不要饮冷水，以免危害猪体健康。

实行人工授精采精的公猪，可在 8 月龄时开始采精，8~12 月龄每周采精 1 次，12~18 月龄每 2 周采精 3 次，18 月龄以后每周采精 2 次。通常建议采精频率为间隔 48~72 小时采 1 次精液。注意对于所有采精公猪即使不需要精液，每周也应采精 1 次，以保持公猪的性欲和精液质量。

十二、饲料配制技术

饲料是能提供动物所需营养素，促进动物生长、生产和健康，且在合理使用下安全、有效的可饲物质。

首先介绍一下养猪需要的饲料产品种类。养猪常用的饲料有配合饲料、浓缩饲料和添加剂预混合饲料。

配合饲料：根据饲养动物的营养需要，将多种饲料原料和饲料添加剂按饲料配方经工业化加工的饲料。

浓缩饲料：主要由蛋白质饲料、矿物质饲料和饲料添加剂按一定

比例配制的均匀混合物，与能量饲料按规定比例配合即可制成配合饲料。

添加剂预混合饲料：由两种（类）或两种（类）以上饲料添加剂与载体或稀释剂按一定比例配制的均匀混合物，是复合预混合饲料、微量元素预混合饲料、维生素预混合饲料的统称。

配合饲料的配制技术如下：

1. 确定营养需要标准

饲养标准中规定了动物在一定条件（生长阶段、生理状况、生产水平等）下对各种营养物质的需要量。国外有很多猪的饲养标准，比较著名的有美国的 NRC《猪饲养标准》（1998），英国的 ARC《猪饲养标准》，我国也有自己的饲养标准《瘦肉型猪饲养标准》《肉脂型猪饲养标准》和《地方猪种饲养标准》。猪场要根据猪的品种、生长阶段选用不同营养需要标准，鉴于我国目前饲养的品种绝大部分是国外引进的瘦肉型猪，国外的饲养标准对我们有很重要的参考价值。

需要注意的是，由于猪的生产性能、饲养环境条件、猪产品市场波动等因素处于不断变化中，这就要求在应用饲养标准时，可适当进行调整，最后确定本场的饲养标准。这样针对性更强，效果更好。

2. 饲料营养价值资料

可参照最新的《中国饲料成分及营养价值表》，但是成分并非固定不变，要充分考虑饲料成分及营养价值因收获年度、季节、成熟期、加工、产地、品种、储藏等不同而不同。原则上要采集每批原料的主要营养成分数据，掌握常用饲料的成分及营养价值的准确数据，还要知道当地可利用的饲料及饲料副产物、饲料利用率。

3. 配合日粮的配制方法

根据确定的饲养标准、可用的饲料原料营养成分数据进行配方设计。设计时要掌握原料的容量、饲喂方式、加工工艺、适口性和各种原料的价格等。同时还要了解不同饲料的组合特性，对饲料之间的相互影响要根据原料之间的相互作用科学搭配。如精氨酸和赖氨酸之间的拮抗作用，常用谷类及其副产品（麦麸和米糠等）配制的猪日粮，出现赖氨酸不足，而精氨酸过量的情况。若再加入菜籽饼，这种情况变得更严重。猪日粮中的棉籽饼与亚铁盐结合，可抑制游离棉粉的毒性。若铁用量超过 400 毫克/千克，可能引起钙、磷、锌缺乏。只要合理使用棉籽饼并与适宜铁盐结合，即可消除游离棉粉的影响，避免结合使用可能造成的不利后果。

日粮配合方法有计算机法、正方形法、连立方程法和试验-误差法 4 种方法。我们以目前普遍采用的计算机法为例介绍日粮配合方法。

饲料配方软件很多，从简单的电子制表 EXCEL 饲料配方系统到大型饲料生产商专用的饲料配方系统，无论采用哪种方式，都必须经过以下步骤：

（1）根据饲养对象确定饲养标准，营养需要量通常代表的是特定条件下实验得出的数据，是最低需要量。实际应用中需要根据饲养的品种、生理阶段、遗传因素、环境条件、营养特点等进行适当调整，确定保险系数，使猪达到最佳生产性能。

（2）参照最新版的《中国饲料成分及营养价值表》确定可用原料的营养成分，必要时可对大宗和营养价值变化大的原料的氨基酸、脂肪、水分、钙和磷等进行实测。

（3）确定用于配方的原料的最低量和最高量，并输入饲料配方系统。

（4）对配方结果从以下几个方面进行评估

① 该配方产品能否基本或完全预防动物营养缺乏症发生，特别是微量元素的用量是重点。

② 配方设计的营养需要是否适宜，不出现营养过量情况。

③ 配方的饲料原料种类和组成是否最适宜、最理想，整个配方有利于营养物质的吸收利用。

④ 配方产品的成本是否最适宜或最低，最低成本配方的饲料应不限制猪对有效营养物质的摄入。

⑤ 配方设计者留给用户考虑的补充成分是否适宜。

⑥ 对配合的饲料取样进行化学分析，并将分析结果和预期值进行对比。如果所得结果在允许误差范围内，说明达到饲料配制的目的。反之，如果结果在这个范围以外，说明存在问题，问题可能出在

加工过程、取样混合或配方，也可能出在实验室。为此，送往实验室的样品应保存好，供以后参考用。

（5）实际检验 配方产品的实际饲养效果是评价配制质量的最好尺度，有条件的最好以实际饲养效果和生产的畜产品品质作为配方质量的最终评价手段。根据试验反馈情况进行修正后完成配方设计工作。

十三、猪合群技术

猪合群是猪场经常要做的一项工作，仔猪、育肥猪、母猪等都需要经常合群，如果处理不好会引起猪生理和心理上的不适应，对猪造成很大的应激，使猪的生长放缓、抗病力也会有所降低。因此掌握分群的技巧，对猪进行合理组群是十分必要的。

1. 合群原则

一般按品种、杂交组合、体重大小、体质强弱等情况进行组群。主要防止猪只因并群发生咬架、攻击现象。这样既考虑到同群肉猪的习性、大小、强弱等较相近，又可避免合群猪发生大欺小、强欺弱、互相干扰的现象，管理方便，使肉猪生长发育整齐。

2. 合群方法

合群时通常采取"留弱不留强、拆多不拆少、夜并昼不并"等方法，即较弱的猪群留在原圈，把较强的猪合进去；或把较少的猪留在原圈，把较多的猪合进去；或在晚间光线暗、猪要休息时合群。

每群猪头数的多少，要根据猪舍设备、饲养方式、圈养密度等决定。一般以每头猪的占地面积为 0.8～1.0 米^2 为宜，每圈一群以 10～20 头为宜。冬季可适当提高饲养密度，夏季适当降低饲养密度。

3. 合群技巧

技巧之一：合群时在要合群的猪身上喷同一种药，如酒精、来苏水等，使猪体彼此气味相似，而不易辨别，可较少打架。

技巧之二：及时调整个别过小、过大和受伤的猪，经过 1～3 天饲养后，若发生大小强弱参差不齐的现象，应重新调整猪群，否则会影响肉猪的生长发育。

技巧之三：饥拆饱并，猪在饥饿时拆群，并群后立即喂食，让猪吃饱喝足后各自安睡，互不侵犯。

技巧之四：先熟后并，把两群猪同时关在较大的运动场中，3～7天后再并群。

4. 注意事项

（1）合为一群的仔猪赶入新圈，饲养员要看守一段时间。及时分开咬架的猪，保护被咬的猪，让其保持相对稳定后，饲养人员才能离开猪舍，以免相互咬架，造成伤亡损失。

（2）加强管理并圈前要把圈舍清扫干净，严格消毒。合群后的最初几天，要加强饲养管理和吃、住、排便"三定位"的调教。

十四、猪场消毒技术

规模化猪场的消毒工作是保障猪场安全生产的重要措施，通过消毒可以达到杀灭和抑制病原微生物扩散或传播的效果。消毒这项工作应该是很容易做到的，但猪场常常会放松这些标准，甚至流于形式，从而不知不觉中让坏习惯得以形成。为了降低猪群的疾病挑战，提高猪群的健康水平、生长速度和效率，改善猪群福利和生产安全猪肉，必须重视消毒工作。

1. 消毒准备

（1）参加消毒的人员穿着必要的防护服装，了解消毒剂的安全使用事项和处置办法。

（2）搬出可移动物件，例如料槽、饮水器、清扫工具，并单独清洗消毒。

（3）要记住将固定的供电设施绝缘！

（4）准备消毒药物　消毒药物按作用效果分为高效、中效、低效3类。高效消毒药对病毒、细菌、芽孢、真菌等都有效，如戊二醛、氢氧化钠、过氧乙酸等，但其副作用较大，对有些消毒不适用；中效消毒药对所有细菌有效，但对芽孢无效，如乙醇、碘制剂等；低效消毒药属抑菌剂，对芽孢、真菌、亲水性病毒无效，如季铵盐类等。

选择消毒液时，要根据消毒对象、目的、疫病种类，调换不同类

型药物。如有些病毒对普通消毒药不敏感，特别是圆环病毒，应选择高效消毒药。再如，对带病猪消毒，刺激性大、腐蚀性强的消毒药不能使用，如氢氧化钠等，以免造成人畜皮肤的伤害；对注射部位消毒可选择中效消毒药等。

配制消毒药液时，应按照生产厂家的规定和说明，准确称量消毒药，将其完全溶解，混合均匀。大多数消毒药能溶于水，可用水作稀释液来配制，应选择杂质较少的深井水或自来水，但需注意水的硬度，如配制过氧乙酸消毒液，最好用蒸馏水。有些不溶于或难溶于水的消毒药，可用降低消毒液表面张力的溶剂，以增强药液的消毒效果或消除拮抗作用。临床表明，用乙醇配制的碘酊比用水配制的碘液好，相同条件下碘所发挥的消毒效力强

（5）清洗消毒饮水系统（包括主水箱和过滤器）应单独进行　注意用消毒液清洗饮水系统的过程中乳头饮水器可能会堵塞，因此清洗完成后要检查所有的饮水器。

2．实施消毒作业

清洗消毒共分为5个基本步骤。

第一步：清除有机质。将栏舍内粪便、垃圾、杂物、尘埃等清扫干净，不留任何污物。污物是消毒的障碍，干净是消毒的基础。因此消毒前必须将栏舍空间、地面全部清理干净。要去除猪舍内外的有机物，例如，设备上、墙壁上、地面上的粪污和血渍、垫草、泥污、饲料残渣和灰尘。漏缝底下的粪浆也应清除；如果不可能做到，应确保粪浆水位至少比地板平面低30厘米，并且不可能泄漏或溢出。

第二步：使用洗涤剂。用冷水浸透所有表面（天花板、墙壁、地板以及任何固定设备的表面），并低压喷撒清洗剂，如洗衣粉、洗洁精、多酶洗液等，最好是猪场专用的洗涤剂，至少浸泡30分钟（最好更长时间，例如过夜）。注意一定不要把这个步骤省掉，洗涤剂可提高冲洗、清洁的效率，减少高压冲洗所需的时间，最主要是因为有机质会令消毒剂失活，即便是彻底的热水高压冲洗都不足以打破保护细菌免遭消毒剂杀灭的油膜，只有洗涤剂可以做到这一点。

第三步：清洗。使用高压清洗机将栏舍用清水按照顶棚→墙壁→地板，自上向下的顺序反复冲洗干净，特别要注意看不见的和够不到

的角落，例如，风扇和通风管、管道上方、灯座等，确保所有的表面和设备均达到目测清洁。

最好用达到 70℃ 以上的净水高压冲洗。注意不能使用高压冲洗的设备，例如仔猪采暖灯，必须通过手工清洗。要确保脏水可自由排出，而不会污染其他区域。

第四步：消毒。采用消毒剂进行正式消毒。猪舍地面、墙壁、猪栏可用 3%～5% 烧碱水洗刷消毒，10～24 小时后再用水冲洗 1 遍。舍内空气可采用喷雾消毒法，气雾粒子越细越好。消毒剂选择复合酚类、强效碘、氯类均可。按标签推荐用量配制药剂，特殊时期、疫病流行期可适当加大浓度。

墙面也可用生石灰水粉刷消毒。如果是钢结构隔栏可涂刷防锈漆，既能防腐，又能消毒。

第五步：干燥。细菌和病毒在潮湿条件下会持续存在，所以在下一批猪进舍之前舍内应彻底干燥。消毒完毕后，栏舍地面必须干燥 3～5 天，整个消毒过程不少于 7 天。7 天干燥可将细菌负载降低 10 倍。

十五、养猪场驱虫技术

寄生虫损害机体免疫系统，不仅造成营养浪费，而且使猪只免疫应答迟钝、抗病力下降。可见坚持定期驱虫对猪群的健康生产十分重要。因此确定猪群科学合理的驱虫程序，选择理想的药物，同时做好饲养管理工作，猪场寄生虫的控制才能达到预期的效果，从而取得良好的经济效益。

1. 常用的驱虫方法及优缺点

在养殖过程中，猪只驱虫主要有以下几种方法：

（1）不定期驱虫方法 将发现猪群寄生虫感染病症的时刻确定为驱虫时期，针对所发现的寄生虫种类选择驱虫药物进行驱虫。采用这种驱虫方法的猪场比例较高，在中小型养猪场（户）使用较常见。该方法便于操作，但驱虫效果不明显。

（2）一年两次驱虫方法 即在每年春季（3～4 月份）进行第 1 次驱虫，秋冬季（10～12 月份）进行第 2 次驱虫，每次都对全场所有存栏猪进行全面用药驱虫。该模式在较大规模的猪场使用较多，操作简便，易于实施。但是，由于驱虫时间间隔达半年之久，连生活周期长达 2.5～3 个月的蛔虫，在理论上也能完成 2 个世代的繁殖，容易出现重复感染。

（3）阶段性驱虫方法　指在猪的某个特定阶段进行定期用药驱虫。种母猪产前 15 天左右驱虫 1 次；保育仔猪阶段驱虫 1 次；后备种猪转入种猪舍前 15 天左右驱虫 1 次；种公猪每年驱虫 2～3 次。

（4）"四加一"驱虫方法　是当前最流行的驱虫方法。即种公猪、种母猪每季度驱虫 1 次（即 1 年 4 次），每次用药拌料连喂 7 天；后备种猪转入种猪舍前驱虫 1 次，拌料用药连喂 7 天；初生仔猪在保育阶段约 50～60 日龄驱虫 1 次，拌料用药连喂 7 天；引进猪混群前驱虫 1 次，每次拌料用药连喂 7 天。这种模式直接针对寄生虫的生活史、在猪场中的感染分布情况及主要散播方式等重要内容重新构建了猪场驱虫方案。其特点是：加强对猪场种猪的驱虫强度，从源头上杜绝了寄生虫的传播，起到了全场逐渐净化的效果；考虑了仔猪对寄生虫最易感染这一情况，在保育阶段后期或在进入生长舍时驱虫 1 次，能帮助仔猪安全度过易感期；依据猪场各种常见寄生虫的生活史与发育期所需的时间，种猪每隔 3 个月驱虫 1 次。如果选用药物得当，可对蛔虫、毛首线虫起到在其成熟前驱杀的作用，从而避免虫卵排出而污染猪舍，减少重复感染的机会。故该模式是当前比较理想的猪场驱虫模式。

2. 驱虫药物的选择

由于不同种类的寄生虫在猪体内存在交叉感染和混合感染的情况，而且不同药物对不同寄生虫的驱杀效果也不尽相同。因此选择合适的驱虫方法和药物来控制寄生虫就显得非常重要了。故选用合适的驱虫药物是一个非常重要的关键性环节，选择药物要坚持"操作方便、高效、低毒、广谱、安全"的原则。

目前驱虫药的种类主要有敌百虫、左旋咪唑、伊维菌素、阿维菌素、阿苯达唑及芬苯达唑等。单纯的伊维菌素、阿维菌素对驱除疥螨等寄生虫效果较好，而对猪体内移行期的蛔虫幼虫、毛首线虫效果较差。阿苯达唑、芬苯达唑则对线虫、吸虫、鞭虫及其移行期的幼虫、绦虫等均有较强的驱杀作用。猪一般为多种寄生虫混合感染，因此在选择药物时应选用广谱的复方药物，才能达到同时驱除体内外各种寄生虫的目的。

3. 驱虫药使用方法

群养猪用药，应先计算好用药量，将驱虫药粉剂（片剂要先研碎）均匀拌入饲料中。驱虫期一般为 6 天，就是驱虫药要连续喂 6 天。

驱虫宜在晚上进行。为便于驱虫药物的吸收，喂给驱虫药前，猪停喂一顿。傍晚 6～8 时将药物与少量精料拌匀，让猪一次吃完。若猪不吃，可在饲料中加入少量盐水或糖精。

4. 使用注意事项

（1）要在固定地点圈养饲喂，以便对场地进行清理和消毒。

（2）及时将粪便清除出去，并集中堆积发酵或焚烧、深埋。圈舍要清洗消毒，以防止排出的虫体和虫卵又被猪食入，导致再次感染。

（3）给药后应仔细观察猪对药物的反应。若出现呕吐、腹泻等症状，应立即将猪赶出栏舍，让其自由活动，缓解中毒症状。对严重的猪可饮服煮六成熟的绿豆汤。对拉稀的猪，取木炭或锅底灰 50 克，拌入饲料中喂服，连服 2～3 天。

（4）为了防止交叉感染和重复感染，达到彻底驱虫的目的，猪场必须采用全群覆盖驱虫，对猪场里所有的猪只进行全场同步驱虫。所以药物必须满足同时适用于公猪、怀孕母猪、育肥猪及断奶仔猪等各个生长阶段猪的安全需要，才不会引起流产及中毒。

无论采用哪种驱虫模式，都要求定期进行，形成一种制度。不能随意想象或者明显看见猪体有寄生虫感染后才进行驱虫，或者是抱着一劳永逸的想法，认为驱虫一次就可高枕无忧。同时，猪场应做好寄生虫监测，采用全进全出的饲养方式，搞好猪场的清洁卫生和消毒工作.严禁饲养猫、狗等宠物。

十六、仔猪断尾技术

仔猪断尾育肥的好处很多。一是可以节省饲料，提高日增重。仔猪尾巴的功能是驱赶蚊蝇及同类嬉戏。虽然其作用不大，但猪每天摆尾消耗的能量占日代谢能的 15%，无形中造成饲料浪费，如果把这部分能量用于脂肪沉积，可提高日增重 2%～3%，还可节省饲料。二是减少咬尾症。咬尾是猪的一种恶癖，原因很复杂，将仔猪断尾则能有效控制该病发生。据统计，咬尾症在同群中一般可达 20%～30%，由于该病的出现，降低了猪的饮食及抗病力，同时极易感染坏死杆菌、葡萄球菌、链球菌等，大大降低猪的生产性能。三是降低仔猪死亡率。仔猪断尾后，可提高窝成活率，原因是哺乳母猪有可能无意中压住仔猪的尾部，令其无法活动，仔猪又无力争脱，有的造成死亡。有的母猪有恶癖，专噬仔猪尾巴，断尾后则可避免。四是改善胴体品质。断尾后猪的肋间脂肪沉积增多，肌纤维变得细腻，咀嚼阻率降低，适口性增强，同时屠宰率提高 4%～5%。因此在仔猪出生后就要给仔猪断尾。

1. 仔猪断尾的方法

（1）烧烙断尾法　抓住仔猪后腿跗关节以上或髋关节附近位置提起仔猪，将仔猪横抱，腹部向下，侧身站立，将仔猪臀部紧贴栏墙，术者站在通道上，左手将仔猪尾根拉直稳稳握住尾部，留出适当长度尾部，右手持已充分预热的 250 瓦弯头电烙铁在距尾跟 2.5 厘米处，轻轻挤压断尾器，灼烧尾部整个断面，烧烙尾巴被瞬间切断。不要像剪刀剪物那样一下切断，而是留出烧灼时间。标记仔猪，放回容器，对其余仔猪重复上述步骤。刀刃和导块上的残留物要用专用的铁丝刷定期清除。

（2）钝钳夹持断尾法　术者在仔猪哺乳或饮水时，左手提尾，右手用钝型钢丝钳在距尾根 2.5 厘米处，连续钳两钳子，两钳的距离为 0.3～0.5 厘米，5～7 天之后尾骨组织由于被破坏停止生长而干掉脱落。不同仔猪之间钳子需要消毒。

（3）牛筋绳紧勒法　仔猪出生后 7～14 天，用浸泡数天的牛筋绳蘸消毒液后在距尾根 2.5 厘米处用力勒紧，待 7～12 天后自行脱落，达到断尾目的。此法操作简便，无任何感染，也可以用自行车的气门芯胶管代替牛筋绳。

（4）剪断法　断尾时保定好仔猪，消毒术部，再用已消毒的剪刀在距尾根 2.5 厘米处直接剪断尾巴，然后用清水冲洗并涂上碘酒或止血剂。此法操作比较麻烦，断尾后还会出血，涂抹碘酒达不到消毒目的。有时断尾的创面结痂后痂皮容易被擦掉造成第二次出血，仔猪相互咬食尾巴引起再度感染发炎和脓肿。不同仔猪之间剪刀需要消毒。

2. 断尾注意事项

（1）电烙铁应充分预热。只有温度高，切断速度才快，应激小。

（2）断尾时不能过分切除，否则因切面大，会大量失血。

（3）手术时保定要牢靠，术者下手要准。防止仔猪挣脱烙铁、钝钳和手术剪等触及猪或人的其他部位，造成损伤。

（4）个别因断尾引起断面发炎的仔猪要单独分开饲养。

十七、猪的阉割技术

阉割也叫去势、劁猪，是将猪以外来方式除去生殖系统或使其丧失功能，其破坏的是猪的生殖器官（主要是性腺，即睾丸或卵巢）。阉割是阻止猪生殖的最简单和最有效的方法，也是猪育种工作中选优去劣的重要手段。猪一经阉割，则性行为消失，有利于提高猪肉的质量和产量，便于混群饲养管理，从而获得显著的经济效益。

猪的阉割分为公猪阉割和母猪阉割，母猪阉割又分为母猪小挑花阉割技术（卵巢、子宫体及两个子宫角摘除术）和母猪大挑花阉割技术（单纯卵巢摘除术）两种方法。

1. 阉割手术器械和药品的准备

阉割刀具、剪刀、缝合针、止血钳、医用缝合线、消毒用药棉、消毒药（2％来苏水、75％酒精、5％碘酊、高锰酸钾等）、消毒粉（磺胺粉、青霉素粉）、生理盐水等。

2. 公猪的阉割技术

（1）阉割时机　公仔猪阉割的时间选择在仔猪出生 3～10 日龄之间，因为这段时间仔猪对疼痛不敏感，痛苦小，出血也少。大公猪则不受年龄的限制。隐睾的公猪宜在 2～6 个月龄阉割，阴囊疝气公猪应尽早阉割并进行手术整复。

（2）公猪阉割部位的局部构造　公猪的阴囊位于肛门的下方，阴囊没有颈部，紧贴在会阴部，老龄公猪阴囊表面有很多皱褶，睾丸的位置是向前下方斜置的。副睾位于睾丸囊的上缘，副睾尾向着上后方。腹股沟管和鞘膜管短而宽，这也是公猪常发生阴囊疝气及阉割时小肠网膜易于脱出的原因。

（3）术部检查　阉割前除注意检查有无传染病，无腹泻症状等，健康状况良好，食欲正常。阴囊及睾丸肿胀时，不应进行手术或暂缓手术。

（4）公猪阉割的保定　保定分为侧卧式保定、倒提式保定和倒悬式保定3种。

侧卧式保定（图4-5）是术者右手提起小猪的右后腿，左手抓住同侧膝前皱襞，使小猪呈左侧倒卧，背朝术者，术者以左脚踩住颈部，右脚踩住尾根，并用左手腕按压右侧大腿的后部，使该肢向前向上靠紧腹壁，以充分暴露睾丸。适合手术者一人对小猪保定的同时做手术。大猪采取侧卧保定时需要另外人员配合，采用左侧横卧，仅将右侧后腿由一人拉向前方，并压住臀部。

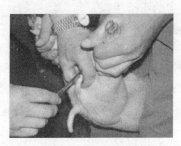

图4-5　侧卧式保定　　　　　　图4-6　倒提式保定

倒提式保定（图4-6）是由另外的人将猪的双后腿倒提起并将猪的颈部夹于双腿之间，将猪的阴囊部位充分暴露并朝向手术者。适合小猪及稍大的猪。

倒悬式保定是将猪的双后肢提起，再用绳子分别绑住两个后肢，然后拴于高处固定。使猪的后肢离地，前肢着地。适合稍大的猪及大猪。

（5）公猪阉割手术方法

① 小公猪阉割法 术者以左手中指弯曲由前向后顶住睾丸，拇指和食指捏住阴囊基部，把睾丸推向阴囊底部，使阴囊皮肤紧张，便于开刀。阴囊部先用2%来苏水或75%酒精清洗后，再涂擦5%碘酊消毒整个阴囊。右手持刀沿阴囊缝际的旁侧1～2厘米处，即睾丸最突出部切开皮肤和总鞘膜，挤出睾丸（图4-7、图4-8）。挤出睾丸后，左手拇、食指捏住睾丸，右手拇、食指撕开或剪开鞘膜韧带（白筋），牵引睾丸并捻转数周，以拇、食指沿精索滑动挤搓，切断精索，摘除睾丸。同法，仍在原切口内，在阴囊纵隔上做1个切口，将另一侧睾丸从此切口挤出，切口不必缝合，按同样方法摘除睾丸。或于阴囊缝际的另一侧1～2厘米处切开，以同法摘除。最后将切口内的污血、液体等清理后，切口不必缝合，用5%碘酊消毒切口及其周围，切口部位撒布消炎粉。然后将包皮内的积液挤出，解除保定，让其自由活动。

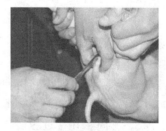 

图 4-7 公猪阉割手术（一）　　　　图 4-8 公猪阉割手术（二）

② 大公猪阉割法 大公猪阉割法基本上与小公猪阉割法相同。大公猪阉割时，除左右侧阴囊需要各做1个切口，精索剥离捻转数周后，需用医用缝合线在睾丸上方1～2厘米处结扎精索，再摘除睾丸。在用缝线结扎精索时，打完第1个结扣后，助手用止血钳钳夹结扣处，术者再打第2个结扣，当第2个结扣快打完时，才松去止血钳，这种打结打好后不会松脱，以确保术后不出血。然后按同法去掉另一侧睾丸，切口用碘酊消毒后，将阴囊切口缝合2～3针，切口部位撒布消炎粉，松解保定。

（6）隐睾和阴囊疝气猪的阉割术

① 隐睾手术　猪隐睾是由于近亲繁殖，或公母猪带有隐性基因等因素，导致其后代的一侧或两侧睾丸隐藏在腹腔内或腹股沟皮下，而不在阴囊内的异常现象。隐睾多数位于肾脏（俗称"猪腰子"）的后方，有时还位于腹股沟内环处。隐睾猪不能作种猪，如果不及时加以阉割，猪长大后猪肉会有膻味，影响猪肉的质量和口味。注意术前要绝食12小时。

a. 保定方法　根据腹壁切口部位，采用半仰卧保定（呈45°～60°倾斜）或倒悬式保定均可。

b. 手术部位和方法　一侧性隐睾的术部切口，在隐睾同侧的髋结节向下引一条垂线与腹正中线交叉的上方2厘米处腹壁上；两侧性隐睾的术部，在左侧髋结节向腹正中线引垂线的交点上方2厘米处。切口长度3～6厘米，切透腹膜后，通过切口伸入手指寻找睾丸。睾丸移动性较大，一般位于腹股沟区、耻骨区、髂区、肾脏后方的腰区。将找到的睾丸拉出切口，结扎精索，切除睾丸，连续缝合腹膜、肌肉，再结节缝合皮肤，涂布碘酊和消炎粉，手术结束。

② 阴囊疝气手术

a. 保定方法　先检查疝气发生在哪一侧，采用倒悬式保定，腹部朝向术者，倒悬式保定的优点是可使小肠返回腹腔内。

b. 手术部位和方法　术部常规消毒，先将阴囊内的小肠送回腹腔内，然后切开阴囊壁，注意不要切破总鞘膜，剥离总鞘膜至腹股沟管外环后，握住睾丸同总鞘膜将精索捻转3～4周，在接近腹股沟管外环处用消毒丝线横穿一针并做结扎，在结扎外方撕断总鞘膜及精索，睾丸即被摘除。

若肠道不能送回腹腔时，可能是发生粘连，则需小心切开总鞘膜，伸入手指仔细分离肠管，送入腹腔，再按上法结扎后摘除睾丸。

③ 阴囊疝气和隐睾合并猪的阉割法　对同时有阴囊疝气和隐睾的公猪，可同时按上述阴囊疝气阉割术和隐睾阉术两种方法进行阉割，即先摘除隐睾，然后再处理阴囊疝气。

（7）公猪阉割术出现的常见问题及处理　由于仔猪阉割时手术方法不当、消毒不严等原因可引起并发症，主要有肠穿孔、肠脱出、肠粘连、内出血、破伤风、精索炎、腹壁疝、术后出血、阴囊包皮水肿、术部脓肿等，轻者影响生长，严重时可引起死亡，需要认真对待。

① 肠管的伤、脱或粘连　常见于手术时或术后不久，多由于术前喂食过饱，切口过大，刀用力过猛、过深，刺伤直肠或小肠，造成肠穿孔；肠管脱出于皮下发生粘连或嵌闭，病猪呻吟、高热、食欲废绝、结膜发绀，有时出现呕吐；阴囊疝手术时未仔细检查，术后肠脱出体外，猪互相咬拉而危及生命。

防治措施：手术前不能喂食过饱，切口要适当，公猪手术中若有肠脱出时可倒拎后脚，把肠送回腹腔，在阴囊皮肤切口缝合数针，必要时按阴囊疝气的阉割方法处理；发生肠穿孔时清洗后缝合即可；母猪术后发生肠粘连和嵌闭时，应立即拆除缝线仔细检查，如发现嵌闭、粘连及坏死的肠管，解除嵌闭后切除坏死肠管，断端吻合，闭合腹腔，撒上消炎粉，连续肌内注射青霉素 3 天。

② 术后出血　由于阉割公猪手术时动作粗暴将精索拉断或精索结扎不结实、精索断端及输精管止血不确实、手术时用力不当使精索血管破裂、阴囊壁血管出血等。

防治措施：在手术中离断附睾后部精索时，切忌粗暴拉断精索。避免精索附着部撕裂，损伤盆腔内组织，结扎精索要结实。一旦发生持续严重出血，应重新结扎。手术部位（包括精索）、内生殖器的较粗血管一定要缝线贯穿结扎牢固，如发生出血时可在腰部泼些冷水；出血严重时肌内注射安络血、维生素 K_3 等；必要时可向阴囊腔内填入消毒脱脂纱布，阴囊皮肤创缘做几针临时缝合，24～48 小时后除去缝线和纱布。

③ 术部脓肿或坏死　手术时消毒不严格、圈舍卫生条件差、术后护理差、猪体抵抗力低等因素造成术部位发炎、红肿、化脓及坏死并出现全身症状。

防治措施：切口排脓，双氧水冲洗，清除坏死组织，撒布消炎粉，同时使用抗生素进行全身治疗。

④ 腹膜炎　由手术中消毒不严或消毒不彻底、猪舍卫生差和手术时间过长等均可引起腹膜炎，造成切口愈合良好，但触摸腹壁时猪只表现疼痛，体温升高、精神沉郁、饮食减退乃至废绝，有时呕吐，

身体迅速消瘦。

防治措施：在手术过程中应注意消毒卫生工作，以防止病菌感染，同时要加强防疫及饲养管理工作，以增强猪只抗病力。对病程较短、症状轻微的可热敷腹部使粘连消散，病程长且症状严重的切开腹壁后分离腹壁与肠道的粘连部分，切口用消毒药水冲洗后撒布消炎粉，连续肌内注射青霉素等抗生素3～5天。全身症状明显的用青霉素80万单位、氢化可的松注射液2毫升、0.25％普鲁卡因20毫升、生理盐水100毫升，混合后注入腹腔内。

⑤ 破伤风　多由于阉割时刀口和手术器械消毒不严，破伤风梭菌通过伤口感染而发生以运动中枢对外界刺激的反应增强，肌肉持续痉挛性收缩为特征的疾病。

防治措施：阉割时要做好器械和术部的消毒工作。治疗时应把猪放在安静地方，减少光线及声响刺激，彻底清除病猪伤口的坏死物后，用3％双氧水反复冲洗，然后用5％碘酊消毒，涂上抗生素软膏；用氯丙嗪50～100毫克肌内注射，术部周围深部注射青霉素80万～160万单位。

3. 母猪阉割技术

（1）母猪阉割部位的局部构造　卵巢（俗称花子）左右各一个，位于骨盆腔入口顶部的两旁。由于年龄不同，卵巢位置稍有差异，一般小母猪稍靠上，大母猪则靠下。卵巢外面有卵巢伞（又叫花衣或花叶），上面有很多皱褶，颜色鲜红。性成熟前的幼龄仔猪，卵巢形状像肾脏，大小如绿豆或黄豆粒，表面光滑，淡红色或淡黄色；初发情的母猪，卵巢有高低不平的突起，形如桑椹；成年母猪卵巢如葡萄状，约拇指大。

输卵管是一条弯曲细长的管子，一端连接卵巢，一端连接子宫角，呈乳白色或粉红色。

（2）母猪小挑花阉割技术（卵巢、子宫体及两个子宫角摘除术）
小挑花阉割技术的成功与否，关键在于手术部位准确、充分压紧术部、摘除完全等，如果是初次或没有经验的手术操作者，可以找有经验的兽医在旁边进行指导，以保证阉割的顺利进行。

① 小挑花阉割的时机　小挑花阉割法适用于1～2月龄，体重

5～10 千克的健康母猪，体重最好在 12～16 千克。不作种用的母仔猪均可进行阉割。此时的母猪处于哺乳期，发育比较缓慢，子宫比较细，腹部压力相对较低，术后伤口容易愈合，同时身体也比较容易恢复。

② 保定方法　术者左手提起左后肢，使腹腔肠管前移，右手捏住左侧膝皱褶，使猪右侧卧地，立即用右脚踩住左侧颈部，右手撑压膝关节使左后肢向后挺直，使猪后躯呈半仰卧姿势，左脚踩住左后肢跗部（图 4-9）。

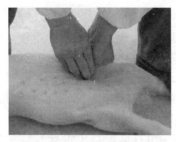

图 4-9　保定与阉割部位定位

图 4-10　母猪阉割操作

③ 小挑花阉割法　术前要停食 6 小时以上，使肠内容物减少，子宫不受挤压，有利于手术顺利进行，缩短手术时间。保定好小母猪以后，确定手术的准确部位，去势部位在左侧下腹部，粗毛与细毛交界处，与髋结节的相对处。一般多位于左侧倒数第 2 个乳头的外侧 2～3 厘米处，并根据猪只大小，以"肥向前，瘦往后，饱向内，饥向外"的原则，力求术部准确。术部进行常规消毒，左手中指抵于右侧髋结节，拇指用力按压在术部稍内侧，两指成一直线（图 4-10），压得越紧离卵巢越近，手术越易于成功。右手持手术刀，用拇指、中指与食指控制刀刃的深度，用刀尖垂直切开皮肤、肌肉和腹膜，切开腹膜时，可听到"扑"的响声，并有少量腹水涌出，成纵形切口，并向外稍用力使切口扩大，在猪嚎叫时，随腹压的升高而子宫角也随着涌出。注意切口边缘要整齐，刀要锋利，一次切透皮肤和肌肉层。切口参差不齐会使子宫角受到创缘阻力而不易自动冒出。若一次不出来，术者左手拇指一定要压紧，刀柄在腹腔内做弧形滑动，随着母猪

嚎叫和腹压剧升而使子宫涌出。子宫角一般呈白色或淡红色，并且看不到明显血管。而输卵管颜色比较红，比子宫颜色要深，并且表面并不光亮。右手捏住脱出的子宫角及卵巢，然后换成左手捏住，用右手压迫腹壁切口，当两侧卵巢和子宫全部拉出后，用手指挫断或用刀割断子宫体，将两侧卵巢与子宫一同除去。切口涂碘酊，提起猪的后肢，轻轻摆动一下或用手捏住切口皮肤拉一拉，防止肠管嵌叠，即放开让其自由活动。

术后需停食6小时以上，主要是减轻腹内压，肠从刀口脱出，造成创伤性腹疝和意外死亡。

④ 实施小挑花阉割手术出现的常见问题及处理　正常情况下，在手术过程中切口稍有渗血，属于正常现象。如大量出血，可能是手术刀刺入的方向不正确或过深而损伤了髂外动脉、髂内动脉、髂回旋动脉以及相应的静脉，甚至部分脏器，此时应立即终止手术，及时使用止血钳进行快速止血，或者将出血部位进行结扎。采取注射止血药等应急措施。

在手术过程中闻到极重的尿腥味，很有可能是手术导致膀胱破裂，出现这样的问题，要赶快找到破裂的位置进行缝补，使用生理盐水反复冲洗缝合的部位。如果发现肠管破裂的时候，使用内翻进行缝合，同时均匀地撒入一定剂量青霉素。

在切口的时候，部位要仔细找好，若切口中见到粉红色的小肠，表示切口靠前，若见到白色的膀胱，表示切口靠后。切口不能过大，否则事后处理比较麻烦，出血量也比较多。在拉出子宫角的时候不能用力过猛将子宫角拉断，动作要轻重适当，摘取的时候要干净。如果在摘取过程中，出血量过大，就不要继续进行手术了，要先以止血为主。

在进行阉割的过程中，有个别母猪出现了卵巢与黏膜粘连的问题，导致手术过程中很难摘除，遇到这种情况要冷静地将手指伸进去慢慢剥离。除了粘连的问题，还有很多猪在阉割过程中发现子宫被一层膜所包裹，使用小刀轻轻地撕裂这层膜，就可以露出子宫角。

阉割后有的母猪在阉割部位流出红、黄色液体，触摸有硬感，病猪有痛感不让触摸，开始吃食或吃少量食，到后来逐步食欲废绝。这种症状就是肠管被腹壁肌夹住，俗称"夹肠"。发生"夹肠"时，术者可一只手将病猪的后肢用力向上提起（大母猪应两人将其提起），使猪两前肢离地为限，在术部连续推一推，再拍打几下，然后将病猪放下，让其自由运动几分钟后再喂食，并观察病猪吃食排粪情况。一般情况下，病猪通过上述措施治疗后，都能开始进食排粪，不用药即可自愈。但如果"夹肠"时间在 3 天以上，或所夹肠管较为严重，应立即采取手术治疗，将原术部切开，把所夹肠管送回原位，并将腹膜、腹肌、皮肤分别缝合。如有炎症，还要用消炎药对症治疗。

（3）母猪大挑花阉割技术（单纯卵巢摘除术）

① 大挑花阉割法的时机　适用于 3 月龄以上、体重在 17 千克以上的母猪去势。

② 保定方法　采用左侧卧保定，术者位于猪的背侧，用右脚踩住猪颈部，助手保定猪两后肢并向后下方伸直。

③ 大挑花阉割法　非发情期的母猪，术前禁饲 6 小时以上。去势部位，肷部三角区中央切口，适合较小或瘦弱的猪只；髋结节向腹下做垂线，将垂线分成 3 等份，下 1/3 交界处稍前方为术部，适用于猪体较大或膘肥的猪只。术部按常规消毒，术者手消毒后，左手食指按压在术部，右手持刀在术部做半月形切口，长 3~4 厘米。左手食指伸入皮肤切口内，垂直钝性刺透腹肌和腹膜。术者左手中指与无名指下压腹壁，食指在腹腔内探查卵巢。卵巢一般在第 2 腰椎下方骨盆腔入口处两旁，先探查上方卵巢，用食指端钩住卵巢悬吊韧带，将卵巢拉向切口处，右手将大挑刀柄伸入切口内，将钩端与左手食指指端相对应，钩取卵巢悬吊韧带，将卵巢拉出切口外。术者左手食指迅即伸入切口内，并继续探查对侧的另一个卵巢，借助手指堵住切口，以防卵巢回缩入腹腔内，并用同法取出另一侧的卵巢。两侧卵巢都引出切口后，对卵巢悬吊韧带用缝线结扎或止血钳捻转法去掉卵巢。两侧卵巢都摘除后，术者食指再伸入切口内将两侧子宫角还纳回腹腔内，然后全层缝合腹壁切口。

④ 实施大挑花阉割手术出现的常见问题及处理　与"实施小挑花阉割手术出现的常见问题及处理"相同。

◀ 4.阉割注意事项 ▶

（1）饱食后不阉割　饱食的猪胃肠内容物增多，腹压相应增大，如果此时进行阉割，阉割小母猪的子宫卵巢不易挑出，按压阻力大，肠管易脱出不易还纳，常出现切破肠管或术后夹肠的事故。

（2）新购进猪不能阉割　环境变化和运输都会对新购进的猪造成应激，如果此时阉割，会发生急性死亡而找不到死亡原因。必须待7～10天，稳定后进行阉割。

（3）仔猪断奶时不阉割　断奶母仔分离对仔猪都有刺激，如果接着阉割，会影响仔猪生长，增加水肿病等应激性疾病的发生率。此时，仔猪抵抗力较弱，易发生事故，所以应在其断奶后7～15天，体重7～10千克时阉割为宜。

（4）炎热的中午或午后不阉割　宜在早上喂饲料前进行手术，因炎热天气血液循环加快，阉割后子宫和精索断端大都不结扎，易引起出血过多，导致死亡。

（5）气温过低或过高时不阉割　当气温连续几天降到0℃以下时，不宜阉割。由于气温太低，加上风寒刺激，影响伤口多日不能愈合，对生长发育不利。

（6）患病时不阉割　阉割本身就对猪产生很大的刺激，对生病的猪实施阉割，会降低机体抵抗力，加重病情，严重时造成死亡，造成不应有的损失。特别是猪发生某种疫情时，如患猪瘟、蓝耳病等病时，千万不要阉割，防止带毒（细菌、病毒）阉割，增加传播途径，造成不应有的经济损失。

（7）不消毒不阉割　阉割过程中，术者的手臂、使用的器具及术部都要用碘酊和酒精消毒，防止伤口感染发炎。不消毒或者消毒不严格，将增加相互传染疾病的机会。

（8）母猪发情时不阉割　发情母猪的子宫红肿充血，阉割容易引起大出血而造成死亡。若事前不了解情况，在阉割过程中发现子宫充血，应结扎后摘除卵巢，不要切除子宫，以防大出血。

（9）减少人为操作失误　阉割时操作者应一丝不苟，按操作规程进行，不蛮干，以免发生事故，稍大的猪要实施结扎，下刀时要准、稳，掌握好深度，公猪手术的切口尽量处于阴囊下部，这样血液和腹水不能滞留，不易感染发炎，切口容易愈合。术后发现异常情况要及时妥善处理。

十八、判断猪病的方法

1. 看精神状态

主要观察动物的神态、行为、面部表情和眼耳活动。

（1）兴奋状态，轻者惊恐不安、竖耳刨地；重者前冲后撞、狂躁不驯、挣扎脱缰，甚至攻击人畜。主要见于脑病和某些中毒。如啃咬自身或物体，甚至有攻击行为时，应注意狂犬病。

（2）抑制状态，表现为耳耷拉，头低下，眼半闭；行动迟缓，反应迟钝；重者嗜睡，甚至昏迷。主要见于热性病、重症病及某些脑病与中毒。

2. 看营养

营养良好，肌肉丰满、结合匀称、骨不显露、被毛有光泽、精神旺盛；营养不良，猪消瘦、毛焦枞吊、皮肤松弛、骨骼表露。见于消化不良、长期腹泻、代谢障碍和某些慢性传染病、寄生虫病等。

3. 看姿势与步态

健康猪的正常姿态、姿势自然，猪食后喜卧，生人接触时即迅速起立。

异常姿势有：全身僵硬，表现为头颈平伸，肢体僵硬，尾根举起，呈木马样姿势，可见于破伤风；异常站立，病畜单肢悬空或不敢负重，提示肢蹄疼痛；站立不稳，躯体歪斜，倚柱靠壁而站立，可见于脑病或中毒；猪弓腰多是腹痛表现；异常躺卧，病畜躺卧不能站立，常见于仔猪低血糖病；步态异常，病畜呈现跛行，多为四肢疾病表现；步态不稳，运步不协调，多为中枢神经系统疾病或中毒、垂危病猪。

4. 看被毛和皮肤

（1）鼻盘、鼻镜　正常状态健康猪的鼻镜、鼻盘湿润，并附有少许水珠，触之有凉感；病理变化猪鼻盘干燥，常见于发热性疾病。

（2）被毛　正常状态健康猪的被毛平顺而富有光泽；病理变化猪

被毛蓬松粗乱、失去光泽、易脱落，多是营养不良和慢性消耗性疾病的表现。局部被毛脱落，多见于湿疹、疥癣等皮肤病。检查被毛时，还应注意被毛污染情况。当病畜下痢时，肛门附近、尾及后肢可被粪便污染。

（3）皮肤　猪皮肤上出现小点状出血（指压不褪色），多见于败血性疾病，如猪瘟；出现较大的红色充血性疹块（指压褪色），见于疹块型猪丹毒；皮肤呈青白或蓝紫色，见于猪亚硝酸盐中毒；仔猪耳尖、鼻盘发绀，见于仔猪副伤寒。

疹泡多发于被毛稀疏的部位，检查时应注意眼、唇、蹄部、趾间等处。猪的皮肤疹泡性病变，可见于口蹄疫、猪水泡病及痘病等。

5. 看皮温和体温

（1）检查皮温，宜用手背触诊　可检查猪耳及鼻端。全身皮温升高，常见于发热性疾病，如猪瘟、猪丹毒等；局部性皮温升高是局部炎症的结果；全身皮温降低，见于衰竭症、大失血等；局部皮肤发凉，可见于该部水肿和神经麻痹；皮温不均可见于心力衰竭及虚脱等。

（2）检查体温，通常测直肠温度　测温时，先将体温计水银柱甩至以下，用酒精棉擦拭消毒，测温者一手将动物尾根提起并推向对侧，另一手持体温计缓缓插入肛门中，放下尾巴后，将附有的夹子夹在尾毛上。测后取出，读取度数健康猪的体温，清晨较低，午后稍高；幼龄猪较成年稍高；妊娠母猪较空怀母猪稍高；猪兴奋、运动后体温比安静时略高。

① 体温升高　体温升高是病原微生物及其毒素、代谢产物或组织细胞分解产物作用于体温调节中枢，使产热增多，散热减少，体温升高。同时伴有皮温增高或皮温不均、末梢冷感、寒战、多汗、呼吸、脉搏增数、消化与泌尿机能障碍、精神沉郁及代谢紊乱等一系列病理变化过程，称为发热。根据体温升高的程度，可分为微热、中热、高热和极高热四种。

a. 微热　体温升高超过常温 0.5℃。见于局部性炎症及轻症疾病，如口炎、鼻炎、胃肠炎等。

b. 中热　体温升高超过常温 1～2℃。见于消化道和呼吸道的一般性炎症及某些亚急性、慢性传染病，如胃肠炎、咽喉炎、支气管炎、布氏杆菌病等。

c. 高热 体温升高超过常温 $2\sim3℃$。见于急性传染病和广泛性炎症，如猪瘟、猪肺疫、流行性感冒、小叶性肺炎、大叶性肺炎、急性弥漫性腹膜炎与胸膜炎等。

d. 极高热 体温升高超过常温 $3℃$ 以上。见于严重的急性传染病，如传染性胸膜肺炎、炭疽、猪丹毒和脓毒败血症等。

② 体温降低 体温降低是机体产热不足或体热散失过多，致使体温低于常温。见于大失血、内脏破裂，严重脑病及中毒性疾病、产后瘫痪及休克、濒死期等。

③ 热型变化 将每日上、下午所测得的体温绘制成热曲线，根据热曲线的特点可分为稽留热、弛张热、间歇热三种。

a. 稽留热 高热持续 3 天以上，每日温差变动在 $0.5℃$ 以内，是因致热源在血液内持续存在，并不断刺激体温调节中枢所致。见于猪瘟、大叶性肺炎、炭疽等。

b. 弛张热 体温升高后，每日温差变动常超过 $1\sim2℃$ 以上，但又不降至正常。见于败血症、化脓性疾病、支气管肺炎等。

c. 间歇热 病猪的发热期和无热期有规律地交替出现。如败血症型链球菌及局部化脓性疾病。

6. 看出汗

通过观察及触诊进行检查。出汗见于发热性病、剧痛性疾病、有机磷中毒、破伤风及伴有高度呼吸困难的疾病等。当猪虚脱、胃肠及其他内脏器官破裂及濒死期时，会出大量黏腻冷汗。

7. 看眼结膜

眼结膜是易于检查的可视黏膜，具有丰富的毛细血管，颜色变化除反映局部病变外，还可推断全身血液循环状态及血液某些成分的改变，在诊断及预后判定上都有一定意义。

健康猪双眼明亮，不羞明、不流泪、眼睑无肿胀、眼角无分泌物，呈粉红色；有病猪的眼结膜潮红，是结膜毛细血管充血的象征。除局部结膜炎之外，多为全身性血液循环障碍的表现；弥漫性潮红，常见于热性病、胃肠炎及重症腹痛病等；结膜潮红并见小血管扩张充血者，呈树枝状充血，可见于脑炎、伴有血液循环障碍的一些疾病；苍白是贫血的象征。迅速发生苍白，见于大失血及内出血。逐渐发生苍白，可见于慢性失血，营养不良性、再生障碍性、溶血性贫血等疾病过程中；黄染是血液中胆红素浓度增多的象征，常见于肝病、溶血性疾病及胆道阻塞等；发绀呈蓝紫色，是血液中还原血红蛋白增多的结果，常见于肺炎、循环障碍、某些中毒（如亚硝酸盐中毒）等。出血结膜上呈现出血点或出血斑，是因血管受到毒素作用使其通透性增大所致。

8. 看排尿动作及尿液

排尿障碍常表现为多尿、少尿、尿淋漓、尿失禁和排尿痛苦等。多尿与频尿，多尿表现为排尿次数增多，每次均有大量尿液排出，见于慢性肾病或渗出性胸膜炎的吸收期；频尿则表现为多呈排尿动作，而每次仅有少量尿液排出，主要见于膀胱炎及尿道炎，少尿与无尿，少尿表现为排尿次数和尿量减少，见于热性病、急性肾炎、严重腹泻；真性无尿，是泌尿机能的严重障碍，如患急性肾炎；假性无尿，可见排尿动作，但无尿液排出，见于尿道完全阻塞（如尿道结石）及膀胱破裂；尿失禁与尿淋漓，无排尿姿势与动作，而尿液自行流出，称尿失禁，见于脊髓挫伤、膀胱括约肌麻痹及中枢神经系统疾病；排尿困难，尿呈点滴状流出，称尿淋漓，见于尿路不完全阻塞、膀胱括约肌麻痹及中枢神经系统疾病。排尿疼痛，动物排尿时表现疼痛、不安、呻吟或屡取排尿姿势而无尿排出或点滴状排出，见于膀胱炎、尿道炎、尿结石、阴道炎等。

猪正常尿透明无色。有病猪的尿具有强烈的氨臭味，见于膀胱炎；尿有腐败臭味，见于猪瘟；尿色变深，尿量减少，见于热性病；尿呈深黄色，振摇后可产生黄色泡沫，是尿中含有胆红素的表现，常见于肝胆疾病；尿中混有血液，称血尿。尿液浑浊红色，静置或离心沉淀有红细胞沉淀层，见于肾脏或尿路出血。排尿初期呈现血尿，多为尿道出血；排尿终末出现血尿，多为膀胱出血；排尿全程出现血尿，多为肾脏、输尿管出血。血红蛋白尿，尿液呈透明红色或暗红色，静置或离心无沉淀，镜检无红细胞，常见于新生仔畜溶血病；尿液混浊不透明，且有黏液、脓液，多见于肾、膀胱、尿道化脓性炎症和猪肾虫病等。

9. 看排粪动作及粪便

排粪动作异常，常见有下列几种：便秘排粪吃力、次数减少、粪便干固、色深，见于热性病、慢性胃肠卡他、肠阻塞等。下痢排粪频繁，粪便呈粥状或水样，见于肠炎、猪大肠杆菌病、副伤寒、传染性胃肠炎及某些肠道寄生虫病等。排便失禁，不自主地排出粪便，见于荐部脊髓损伤或脑病、急性胃肠炎；里急后重，屡呈排粪动作，而仅排出少量粪便或黏液，见于直肠炎。

猪的粪便有其固有的性状，但也受饲料数量和质量的影响。如果粪便有特殊腐败或酸臭味，见于肠炎、消化不良；粪便呈灰白色或黄白色，见于仔猪大肠杆菌病；粪便呈黑色，见于胃及前部肠管出血；粪球表面附有鲜红血液，见于后部肠管出血；形状粪便稀薄，见于肠炎、消化不良。粪便少而干硬，见于猪瘟；粪便混有未消化的饲料，见于消化不良、猪传染性胃肠炎；混有血液，见于出血性肠炎；粪内混有块状、絮状或筒状纤维素，见于纤维素性肠炎。

十九、猪病治疗技术

猪的疾病治疗是猪场需要经常面对的问题，治疗猪病的方法很多，养猪生产中常用的有注射法、内服投药法、灌肠法、子宫冲洗法、针灸疗法和手术法 6 种方法。应根据疾病的性质选择相应的治疗方法，达到快速治愈的目的。

1. 注射法

注射是治疗猪病和对猪进行免疫接种的最主要方式，常用的注射方法有肌内注射、皮下注射、皮内注射、静脉注射、腹腔注射和穴位注射等。

（1）肌内注射 肌内注射是将药液注于肌肉组织中，一般选择在肌肉丰富的颈侧和臀部的厚重肌肉区域。由于肌肉内血管丰富，注入药液后吸收得很快，另外，肌肉内的感觉神经分布较少，注射引起的疼痛较轻。操作方便，在不保定的情况下一人即可完成，一般药品都

可肌内注射。因此肌内注射是最常用的注射方法。

注射前，调好注射器，抽取所需药液，对拟注射部位消毒，采用颈部注射时，注射位置选择在猪耳根后5～7厘米处，将针头垂直刺入猪的颈部肌肉适当深度（图4-11、图4-12），回抽活塞无回血即可注入药液。注射后拔出针头，注射部位涂以碘酊或酒精。

图4-11　肌内注射操作（一）

图4-12　肌内注射操作（二）

注意：注射时动作要轻快而有力，用力方向与针头一致，不要把针头全部刺入肌肉内，刺入深度可根据猪只大小及注射部位的肌肉状况而定，一般情况下，是在3厘米左右。不要在近尾部的大腿肌肉进行肌内注射，这可能会导致跛行和坐骨神经损害。特别是对体质瘦弱的猪，最好不要选择在臀部注射，以免误伤坐骨神经。为了避免针头误入血管内，应抽一下注射器的活塞，看注射器内是否回血。如果有血液出现，要完全退出针头，在新部位重新刺入针头。

刺激性较强和较难吸收的药液，进行血管内注射而有副作用的药液、油剂、乳剂等不能进行血管内注射的药液，为了缓慢吸收、持续发挥作用的药液等，均可采用肌内注射。但由于肌肉组织致密，仅能注射较少量的药液。

（2）皮下注射　皮下注射是将药液注射到猪皮肤与肌肉之间的疏松组织中，使药液经毛细血管、淋巴管吸收进入血液循环。注射部位一般选择在皮薄而容易移动，但活动较小的部位，如大腿内侧、耳根后方。注射时先将注射部位消好毒，用左手拇指、食指、中指提起皮肤，使呈一个三角皱褶，右手在皱褶中央将注射器针头斜向刺入皮下，与皮肤成45°角（图4-13、图4-14），放开左手，推动注射器，注入药液。

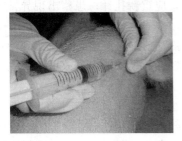

图 4-13　皮下注射操作（一）

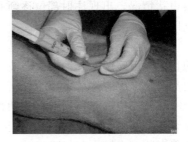

图 4-14　皮下注射操作（二）

（3）静脉注射　静脉注射是将药液直接注射到血管内，使药液迅速发生效果的一种治疗技术。主要用于抢救危重病猪及大量补液，一般选耳背部的耳大静脉。

注射前需先对猪进行保定，可采用保定绳，将保定绳的一端缚于猪（中大猪）的上颚并锁紧（图 4-15），另一端固定在栏柱上。注射部位选择在猪耳的背面稍突起的静脉血管，先用酒精棉球涂擦耳朵背面耳大静脉，进行局部消毒，助手用手指强压耳基部静脉血管（或用橡皮筋扎紧），使静脉血管怒张，血管鼓起。注射人员左手抓住猪耳，右手将注射器接上针头，以 25°左右角度刺入血管，抽动活塞，如见回血，则表示针头在血管内，此时，助手放松耳根部压力，注射者用左手固定针头（图 4-16），右手拇指推动活塞缓缓注入药液，药液推完后，左手拿酒精棉球紧压针孔处，右手迅速拔针，以免发生血肿。

图 4-15　耳静脉注射操作（一）

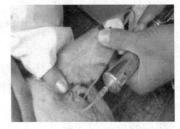

图 4-16　耳静脉注射操作（二）

初次注射，可在耳边的静脉血管末端处进行，如第 1 次不成功，出现血肿，可顺次由末端处向耳根端的血管注入。注射过程中注意观察患猪情况，出现注射部位逐渐胀大，应重新扎针。患猪出现异常应立即停止注射，检查原因。

（4）腹腔注射　腹腔注射是将药液注射到腹腔内，从而达到治疗的目的。因腹腔能容纳大量药液并有较强的吸收能力，故可一次注入大量药液，腹腔注射多用于仔猪。

注射部位选择，大猪在腹肋部，小猪在耻骨前缘之下 3～5 厘米中线侧方（图 4-17）。注射时大猪多采用侧卧保定，用左手稍微捏起腹部皮肤，将针头向与腹壁垂直的方向刺入（图 4-18），刺透腹膜后即可注射。给小猪施行腹腔注射可由饲养员将猪两后肢倒提起来，用两腿轻轻夹住猪的前躯保定，使肠管下移，注射人员面对猪的腹部。在耻骨前缘下方与腹壁垂直刺入针头，刺透腹膜即可注射。注射时不宜过深或偏于前方，以免损伤内脏器官，也不可过于偏于后方，以免损伤臌满尿液的膀胱。

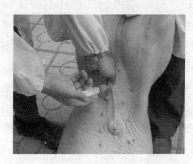 

图 4-17　腹腔注射操作（一）　　　　图 4-18　腹腔注射操作（二）

注意注射的药液必须是无刺激性的药液，天气寒冷又注入药液量较多时，需将药液升温到 38～39℃。

（5）胸腔注射　胸腔注射是将药液直接注入胸腔内，起局部治疗作用；胸腔注射多用于治疗猪气喘病、胸膜肺炎。此外，还作猪气喘病疫苗注射用，亦可用来采取胸腔积液，供实验室诊断用。

猪胸腔注射时采取站立保定，助手骑在猪背上两腿夹住病猪，双手抓住猪耳。注射部位选择在猪右侧胸壁，倒数第 6 肋间与髋关节向前做一水平线的交点（图 4-19），用 9～12 号兽用针头垂直刺入（图 4-20），进针后若有空洞感，回抽为真空，即可缓慢注入药液，注完药物后迅速拔针并消毒。注射时选择单侧给药即可，一次不愈者可取另侧相应位置再次注射。

 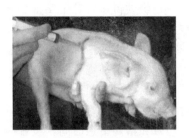

图 4-19　胸腔注射位置　　　　　　　图 4-20　胸腔注射操作

（6）穴位注射　穴位注射是将药水注入穴位，以防治猪疾病的一种中西医结合的治疗方法。穴位注射可将针刺刺激、药物的性能及对穴位的渗透作用相结合，发挥其综合效应，故对某些疾病有特殊疗效。常用的注射穴位有后海穴、交巢穴、增食穴、百会穴、卡耳穴、天门穴、大椎穴等。针对不同疾病选取药液，用量为一般肌内注射的 $1/5\sim1/3$，一个穴点注射 $3\sim5$ 毫升药液为宜。

后海穴位于猪的肛门上方，尾根的下方正中窝处。在此穴位对症注射药物，能刺激猪的神经系统，促进血液循环，调节体液，而达于病变部位，发挥针刺的神经刺激及药物治疗的双重作用；而且通过神经传导见效快，对治疗生猪胃肠道及泌尿生殖系统疾病有很好的效果。注射时应按常规消毒。注射深度小猪 $2\sim3$ 厘米，大猪 $3\sim5$ 厘米。注射时应与猪的脊柱方向平行刺入，不可往下刺，以防刺伤直肠。

交巢穴位于尾巴提起后尾根腹侧面与肛门之间的凹陷中心点。交巢穴注射用于治疗各种原因的腹泻、麻醉直肠及阴道、减少猪努责、注射猪传染性胃肠炎和流行性腹泻二联灭活苗用。注射针头宜长针头，注射前先用酒精消毒，针头与皮肤呈垂直平稳刺入，严防针尖朝上或朝下，朝上则刺到尾椎骨上；朝下则刺入直肠内，不仅使注射无效，而且损伤了直肠。注射后消毒。

增食穴位于猪耳后方无毛区向下的凹陷内，左右各 1 穴。增食穴注射用于治疗猪消化不良，食欲不好，厌食。用前消毒，针头垂直皮

肤刺入约 3 厘米即可。药液用得最多的有：10％葡萄糖液、10％樟脑磺酸钠、新斯的明、复合维生素 B 等药物。

百会穴位于腰荐十字部凹陷处。百会穴注射用于治疗后肢麻痹、腰胯痛、泌尿生殖道感染等。注射前局部剪毛、消毒，针头垂直刺入3～4 厘米，注入药液。常用的药有硝酸士的宁、新斯的明、安乃近、庆大霉素、卡那霉素等。

（7）注射需要注意的问题　注射法操作简单，容易掌握，但是注射时往往容易忽略一些必须注意的事项，致使出现很多问题，轻者影响药效和猪病治愈时间，重者会造成猪死亡。

① 针头大小选择要合适　有的兽医技术员不注意针头的选择，经常有大猪用小针头，小猪用大针头的事情发生。甚至为了图方便和防止针头折断，用短而粗的针头给仔猪注射。长针头注射比较深，药液能充分进入肌肉组织中去。如果采用小针头，注射浅，则药液吸收利用不好，而且还容易从针眼中流出。造成剂量不足，同时如果注射的是疫苗，消毒液也易随针头渗透进针孔内杀死疫苗弱毒。因此要选择适宜的针头，一般猪注射宜选用 12 号针头，才能保证注射的效果。注射完后，若发现注射部位有明显的液体或血液流出，应补打 1 次。

② 注射时要严格消毒　注射时消毒不严格，就会带毒带菌，必然引发多种疾病。因此注射时要做好充分的消毒准备，针头、注射器、镊子等必须事先消毒并准备好。提倡使用一次性无菌注射器，针头必须一次性，不准回收消毒下次再用。使用多次注射器的要彻底消毒。对上述器材的消毒方法是：用流动的清水彻底清洗后，加水煮沸消毒 10～15 分钟，所用的水应是软水或凉开水，或在煮锅中放一块纱布以吸取沉淀物质。酒精棉球须在 48 小时前准备；注射器不能用任何化学药物浸泡、冲洗或擦拭消毒。

注射前要对注射部位用酒精或碘酊棉球消毒。消毒时应用消毒棉球从里向外擦拭消毒部位。注射完毕后再用消毒棉球按住针眼 1～2 分钟，可使药液在肌肉中更好地扩散，不至于溢出，从而提高药效和治疗效果。

③ 针头一头猪一更换　针头要求做到一头猪一换，不能连续使用，这样做既防止传染病菌，又因为针头多次使用以后，针尖就钝

了，不锋利就不容易刺入。尤其是注射疫苗时要做到一头猪换一个针头。

④ 不能打飞针　打飞针就是给大猪打针的时候，在猪吃食或发呆时，趁着猪不注意，迅速把针扎上猪颈部并趁势推出药液，这种打针方法不容易保证注射效果，还容易弄弯针头，药液也不能保证都进入，很多时候药液都流出来了，所以不建议采用这种方法。

⑤ 要防止针头折断　给猪注射时，一定要保定好猪，至少有另外一个人帮助固定猪头部，以免注射时猪乱动，折弯或折断注射针头。如果注射前不注意对患畜稳妥保定后再进行操作，就容易发生因猪骚动及肌肉强烈收缩，或针刺时用力不均，或将针全长刺入组织内，发生针头弯曲或折断。因此要在稳妥保定后进行，不可操之过急。

如注射前发现弯针，可另换 1 根针头再用，不可将弯针扳直再用。注射时万一针头折断了，如针头还有一点留在皮外，可向下压周围的皮肤，当露出针头时，将针头固定好，用器械取出就行了。若是针头在皮外一点儿也触不到时，应予以局部麻醉，将皮切开取出。

⑥ 防过敏　猪打针发生过敏现象，多发生在给猪注射疫苗的时候，因养猪用的疫苗种类和免疫次数的增加以及猪品种和应激因素的变化，导致因注射疫苗引起的过敏反应明显增多。

接种疫苗应采取以下防过敏措施：

a. 在注射猪瘟疫苗时要准备好肾上腺素注射液及专用注射器具，随时准备急救。

b. 大面积接种前，要先对少量猪进行试验。在换用不同厂家、不同批次的猪瘟疫苗时，也应先对少量猪进行试验，如果注射疫苗 1 小时后，无异常现象发生，才能进行全群接种。

c. 在注射疫苗之后，特别是在 30 秒内注意猪只的反应，力争做到早发现、早抢救。

d. 避开炎热和严寒时间段，以减轻应激反应。

猪群疫苗过敏的处置方法：

a. 对发生过敏反应的猪，立即皮下或肌内注射盐酸肾上腺素注射液，每头 1~2 毫升。或静脉注射 5% 葡萄糖注射液 300~500 毫升，

维生素 C 用 1 克，也可以用地塞米松（妊娠母猪不能使用，可造成流产）注射。注射后 15 分钟症状不缓解时，可每 0.5 小时皮下或静脉再注射 1 次，直至脱离危险。也可肌注氯丙嗪 1～3 毫克/千克体重，必要时肌注安钠咖强心。

b. 对体温达 40.5℃左右的猪可用青霉素加复方氨基比林注射液治疗，对食欲不振的猪还可配合使用维生素 B_1、维生素 B_{12}、维生素 C 等免疫增强剂。

c. 避免猪只叠睡堆压，并保持舍内卫生干燥，加强通风。并用 5%葡萄糖自由饮水。减少人畜嘈杂声，创造安静环境，预防和减少各种应激因素，有利于猪体质的恢复。

d. 注意事项。动物使用过皮质激素类药物，如地塞米松、肾上腺素，停药后需要重新补免疫苗，以让免疫猪获得坚强的免疫保护。因皮质激素类药物为免疫抑制剂，在免疫过程中使用会抑制免疫抗体的产生。

⑦ 注射方法要正确　注射时速度要慢，在有人按住猪头的情况下，要慢慢注射，缓缓推药，使药液在肌肉组织中逐渐扩散。有人习惯将注射针头扎到注射部位后很快推药液，这样会使药液只集中在局部，需要很长时间才能消散吸收，从而影响药效的及时发挥。如果注射的时候，针头刺入不准确或因动物骚动，易把注射药液漏在血管外的皮下或肌肉内，则皮肤肌肉会立刻肿起，特别是水合氯醛、氯化钙和高渗盐水等具有强烈刺激性的药液漏到血管外，容易造成组织发炎和坏死。所以要采用正确的注射方法，要先把猪做好保定，在猪不乱动的情况下再给猪注射。

2. 内服投药法

(1) 经口给药法　将猪仰卧保定（背脊接触地面，使头部稍高于尾部，使猪不能左右滚动），然后投药者一手用直径 3～4 厘米粗的木棒（木棒粗细可视猪大小而定）撬开猪嘴，让木棒横放在猪嘴内，并固定头部不让其摆动。随后即可向朝天的猪嘴内灌药，使药液由木棒与上腭间通过。若灌下的药液未吞咽，可按摩其咽喉部，待咽下后再继续灌药。若使用片剂、药丸或舔剂，可将片剂、药丸或舔剂投入舌根部，抽出木棒，即可咽下。本方法适合猪不愿意吃的某些有特殊气味的药物，以及片剂、丸剂或舔剂等不适合拌料又需要给个别猪精准投药的，或者猪因患病已经不再有食欲，无法将药物掺兑在猪饲料里一同喂下。本法适合给个别猪投药。

（2）胃管投药法　对猪先进行侧卧保定，将猪站立或侧卧保定，把头固定，使之不能自由活动，然后将猪嘴撬开装上开口器，胃导管经口腔插入，经舌面迅速通过舌根部插入食管内 15～20 厘米，用连接胃导管的气球打气，可观察到颈部的波动，压扁气球后气球不会鼓起，即可证明插入正确。或者将胃管外端浸入水中，如果随病猪呼吸喷出气泡，则是插入了气管，需要重新拔出再插入。另外，还可以通过猪的叫声判断，如果胃管插入气管内了，则猪不叫或者叫声低弱；如果胃管插入食管内了，则猪的叫声不变。确定插入正确后，即可连接漏斗灌入药液。灌完药液后再向管内打入少量气体，使胃管内的药液排空，然后迅速拔出胃管。

注意插入胃导管灌药前，必须判断胃导管正确插入后方可灌入药液，若胃导管误插入气管内，灌入药液将导致动物窒息或形成异物性肺炎。经鼻插入胃导管，插入动作要轻，严防损伤鼻道黏膜。若黏膜损伤出血时，应拔出胃导管，将动物头部抬高，并用冷水浇头，可自然止血。

胃管投药法主要投健胃助消化药物。

（3）拌料法　对猪群进行药物预防和治疗时，常将药物粉剂拌入饲料中喂服。拌料给药的药物一般是难溶于水或不溶于水的药物。拌料法需要准确掌握混料浓度，确保混合均匀，实行主机搅拌方法，先按规定剂量称量药物，放入少量精饲料中拌匀，而后将含药饲料拌入日粮饲料中，认真搅拌均匀，再撒入食槽任其自由采食。如果需要分次集中投药的，就要分次拌入饲料，一定要拌匀，让每头猪吃上同等剂量的药。用药后需注意猪群有无不良反应。

另外，如果要拌的饲料是颗粒饲料时，可将易溶于水的药物先兑一定量蒸馏水或凉开水，使药物溶解，然后用喷雾器均匀地喷洒在要拌入的饲料中，边喷洒边搅拌。如果是不溶于水的药物，则是将颗粒饲料用喷雾器喷洒少量水，待颗粒饲料潮湿后再把要拌入的药物均匀地拌入。

　　（4）灌服法　水剂药物可用灌药瓶或投药导管，即近前端处有横孔的胶管，进行投服。不同体重的猪采取不同的保定方法，体重小于10千克的小猪，术者一只手捏住仔猪的两个嘴角，使其张嘴，另一只手即可投药，一人即可完成保定和灌服（图 4-21）；体重在 10 千克以上 20 千克以下的小猪需由助手保定，保定时，助手一只手握住两前

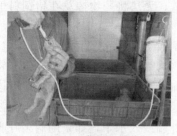

图 4-21　灌服法操作

肢，用另一只手的食指和拇指捏住仔猪的两嘴角，使其张嘴，然后由术者实施灌服。也可以采取助手用双手分别握住小猪的两只耳朵，提起小猪，然后用双腿夹住并夹紧小猪的身躯，双手向后拉，使小猪的头部抬起 45°角左右，此时，小猪就会自然张开嘴。注意不能让小猪的头仰得过高，否则会将药液灌入小猪的气管内，然后由术者实施灌服；体重大于 20 千克的猪，应由助手采取侧卧保定，术者一手用木棍撬开口腔，实施灌服。

　　灌服时先把配好的药液放入啤酒瓶或特制灌药瓶，术者手持盛药的瓶子，将药液一口一口地倒入口腔，待其咽下一口后，再倒另一口，以防误咽。用投药导管投药的，需要将开口器（兽用器械部有售）由口的侧方插入，开口器的圆形孔置于中央，术者将导管的前端由圆形孔插入咽部，随着猪的咽下动作而送入食道内，然后吸引导管的后端，确认有抵抗性负压状态，此时导管近前端的横孔紧贴于食管黏膜，即可将药剂容器连接于导管而投药，最后投入少量清水，吹入空气后拔出导管。若导管插入时猪有咳嗽，吸引时猪没有抵抗力而有空气回流时，为导管插入气管的缘故，应立即拔出导管，重新插入。

3. 灌肠法

　　灌肠法就是直肠灌注，主要用于治疗大肠便秘和补充营养液。在猪没有呼吸器官疾病时，采用尾部抬高的保定方式，用插入端圆润光滑的硬胶管，涂上肥皂或润滑油，如肛门内有粪球阻碍，可用手将粪球掏出后再经肛门插入胶管。胶管推向深处时，若遇肠管收缩蠕动，应稍停顿，待蠕动结束时继续向前推进（图4-22）。胶管插好后，在胶管的另一端接上漏斗并高举起。首先灌注温水，把病猪直肠内的粪便排出后，再根据猪体重的大小向肠管内缓慢灌入适量药液或营养液。灌注以后，经15～20分钟取出胶管。必须使猪保持安静，当猪有要排粪的表现时，立即用手掌在其尾

图4-22　灌肠法操作

根上部连续拍打几下，使其肛门括约肌收缩，防止药液或营养液外流。

4. 子宫冲洗法

子宫冲洗主要用于子宫内膜炎的治疗，目的为清除子宫内的坏死

图4-23　子宫冲洗法操作

组织和腐败组织，促进子宫复原。将器械、母猪外阴部用0.11%新洁尔灭或0.2%高锰酸钾等溶液消毒，然后将洗涤器装满冲洗液（冲洗液可用1%温生理盐水或0.1%高锰酸钾溶液或1%～2%碳酸氢钠溶液等）小心从阴门朝阴道前上方插入，插入15厘米左右会遇到子宫颈口的阻力，此时要慢慢刺激子宫颈口，待子宫颈口开张后洗涤器即可顺利插入子宫内，根据母猪个体大小不同，可以插入深度一般为30～40厘米（图4-23）。确认插入后，即可用冲洗液冲洗，冲洗过程中，随着冲洗液的不断注入，子宫内的一些脓汁或坏死组织会伴随着冲洗液一起流出，直到排出透明液为止。冲洗后要驱赶母猪活动，使残存溶液尽量排出体外。最后向子宫内注入青霉素、缩宫素等药物。

5. 针灸疗法

针灸疗法是传统兽医防治猪病的主要手段之一，它包括针术和灸术，都是以刺激穴位、疏通经络来防治疾病。猪病的针灸疗法具有治

疗范围广、疗效快、操作简单、安全等特点，对猪风湿病、瘫痪、感冒、抽风、消化不良、肢蹄病等疾病，疗效尤为显著。治疗猪病比较常用的有以下几种：

（1）白针疗法　该疗法所刺穴位一般在肌肉比较丰满处、脊椎骨之间、关节骨等没有粗密血管分布处。针刺的角度根据不同的穴位分为三种：直刺（针与猪体表呈90°）、斜刺（针与猪体表呈30°～45°）和平刺（针与猪体表呈15°～25°）。针刺深度依猪大小而定。针感反应依靠准确刺穴和行针手法获得，也可通过猪是否出现拱腰、翘尾、局部肌肉收缩和皮肤颤动等现象来确定。

白针疗法常用于消化系统病症，肌肉闪伤、扭挫，外周神经麻痹，母猪不孕及点刺黄肿使黄水、毒液外流等。

（2）血针疗法　血针疗法又称红针、刺血法。小宽针刺血，一般情况下，针刃应与血管的走势平行，以防止切断血管。血针穴位一般比较浅，入针0.5毫米左右即可出血。出血量的多少直接影响治疗效果，对患热性病、肿痛性病、中毒病的猪及膘肥体壮的猪可多放一些，如一次多个穴位共放血100毫升左右。针刺出血后，一般可自行止血，也可在达到一定出血量后压迫止血。

血针疗法具有保健保膘、泻热开窍、止痛解痉、消黄散肿、泻毒等功能，常用于热性疾病，如治疗猪感冒、中暑、中毒等。对某些体弱肚大的"僵猪"，挑刺八络穴8针后有促进长膘的效果。

（3）水针疗法　水针疗法又称穴位注射法，与注射法中的穴位注射法基本相同，用于水针疗法的工具为普通注射针头和注射器，是用可肌内注射的药液直接注入穴位和痛点的疗法。一般白针穴位都适用于水针，临床可根据不同疾病选择适宜的穴位。如治疗消化道疾病选后海穴、脾俞穴，治疗呼吸道疾病选苏气穴、肺俞穴等。每次取1～3个穴位为好。针对不同疾病选取药液，用量为一般肌内注射的1/5～1/3，一个穴点注射3～5毫升药液为宜。

水针疗法常用于治疗外伤跛行、风湿症、神经麻痹、便秘、胎衣不下、脱肛、眼病等。

（4）卡耳（尾）疗法　卡耳（尾）疗法即将药物埋入猪耳部的卡耳穴（尾部的卡尾穴）治疗猪病的方法，也叫黄疗法，是利用针刺和药物诱导，把猪体内的内黄症诱导出来，激发肌体的抗病能力。卡耳（尾）疗法中常用的药物是蟾酥和砒石。在卡耳（尾）穴处用宽针平刺皮下，挑起皮肤形成一皮下囊，将蟾酥或砒石塞入囊中，卡药处会红肿或溃烂，这对猪的生长无多大影响。卡耳时，1次只能卡1只耳，如需第2次卡，则需要在第1次卡药后1周再卡第2只耳，最多只能卡2次。

猪慢性病，如喘气病、流感和某些病的慢性期，在药物治疗效果不明显时可用卡耳（尾）疗法。

6. 手术法

手术法是猪病的外科治疗方法。手术指兽医用医疗器械对病猪身体进行切除、缝合等治疗。以刀、剪、针等器械在猪体局部进行的操作，如去除病变组织、修复损伤，以恢复或改善机体的功能和形态等，维持患病猪的健康。

猪的常见手术有猪脐疝、阴囊疝、腹股沟疝、脱肛、阴道脱出、母猪子宫脱出、公猪阴茎脱垂等整复术，直肠部分截除术、母猪接产、剖腹产、引产术、公猪去势术、母猪去势术、脓肿切开排脓术、创伤处理术等。

手术种类与方法有许多种，但最基本的操作是切开、止血、结扎和缝合。除此之外，还涉及伤口处理。

手术操作的步骤包括以下几步：

（1）切开　皮肤按预定切口，局部剪毛消毒，用手术刀一次垂直切开。肌肉常采用止血钳、刀柄等按肌纤维方向钝性分离，以避免损伤大血管和神经干，亦可用手术刀、剪等对皮肤、筋膜、浆膜、黏膜、肌腱及部分肌肉做细致地切割或剪切。切口的选择要注意以下五个问题：一是切口长度、大小适宜，应位于病变部位，以便能通过最合适的途径显露患处。二是要保留切口部位的生理功能，不损伤重要的解剖结构。切开时刀刃与皮肤垂直，用力均匀，一次切开皮肤及皮下组织，避免切口边缘参差不齐及斜切，深部组织要逐层切开。三是避开神经、血管、腺管，减少出血。四是切口方向利于创液排出。五是切开腹膜、胸膜时防止内脏损伤。

（2）止血　止血也是手术的关键步骤，止血不完善，无法辨别解剖结构，影响手术操作。术后会形成血肿，引起感染。大量出血会直接威胁患猪生命。止血要求迅速可靠，钳夹的组织要少，切忌大块钳夹，对较大的血管，往往采用先分离出一段，结扎两道，然后在其中间切断，两端再次结扎或缝扎；对于较广泛的毛细血管渗血可用热盐水纱布压近止血；遇深部较大血管损伤时无法止血，患者处于危险状态时，应用纱布或手指压迫止血，切忌盲目钳夹止血，待患者情况好转后，再寻找出血予以缝扎或结扎止血。止血的主要方法有结扎止血、压迫止血、缝合止血和用钳夹止血4种。

① 结扎止血　先以血管钳夹住出血组织，再以丝线结扎出血处。较大的血管也可用此种方法止血。

② 压迫止血　即用纱布压住出血部位进行止血，不可擦拭。

③ 缝合止血　多用于钳夹的组织过多，结扎有困难或线结容易滑脱时。一般从钳夹组织中穿过缝针两次，缝线呈"8"字形，再结扎，以防遗漏血管。大血管失血则应缝合损伤处。

④ 用钳夹止血　即用止血钳，对稍大的血管断端迅速钳夹或钳夹捻转止血。

（3）结扎　结扎的目的是封闭管腔或异常开口，防止其内容物继续移动。止血、吻合、缝合都需要结扎。常用的结扎有方结、三重（叠）结和外科结三种，手术中最常用的是方结，其次是三重（叠）结，外科结平时用得较少。

① 方结　又称平结，第1个结与第2个结的方向相反，故不易滑脱。用于结扎较小的血管和各种缝合时的结扎。

② 三重（叠）结　是在方结的基础上再加一个结，第3个结与第2个结方向相反，较牢固，故又称加强结。用于结扎重要组织，如动脉。

③ 外科结　打第1个结时绕两次，使摩擦增大，故打第2个结时不易滑脱和松动，比较可靠。平时少用，多用于大血管或有张力的缝合后的结扎。

常用的打结方法是单手打结法（左右手都可以用，多习惯用右手打结），另有双手打结法（适用于深部组织的结扎）及器械打结法（即用持针钳或止血钳操作打结，当线头过短，节约缝线或在深部结扎时应用)。注意,无论何种打结法,第 1 个结与第 2 个结方向必须交叉,否则成假结;打结时缝线要用力均匀收紧,否则成滑结;两手的距离不要离缝合组织过远,特别是深部打结时,最好两手食指伸到结旁,以指尖顶住缝线,同时两手拉住缝线,缓缓拉紧。

(4)缝合 缝合是将已切开、切断或因外伤分离的组织、器官进行对合或重建通道,保证良好愈合的基本操作技术。组织切开后,修复、重建均需缝合,因此缝合也是手术的基本技术之一。

缝合前彻底止血,清创。无菌鲜创可对合密缝,污染化脓创可不缝或部分缝合,深创囊需引流。缝合时应按层次进行严密正确的对合。同层组织相缝合、不同类组织不许缝合在一起,不能只缝浅层而留下死腔(空隙),以免腔内积血积液,这不但阻止愈合,而且可导致感染。缝合、打结不紧不松,防止组织缺血、以利愈合。缝合的创伤若术后感染,应拆除缝线、排出创液。

缝合的方法很多,治疗猪病常用的缝合方法有结节缝合、螺旋形连续缝合、连续水平或垂直内翻缝合和袋口缝合等。

① 结节缝合(即单纯间断缝合) 结节缝合是最基本、最简单、最常用的方法,一般用于皮肤、筋膜等对合。缝合方法是从创缘右侧 0.5～1 厘米处垂直入针透过全层,至对侧等距离垂直出针后打结,一针一结。注意针距相等,感染积液时可单拆引流。

② 螺旋形连续缝合 常用于有弹性且张力较小的皮肤、筋膜、腹膜等对合。缝合方法是第一针同结节缝合,以后连续缝合至创尾,最后打结。注意每针都需拉紧缝线对合创缘,针距相等,不宜过紧。

③ 连续水平或垂直内翻缝合(简称胃肠缝合) 主要用于子宫、肠管的第 2 层缝合。其缝针进出均沿切口两侧边缘,做平行或垂直切口方向的浆膜肌层连续缝合,不穿过黏膜层,使外层浆膜内翻,以防粘连。

④ 袋口缝合(烟包缝合) 主要用于直肠脱、子宫脱及胆汁引流术的缝合固定。一般皮肤缝合后,若 7～10 天创口愈合良好,即可拆线。

(5)引流 使体内腔隙中的内容物排出体外的方法。目的是使积脓或积液及时排出,促使死腔缩小或闭合。常用的有卷烟式引流、胶管或塑料管引流等。操作过程均应严格遵守无菌技术。引流物应放在最低位置，并注意观察引流液体的性质和数量。

（6）伤口处理　伤口的种类有清洁伤口、污染伤口和感染伤口3种，不同伤口有不同的处理方法。

① 清洁伤口，指未受细菌沾染的伤口，多为无菌手术切口，经过正确缝合处理，都可达到按时愈合，应注意保护伤口，防止污染。

② 污染伤口，指沾有细菌，但尚未发生感染的伤口。污染伤口处理的目的是使污染伤口转变成清洁伤口，争取按时愈合。

污染伤口的处理步骤为：首先是清洗伤口。清洗伤口周围皮肤，除去猪毛、杂草等污染物，以生理盐水冲洗伤口。其次是清理伤口，用碘酒、酒精或新洁尔灭消毒伤口周围的皮肤后，仔细探查伤口，取出异物，切除坏死组织，修整创缘。最后是缝合伤口，一般新鲜伤口，污染轻，受伤12小时内处理的，多可即时按层缝合；损伤时间长，污染严重者，可只缝合深层，或暂填凡士林纱布或盐水纱布，3～5天后，分泌物减少，伤口部色泽较好时再缝合。污染伤口经清创后，处理与一般缝合伤口相同，但需要密切观察，若有感染应及时处理。

③ 感染伤口，是由于组织损伤，细菌侵入并繁殖，引起急性炎症、坏死或化脓的伤口。应迅速控制感染、换药，促使伤口肉芽组织健康生长。

二十、猪场常用的消毒方法

1. 紫外线消毒

紫外线杀菌消毒（图4-24）是利用适当波长的紫外线能够破坏微生物机体细胞中的DNA（脱氧核糖核酸）或RNA（核糖核酸）的分子结构，造成生长性细胞死亡和（或）再生性细胞死亡，达到杀菌消毒的效果。猪场的大门入口、人行通道、更衣室，可安装紫外线灯消毒，工作服、鞋、帽也可用紫外线灯照射消毒。紫外线对人的眼睛有

图4-24　养殖人员更衣室
紫外线杀菌消毒

损害，要注意保护。

2. 火焰消毒

火焰消毒（图 4-25）是用酒精、汽油、柴油、液化气喷灯，直接用火焰杀死微生物，适用于一些耐高温的器械（金属、搪瓷类）及不易燃的圈舍地面、墙壁和金属笼具的消毒。在急用或无条件用其他方法消毒时可采用此法，将器械放在火焰上烧灼 1～2 分钟。烧灼效果可靠，但对消毒对象有一定破坏性。应用火焰消毒时必须注意房舍物品

图 4-25　地面火焰消毒操作

和周围环境的安全。对金属笼具、地面、墙面可用喷灯进行火焰依次瞬间喷射消毒，对产房、培育舍使用效果更好。

3. 煮沸消毒

图 4-26　煮沸消毒器

煮沸消毒（图 4-26）是一种简单消毒方法。将水煮沸至 100℃，保持 5～15 分钟可杀灭一般细菌的繁殖体，许多芽孢需经煮沸 5～6 小时才死亡。在水中加入碳酸氢钠至 1%～2% 浓度时，沸点可达 105℃，既可促进芽孢的杀灭，又能防止金属器皿生锈。在高原地区气压低、沸点低的情况下，要延长消毒时间（海拔每增高 300 米，需延长消毒时间 2 分钟）。此法适用于饮水和不怕潮湿耐高温的搪瓷、金属、玻璃、橡胶类物品的消毒。

煮沸前应将物品刷洗干净，打开轴节或盖子，将其全部浸入水中。锐利、细小、易损物品用纱布包裹，以免撞击或散落。玻璃、搪瓷类放入冷水或温水中煮；金属、橡胶类则待水沸后放入。消毒时间均从水沸后开始计时。若中途再加入物品，则重新计时，消毒后及时取出物品。

4. 喷洒消毒

喷洒消毒（图4-27、图4-28），此法最常用，将消毒药（如用一定浓度的次氯酸盐、有机碘混合物、过氧乙酸、新洁尔灭等）配制成一定浓度溶液，用喷雾器对消毒对象表面进行喷洒，要求喷洒消毒之前应把污物清除干净，因为有机物特别是蛋白质的存在，能减弱消毒药的作用。顺序为从上至下，从里至外。主要用于猪舍清洗完毕后的喷洒消毒、带猪消毒、猪场道路和周围、进入场区的车辆。

图4-27　喷洒消毒操作（一）

图4-28　喷洒消毒操作（二）

5. 生物热消毒

生物热消毒（图4-29）指利用嗜热微生物生长繁殖过程中产生的高热来杀灭或清除病原微生物的消毒方法。将收集的粪便堆积起来后，粪便中便形成了缺氧环境，粪中的嗜热厌氧微生物在缺氧环境中大量生长并产生热量，能使粪中的温度达60～75℃，这样就可以杀死粪便中的病毒、细菌（不能杀死芽孢）、寄生虫卵等病原体。适用于污

图4-29　生物热消毒

染的粪便、饲料及污水、污染场地的消毒净化。

6. 焚烧法

焚烧法是一种简单、迅速、彻底的消毒方法，是消灭一切病原微生物最有效的方法，因对物品的破坏性大，故只限于处理传染病动物尸体、污染的垫料、垃圾等。焚烧应在野外挖深坑（图4-30）或在

专用的焚烧炉（图 4-31）内进行。焚烧时要注意安全，须远离易燃易爆物品，如氧气、汽油、乙醇等。燃烧过程中不得添加乙醇，以免引起火焰上窜而致灼伤或火灾。对猪舍垫料、病猪死尸可进行焚烧处理。

图 4-30 深坑焚烧后填埋

图 4-31 焚烧炉焚烧

7. 深埋法

深埋法是将病死猪、污染物、粪便等与漂白粉或新鲜生石灰混合，然后深埋在地下 2 米左右处（图 4-32、图 4-33）。

图 4-32 深埋操作（一）

图 4-33 深埋操作（二）

8. 高压蒸汽灭菌法

高压蒸汽灭菌是在专门的高压蒸汽灭菌器（图 4-34）中进行的，是利用高压和高热释放的潜热进行灭菌，是热力灭菌中使用最普遍、效果最可靠的一种方法。其优点是穿透力强、灭菌效果可靠、能杀灭所有微生物。高压蒸汽灭菌法适用于敷料、手术器械、药品、玻璃器皿、橡胶制品及细菌培养基等的灭菌。

图 4-34 高压蒸汽灭菌器

9. 发泡消毒

发泡消毒法是把高浓度消毒药用专用发泡机制成泡沫散布于猪舍内面及设施表面。主要用于水资源缺乏地区或为了避免消毒后的污水进入污水处理系统破坏活性污泥的活性以及自动环境控制猪舍，一般用水量仅为常规消毒法的 1/10。

10. 熏蒸消毒

熏蒸消毒是指利用福尔马林与高锰酸钾反应，产生甲醛气体，经一定时间杀死病原微生物。是猪舍常用的有效的一种消毒方法。其最大优点是熏蒸药物能均匀地分布到猪舍的各个角落，消毒全面彻底、省事省力，特别适用于猪舍内空气污染的消毒。每立方米用福尔马林（40%甲醛溶液）42 毫升、高锰酸钾 21 克，21℃ 以上温度、70% 以上相对湿度。操作时，先将水倒入陶瓷或搪瓷容器内，然后加入高锰酸钾，搅拌均匀，再加入福尔马林，人即离开，密闭猪舍。用于熏蒸的容器应尽量靠近门，以便操作人员能迅速撤离。封闭熏蒸 24 小时以上，如不急用，可密闭 1 周。甲醛熏蒸猪舍应在进猪前进行。

注意：猪舍要密闭完好，操作人员要避免甲醛与皮肤接触，消毒时必须空舍。盛放药品的容器应足够大，并耐腐蚀。甲醛只能对物体的表面进行消毒，所以在熏蒸消毒之前应进行机械性清除和喷洒消毒，这样消毒效果会更好。消毒后猪舍内甲醛气味较浓、有刺激性，因此要打开猪舍门窗，通风换气 2 天以上，等甲醛气体完全散净后再使用。如急需使用时，可用氨气中和甲醛，按空间用氯化铵 5 克/米³、生石灰 10 克/米³、75℃热水 10 毫升/米³ 混合后放入容器内，即可放出氨气（也可用氨水代替，用量按 25%氨水 15 毫升/米³ 计算）。30 分钟后打开禽舍门窗，通风 30～60 分钟后即可进猪。

二十一、饲料加工技术

饲料是畜禽生产的基础，饲料成本决定着畜牧业的经济效益，规模化养猪最主要的工作之一就是饲料供应问题。目前，养猪场所用的各种全价配合饲料已经能够从专业生产饲料的公司购买到。但是，通常从饲料公司购买的全价配合饲料价格往往较高，为了节约养猪成本，通常规模较大的养猪场都是采购猪用预混合饲料或浓缩饲料，然后按照全价配合饲料的配方自行添加玉米、麦麸等原料来生产全价配合饲料。因此规模化养猪有必要掌握饲料加工技术。

1. 猪饲料的加工工艺流程

猪饲料的加工工艺流程主要包括饲料原料接收、原料去杂除铁、粉碎或微粉碎或超微粉碎、配料、混合、输送、称重包装等工序，对颗粒状猪饲料还包括制粒或膨化、熟化、烘干、冷却、筛分或破筛分等。

2. 饲料加工设备

饲料加工设备主要有输送设备、原料清理设备、粉碎设备、混合设备、制粒设备、挤压膨化设备、计量设备、包装设备、化验设备等。

（1）输送设备　在饲料生产过程中，从原料到成品的生产过程中的各个工序之间，除部分依靠物料自流外，都需采用不同类型的输送设备来完成输送工作，以保证饲料厂的生产顺利进行。因此输送机械是饲料生产的重要设备之一。饲料加工常用的输送设备有适合远距离水平输送的刮板输送机、适合短距离水平输送的螺旋输送机、适合提升散装物料的斗式提升机、适合容重轻的物料的水平和垂直输送的气力输送机以及输送线路适应性强又灵活，线路长度可根据需要确定，并可以上下坡传送，有节奏流水线作业所不可缺少的经济型物流输送设备带式输送机等。

（2）原料清理设备　SCY 型冲孔圆筒初清筛。

（3）粉碎设备　粉碎设备是影响饲料质量、产量、电耗和加工成本的重要因素。粉碎机动力配备占饲料厂总功率配备的 1/3 左右，微粉碎能耗所占比例更大。因此如何合理选用先进的粉碎设备、设计最佳的工艺路线、正确使用粉碎设备，对于饲料生产企业至关重要。

锤片式粉碎机因其有适应性广、生产率高、操作维修方便等优点，在国内外大中小型饲料厂中被普遍采用。有 9FQ 和 SFSP 两大系列。目前以 SFSP 系列为主，在饲料生产企业，一般选用中碎的锤片式粉碎机作为主要粉碎机械。

（4）制粒设备 分为环模饲料制粒机、平模饲料制粒机、对辊饲料制粒机。各种不同饲料制粒机，以外观和生产方式的不同予以分类。

（5）挤压膨化设备 挤压膨化设备有单螺杆膨化机、双螺杆膨化机、膨胀器等。

（6）混合设备 性能优越的混合机应该满足耗能少、混合时间短、混合均匀度高和物料残留少等优点，具有较高生产效率等要求。但实践证明，无论何种混合机都无法完全满足以上要求，每种混合机各具优缺点。需根据混合对象、液体物料的添加量及生产者的要求选择合适的混合机。卧式螺带混合机混合速度快，混合时间短，混合质量好。该混合机不仅能混合散落性较好的物料，而且能混合散落性较差、黏附力较大的物料。可允许液态添加剂（如添加油脂或糖蜜），因此在饲料厂中被广泛使用。

（7）化验设备 烘箱、马弗炉、定氮仪、显微镜等。

（8）附属设备和设施

① 台秤 用于包装原料的进厂称重。

② 自动秤 散装原料的称重。

③ 缝包机 为塑料编织袋（物）、纸袋（物）、纸塑复合袋（物）、敷铝纸袋等袋口用线缝合而制的设备，主要完成袋或编织物的拼接、缝口等工作。

④ 地中衡 自动车辆接收原料和发放产品的称重。

⑤ 设施 原料储存仓（存放玉米、小麦、豆粕等颗粒状原料的立筒式、各种包装原料的房式仓、微量矿物元素和添加剂的存仓）、卸货台、卸料坑等。

根据饲料生产数量多少的要求，以及生产饲料品种的不同，需要的加工设备也不一样。目前，还有集合粉碎设备、混合设备、垂直提升器、制粒设备、计量设备、包装设备等以上部分设备组成的大、中、小型饲料加工机组。选购设备时可以根据本场加工饲料的品种和数量选择相应的设备。养猪场如果加工数量不大，建议选用小型饲料加工机组。

3. 饲料加工

（1）原料的接收　原料的接收是将生产饲料所需的各种原料用一定运输设备运送到饲料加工厂内，并经过质量检验、数量称重、初清（或不清里）入库存放或直接投入使用。原料的进厂接收是饲料厂饲料生产的第一道工序，也是保证生产连续性和产品质量的重要工序。根据接收原料的种类、包装形式和采用的运输工具不同，采用不同的原料接收工艺，从而对原料进行质检和斤检。原料接收的一般程序：原料运输→质量检测→计量称重→清理→计量→入库。

① 散装车的接收　散装卡车和罐车适合谷物籽实及其加工副产品，经过地中衡称重后，自动卸入接料坑。

汽车接料坑应配置栅栏（栅栏格间隙约为 40 毫米），既可保护人车安全，又可以除杂。接料坑处需配吸风罩，其风速为 1.2～1.5 米/秒，以减少粉尘。

原料卸入接料坑后，经水平输送机、斗提机、初清筛磁选器和自动秤，送入立筒仓储存或直入待粉碎仓或配料仓（不需要粉碎的粉状副料）。

② 气力输送接收　气力输送适合从汽车、罐车和船舱等吸收原料，尤其适用于从船舱接收原料。大型饲料厂采用固定式气力输送形式，小型饲料厂采用移动式。

③ 袋装接收　袋装饲料原料可采用人工接收，即用人力将袋装原料从输送工具上搬入仓库、堆剁、拆包和投料，劳动强度大、生产效率低、费用高。也可以采用机械接收，即汽车或火车将袋装原料运入厂内，由人工搬至胶带输送机运入仓库，机械堆垛。或由吊车从车、船上将袋吊下，再由固定式胶带输送机运入库内码垛。

④ 液体原料的接收　饲料厂接收最多的液体是糖蜜和油脂。液体原料接收时，需首先进行检验。检验的内容有颜色、气味、密度、浓度等。

液体原料需要用桶车或罐车装运。桶装液料可用车运人搬或叉车搬运入库。罐车进入厂内，由厂配置的接收泵将液体原料泵入储存罐内。储存罐内配有加热装置，使用时先将液体原料加热，后由泵输送至车间添加。

⑤ 质量检测　通用感官判定标准：色泽新鲜一致、无发酵、无霉变、无虫蛀、无结块、无异味、无掺假等。

其他直观判定项目：包装、标签、生产日期、定量包装计量等。

化验指标：水分、粗蛋白、灰分、钙、磷等。

常用的玉米、麦麸、豆粕等质量标准及验收指标如下。

a. 玉米的质量标准及验收指标为：

色泽，黄色或金黄色，霉变粒≤2%，无虫害、无霉味、无异味。

水分≤14.0%，粗蛋白质≥8.0%，粗纤维≤2.0%，粗灰分≤2.0%，黄曲霉毒素 B_1≤5×10^{-8}克/克，玉米赤霉烯酮毒素≤5×10^{-7}克/克，呕吐毒素≤1×10^{-6}克/克，杂质≤1%，容重≥680克/升，不完善粒≤6.5%，玉米脂肪酸值≤50毫克 KOH/100 克。

b. 麸皮（适用于以白色硬质、软质、混合软硬质等各种小麦为原料，按常规制粉工艺所得到产物中的饲料用小麦麸。不得掺入麸皮以外的其他物质）的质量指标及验收指标为：

色泽，新鲜一致，淡褐色或红褐色；细度，本品为片状，90%以上可通过 10 目标准筛，30%以上可通过 40 目标准筛；味道，特有的香甜风味，无酸败味、无腐味、无结块、无发热、无霉变、无虫蛀、无其他异味；杂质，木质素检验，石粉检验。

水分≤13.0%，粗蛋白质≥15.0%，粗纤维≤10.0%，粗灰分≤6.0%。酸价≤50毫克 KOH/克，呕吐毒素≤5×10^{-7}克/克。

c. 大豆粕（以大豆为原料经浸提法提取油后所得饲料用大豆粕）的质量指标以及验收指标：

色泽，淡黄至淡褐色，颜色过深表示加热过度，太浅则表示加热不足；具有烤大豆香味；如颜色异常，做尿素酶活性和 KOH 溶解度试验。

水分≤13%，粗蛋白质≥43%，粗脂肪≤2.0%，粗纤维≤7.0%，粗灰分≤6.0%。尿素酶活性，0.05～0.4，（0.2%）KOH溶解度：70.0%～85.0%，黄曲霉毒素≤5×10^{-8}克/克。

(2) 原料的清理　就是将饲料厂所需的各种原料经一定程序入库存放或直接投入使用的工艺过程。一般为饲料厂生产能力的 3～5 倍。

谷物饲料及其加工副产品等饲料原料中不可避免会有石块、泥块、麻袋片、绳头、金属等杂物。如果不在加工前进行清理，将会影响动物生长、造成管道堵塞、甚至破坏设备。玉米、小麦、大麦、高粱、稻谷等谷物原料中清选出的碎屑中，含有各种霉菌、病菌。有猪场证实：使用经过彻底清选的玉米，仔猪的发病率明显降低。

原料清理方法有：一是利用饲料原料与杂质尺寸的差异，用筛选法分离；二是利用导磁性的不同，用磁选法磁选；三是利用悬浮速度的不同，用吸风除尘法除尘；四是综合利用以上几种方法进行清理。

（3）原料的粉碎　粉碎是用机械方法克服固体物料内聚力而使之破碎的一种操作。饲料原料的粉碎是饲料加工过程中的最主要工序之一。

① 原料粉碎的工艺流程　原料粉碎的工艺流程是根据要求的粒度、饲料的品种等条件而定。按原料粉碎次数，可分为一次粉碎工艺和循环粉碎工艺或二次粉碎工艺。按与配料工序的组合形式可分为先配料后粉碎工艺与先粉碎后配料工艺。

a. 一次粉碎工艺　一次粉碎工艺是最简单、最常用、最原始的一种粉碎工艺。无论是单一原料还是混合原料，均经一次粉碎后即可，按使用粉碎机的台数可分为单机粉碎和并列粉碎，小型饲料加工厂大多采用单机粉碎，中型饲料加工厂有两台或两台以上粉碎机并列使用的，缺点是粒度不均匀，电耗较高。

b. 二次粉碎工艺　二次粉碎工艺是在第一次粉碎后，将粉碎物料进行筛分，对粗粒再进行一次粉碎的工艺流程。二次粉碎工艺弥补了一次粉碎工艺的不足，该工艺成品粒度一致，产量高，能耗也低。缺点是增加分级筛、提升机、粉碎机等，投资大。

c. 先配料后粉碎工艺　按饲料配方的设计先进行配料并进行混合，然后进入粉碎机进行粉碎。这种工艺适用于小型饲料厂或饲料加工机组。

d. 先粉碎后配料工艺　本工艺先将待粉碎料进行粉碎，分别进入配料仓，再进行配料和混合。

②粉碎粒度要求　饲料粉碎对饲料的可消化性和动物的生产性能有明显的影响，对饲料的加工过程与产品质量也有重要影响。适宜的粉碎粒度可显著提高饲料的转化率，减少动物粪便排泄量，提高动物的生产性能，有利于饲料的混合、调质、制粒、膨化等。

猪在不同的饲养阶段，对饲料有不同的粒度要求，而这种要求差异较大。在饲料加工过程中，首先要满足猪对粒度的基本要求，此外再考虑其他指标。

a. 仔猪饲料粉碎粒度　各项研究结果表明，仔猪饲料中谷物原料的粉碎粒度以 300～500 微米为最佳。其中，断奶仔猪在断奶后 0～14 天，以 300 微米为宜。断奶后 15 天以后，以 500 微米为宜。

b. 育肥猪饲料的粉碎粒度　饲料试验表明，谷物粒度减小会改善体增重和饲料转化率，但小粒时，会出现猪胃肠损伤和角质化现象。试验表明，生长育肥猪的适宜粉碎粒度在 600～500 微米。采用粒度小的饲料进行制粒后饲喂育肥猪，粪内的干物质减少 27%。

c. 母猪饲料的粉碎粒度　适宜的粉碎粒度同样可提高母猪的采食量和营养成分的消化率，减少母猪粪便的排出量，大量试验表明母猪饲料的粉碎粒度以 400～500 微米最适宜。

③影响锤片粉碎机粉碎效果的因素

a. 筛孔直径　粉碎得越细能耗越多，筛孔加大不仅可以节省能量，而且可提高产量和生产率。据我国标准，筛孔直径分为四个等级，小孔：1～2 毫米，中孔：3～4 毫米；粗孔：5～6 毫米，大孔：8 毫米。

b. 筛面面积　开孔率随筛孔直径的增加而增加，随筛孔孔距的增加而减少。开孔率大则粉碎效率和生产率也大。所以选择筛片时，在满足饲养要求的饲料粒度标准的前提下，应选用较大孔、较小孔距的筛片。但应注意如果将孔距取得过小，则筛片的强度和刚度不够，筛片容易损坏，发生穿大孔现象。国外粉碎机筛片的开孔率达到 45% 以上，国内一般为 30% 左右。

c. 湿度　粉碎效率与物料的湿度成反比。当湿度高于 12%～14% 时，粉碎所需能量增加。

d. 锤片末端线速度　对不同物料，最佳线速度不同。锤片末端线速度与粉碎细度成正比。

e. 锤片厚度 锤片过厚，粉碎效率不高。而大型粉碎机由于锤片尺寸大，仍采用5毫米的较厚锤片。

f. 锤片数目及锤片排列 锤片数目增多时，空载能耗增加，在其他条件相同时，粉碎粒度变细，产量下降。

g. 锤筛间隙 锤筛间隙直接决定粉碎室内物料的厚度。物料层太厚，摩擦粉碎作用减弱，粉料可能将筛孔堵塞，不易穿过筛孔；物料层太薄，物料太易穿孔，对粉碎粒度有影响。

h. 谷物种类。

i. 进料口位置 有中央进料和切向进料两种，中央进料使生产效率降低20%；切向进料时，会使物料直接随气流落入锤片的最大速度区。

j. 喂料速度 负荷小产量低，能耗大；负荷过大，产量高，但粉碎机的寿命会缩短。

k. 粉碎机内的空气流量 对于长期连续运转的粉碎机要进行吸风，以免堵塞筛孔。

(4) 饲料的配料计量 饲料的配料计量是按照预设的饲料配方要求，采用特定的配料计量系统，对不同品种的饲用原料进行投料及称量的工艺过程。饲料配料计量系统指的是以配料秤为中心，包括配料仓、给料器、卸料机构等，实现物料的供给、称量及排料的循环系统。现代饲料生产要求使用高精度、多功能的自动化配料计量系统。电子配料秤是现代饲料企业中最典型的配料计量秤。

提高配料秤准确度的途径有如下几种：

① 正确使用和维护

a. 保持整机清洁，检查电路及气路有无故障、接地是否良好；检查各执行机构有无异物阻挡；附近应避免强电、强磁的干扰。

b. 螺旋输送机连接处应防水防潮，并便于维护，确保称量的准确度，该机配备专人操作及管理，严格按说明书要求操作。

c. 不要在配料系统上进行电焊作业，以免损害传感器，影响称量的准确度。

d. 料斗与部件之间应柔性连接，气管管道不能过于紧张，以免影响称量的准确度。

e. 安装称重传感器的支撑框架必须牢固可靠，并应有足够的刚度，不应由于加载振动而引起框架变形或颤动影响系统计量的准确度。

② 不定期校准配料秤是在动态下对物料实现称量，因此除了必须严格按照国家计量检定规程由法定计量技术机构定期检定外，使用中还应根据生产工艺的实际需要对其校准，确保称量的准确度。根据检定规程规定配备一定数量标准砝码，根据实际需要不定期对其静态进行校准；经常用物料进行使用中的动态测试，发现失准及时联系计量技术机构重新检定。

③ 合理设置参数　为了满足配料秤使用的准确度，必须合理设置分度数，累计分度值应不小于最大称量的 0.01%，不大于最大称量的 0.2%；使静态准确度等级与自动称量准确度等级匹配。累计分度值设置过小，影响静态准确度，累计分度值设置过大则影响自动称量准确度。合理设置加料速度、落差、过冲量、自动补偿等参数是保证配料秤准确度的决定因素。

(5) 混合　饲料混合是整个饲料生产的关键环节之一，直接影响饲料产品的质量。饲料的混合均匀度是反映饲料加工质量的重要指标之一，也是评定混合机性能的主要参数，因此成为饲料加工工艺中的一项重要检测指标。饲料混合不均将影响饲料产品的品质，影响动物的生长性能，给饲料用户带来经济损失。

实际生产过程中影响饲料混合均匀度的因素很多，主要因素有混合机类型及其装载率、饲料混合时间、饲料物料的特性、饲料物料的添加比例和饲料的生产工艺等。需要采取针对性措施加以克服。

① 适宜的混合机装载率　大多数混合机的装载率要求为 70%～85%。研究表明，卧式螺带式混合机的装载率以 60%～85% 为宜，立式混合机一般为 80%～85%，双轴桨叶式混合机为 80%～90%（朱乾巧等，2014）。

② 饲料混合时间　不同机型的最佳混合时间不同，对于添加液体添加剂的混合机，其混合时间应包括干混和湿混两个时间，这种区分是非常重要的。混合过程中要求干饲料物料进入混合机后需要按预

定时间进行干混，液体添加后再进行固体和液体的湿混。同时，为获得最佳混合效果及生产效益，通常在整个混合周期中，干混时间占整个混合时间的1/3左右。

③ 饲料物料的物理特性　饲料混合过程即物料不同颗粒间的混合，混合物料的物理特性越接近，其分离度越低，越容易被混合，混合效果越好，力求选用粒度相近的物料进行混合。以饲料添加剂为例，单位质量物料的粒度越小，颗粒数就越多，混合均匀度越好。同时，实际生产过程中一般要求被混物料的水分含量不超过12％。水分含量高的物料不仅不利于储存，易发霉等，而且易结块或成团，不易均匀分散，不利于饲料的混合。

④ 饲料物料的添加比例　饲料物料的添加比例对饲料的混合均匀度也有很大的影响，尤其是添加比例较少的饲料添加剂，像氨基酸和维生素等。如氨基酸的添加比例由小于0.05％不断增大至大于0.2％时，其在饲料中的混合均匀度会逐步改善。

⑤ 正确的进料程序　为提高混合均匀度，减少物料飞扬，在进料时应先把配制好的配比量比较大的大宗原料放入，再放入小组分物料，最后把20％的大组分物料加在上面，既保证这些微量组分易于混合，又避免飞扬损失。

⑥ 避免分离　在物料过渡混合、运输、流动、振动、打包过程中都可能产生分离。在分离过程中小的粒子有移向底部、较大的粒子有移向顶部的趋势。为避免混合料成品进一步分离，一般采取如下措施：一是力求混合物料组分的容重、粒度一致，必要时添加液体饲料；二是掌握好混合时间，以免混合不均或过度混合；三是掌握适宜的装满系数及安排正确的进料程序；四是混合料成品最好采用刮板或皮带输送机进行水平输送，不宜采用绞龙和气力输送，或者在混合机与螺旋输送机之间放缓冲仓，且成品仓的高度要低于2.5米，以避免严重的自动分级。

（6）制粒　颗粒饲料的加工是在粉料的基础上又增加的一道工序，饲料加工费用明显提高。制粒是把混合均匀的配合饲料通过制粒机的高温蒸汽调质和强烈挤压制成颗粒，然后经过冷却、破碎和筛分，即成颗粒料成品。通常是圆柱形，根据饲喂猪的阶段不同而有各种尺寸。由于加工工艺复杂，通常养猪场不具备自行加工的条件，这里不做详细介绍。

（7）饲料的挤压膨化　膨化饲料是将粉状饲料原料（含淀粉或蛋白质）送入膨化机内，经过一次连续混合、调质、升温、增压、挤出模孔、骤然降压、以及切成粒段、干燥、稳定等过程所制得的一种膨松多孔的颗粒饲料。由于加工工艺复杂，通常养猪场不具备自行加工的条件，这里不做详细介绍。

4. 原料及成品的储存

饲料中原料和物料的状态较多，必须使用各种形式的料仓，饲料厂的料仓有筒仓（也称为立筒库）和房式仓两种。筒仓的优点是个体仓容量大、占地面积小，便于进出仓机械化，操作管理方便，劳动强度小，但造价高，施工技术要求高。主原料如玉米、高粱等谷物类原料流动性好，不易结块，多采用筒仓储存。房式仓造价低，容易建造，适合于粉料、油料饼粕及包装的成品。小品种价格昂贵的添加剂原料还需用特定的小型房式仓储存并由专人管理。房式仓的缺点是装卸工作机械化程度低、劳动强度大，操作管理较困难。

饲料厂的原料和成品品种繁多、特性各异，所以对于大中型饲料厂一般都选择筒仓和房式仓相结合的储存方式，效果较好。设计仓型和计算仓容量时要做到：一是根据储存物料的特性及地区特点选择仓型，做到经济合理；二是根据产量、原料及成品的品种、数量计算仓容量和仓的个数；三是合理配置料仓位置，以便于管理，防止混杂、污染等。

储存饲料时做到：

（1）原料要划区存放，以减少交叉污染、便于流转管理、条理清晰　划区存放时按照同类相近物料相邻、兼顾卸货、投料方便、相邻垛位间距合理（药物、动物源性原料重点关注）、统筹库区整体美观的原则。

（2）控制水分，低温储存　在储存过程中遭受高温、高湿是导致饲料发生霉变的主要原因。因为高温、高湿不仅可以激发脂肪酶、淀粉酶、蛋白酶等水解酶的活性，加快饲料中营养成分的分解速度，而且还能促进微生物、储粮害虫等有害生物的繁殖和生长，产生大量湿热，导致饲料发热霉变。因此储存饲料时要求空气的相对湿度在70%以下，饲料的水分含量不应超过12.5%。

（3）防霉除菌，避免变质　饲料在储存、运输、销售和使用过程中极易发生霉变。大量霉菌不仅消耗、分解饲料中的营养物质，使饲料质量下降、报酬降低，而且会引起采食这种饲料的畜禽发生腹泻、肠炎等，严重的可致其死亡。实践证明，除了改善储存环境之外，延长饲料保质期的最有效方法就是采取物理或化学手段防霉除菌，如在饲料中添加脱霉剂等。

（4）注意保质期　一般情况下，颗粒状配合饲料的储存期为1～3个月；粉状配合饲料的储存期不宜超过10天；粉状浓缩饲料和预混合饲料因加入了适量抗氧化剂，其储存期分别为3～4周和3～6个月。

第五章

满足猪的营养需要

    满足猪的营养需要就是满足猪体健康和充分发挥其生产性能所需要的营养物质的数量。猪维持生命、生长、繁殖离不开营养物质，而猪的营养物质是通过饲料实现的。在养猪生产过程中，饲料是生产原料，是生猪生产的基础，针对猪在不同自然环境和生长阶段的营养需要，提供安全、全价、均衡的日粮，满足猪的营养需要，猪才能进行正常的生理活动，生猪的生产性能才能得以充分发挥。

一、了解和掌握猪对营养物质需要的知识

    营养物质通常是指那些从饲料中获得、能被动物以适当形式用于构建机体细胞、器官和组织的物质。猪用于维持和生产的营养物质主要包括能量、碳水化合物、脂肪、蛋白质、维生素、矿物质和水等。需要说明的是，能量来源于体内碳水化合物、蛋白质和脂肪的代谢，通常也把能量列为营养物质。猪在不同的生理状况下，所需要的营养物质及能量的数量不同。但必须保证营养均衡，营养过多不仅浪费饲料，而且会给猪的身体带来不良影响；过少会影响猪生产性能的发挥，还会影响其健康。

1. 能量需要

    能量是猪营养中最重要的要素，猪体维持生命活动、生长、发育、繁殖都需要能量，这些过程都必须有能量参与才能完成。猪体所需要的能量来自饲料中的碳水化合物、脂肪和蛋白质。这三类物质在

猪体内氧化释放出能量，用来维持体温、生理活动和进行生产活动。碳水化合物是猪通过采食植物性饲料来获取能量的主要物质，富含碳水化合物的饲料，如玉米、大麦、高粱等都含有较高能量。脂肪则是猪通过分解自身体组织来获取能量的主要物质。当然，猪获取能量的最好方式是直接采食植物性饲料中的碳水化合物。

在猪的生长过程中，当猪采食能量饲料过剩时，猪体就以脂肪的形式储存在体内；相反，如果能量饲料供应不足时，猪首先要满足维持能量的需要，如维持的能量还不足时，就动用体内储备的脂肪作为能量供应，以保证生命的延续。

能量需要平衡供给，过多则脂肪沉积多，造成猪过肥，胴体品质变差，母猪的繁殖性能降低等；能量缺乏时表现为生长发育迟缓，母猪的繁殖力降低，泌乳量降低等。缺乏能量的症状并不是一缺乏时马上显现，需要较长时间才能观察出来。

2. 蛋白质需要

蛋白质的营养作用是其他物质不可替代的，是一切生命活动的基础。是构成猪体组织的主要成分，如骨骼、肌肉、脏器、皮毛等。猪体组织生长、新陈代谢的必需物质，各种消化液、乳汁、各种酶、激素、免疫系统中的抗体、公猪的精子和母猪的卵子等都需要蛋白质。

说到蛋白质，就要提到氨基酸。因为蛋白质是由氨基酸组成的，蛋白质主要以粗蛋白的形式存在于饲料中，猪采食了饲料中的蛋白质，在消化道中分解为氨基酸后被肠道吸收，猪利用这些氨基酸合成猪体组织。猪真正需要的是氨基酸而并不是蛋白质本身。而氨基酸又分为必需氨基酸和非必需氨基酸。猪必需的氨基酸有 10 种：精氨酸、组氨酸、异亮氨酸、亮氨酸、赖氨酸、蛋氨酸、苯丙氨酸、苏氨酸、色氨酸、缬氨酸等，其中赖氨酸、蛋氨酸、色氨酸更重要。在猪的蛋白质营养中，常常遇到赖氨酸和蛋氨酸含量不足，尤其是以玉米作为主要日粮时。仔猪和快速生长的猪以及瘦肉型猪蛋白质需要量较高，而且猪的生长速度越快、生长强度越高，需要的赖氨酸就越多。

蛋白质总量、消化率以及必需氨基酸的平衡情况都是配制平衡日粮时要考虑的重要因素。当猪日粮中缺乏蛋白质，就会影响猪的健康、生长发育和繁殖性能，降低生产力和产品品质；仔猪则因血红蛋白减少而发生贫血症，使抗病力下降，生长发育减慢；公猪性欲减退，精子畸形和活力不足，影响配种繁殖，使受胎率与产仔数下降；母猪发情不正常，排卵数减少，受精卵与胚胎早期死亡，发生死胎、流产及产后泌乳力弱等。相反，如果日粮中蛋白质过多，没有被利用的那部分氮就以尿素的形式随尿排出，多余的碳则作为能源被利用。所以喂给猪超过营养需要的蛋白质是不经济的，也会使猪的肝、肾负担过重而遭到损伤，并造成公猪不育。

饲粮中必需氨基酸不足时，可通过添加人工合成的氨基酸，使氨基酸平衡，提高日粮的营养价值。

3. 脂肪需要

脂肪是猪能量的重要来源。脂肪是能量供给中仅次于碳水化合物的第二重要的功能物质，由脂肪酸组成。脂肪酸分为饱和脂肪酸和不饱和脂肪酸。植物原料中含有的不饱和脂肪酸多，动物原料中含有的饱和脂肪酸多。

脂肪在保持细胞完整性方面起着重要的作用。是猪体组织的重要组成部分，猪体的各器官和组织，如神经、血液、肌肉、骨骼、皮肤等，均含有脂肪。为猪体提供能量和猪体内储存能量，脂肪释放的能量约为碳水化合物的 2.25 倍，实现相同的功能只需要少量脂肪，所以储备能量的效率更高。同时脂肪还能帮助脂溶性维生素的吸收，提供必需的脂肪酸。母猪日粮中添加脂肪可提高母猪的产奶量和乳脂含量，同时提高仔猪的存活率。

猪的饲料中都含有一定量脂肪，一般情况下，猪不会缺乏脂肪。但饲料中的脂肪对猪肉的品质有影响，如喂给含有不饱和脂肪酸的豆油和全脂大豆，就可能生产出软的猪肉，而喂给含有饱和脂肪酸多的（如大麦）生产出的背脂就会相对变硬。缺乏脂肪酸会导致皮炎、尾部坏死、被毛干燥、生长抑制、增加水的消耗和沉积、繁殖受损和增加代谢率等。

4. 碳水化合物需要

猪的能量来源主要是碳水化合物。猪饲料中来源最广的是植物性饲料，其主要成分是碳水化合物，占猪的日粮中植物体干重的 75%，可见碳水化合物的重要性。碳水化合物包括淀粉、糖和纤维素类物质，前两种是植物性饲料中重要的产能物质，容易消化吸收。淀粉主要存在于谷物籽实和根、块茎如马铃薯等中，很容易被消化。淀粉被食入后，在各种酶的作用下，最后转化成葡萄糖而被机体吸收利用。粗纤维内含有纤维素和少量木质素，可以为猪体提供营养，促进胃肠蠕动，有助于食物的消化和防止便秘等。

　　碳水化合物为猪提供热源和能源。虽然脂肪可以为猪提供能量，但猪体利用碳水化合物在体内转化出的葡萄糖对神经细胞的功能是必需的。多余的碳水化合物在猪体内转化为脂肪储存起来，是商品猪育肥阶段既经济又理想的饲料，同时碳水化合物还是合成乳脂和乳糖的原料。

　　猪对粗纤维的消化能力极弱，但粗纤维对猪的消化过程具有重要意义。粗纤维在保持消化液的稠度、形成硬粪以及在消化运转过程中，起着一种物理作用。同时粗纤维也是能量的部分来源。粗纤维供给量过少，可使肠蠕动减缓，食物通过消化道的时间延长，低纤维日粮可引起消化紊乱、采食量下降，产生消化道疾病，死亡率升高；日粮中粗纤维含量过高，使肠蠕动过快，营养浓度下降，则仅能维持猪较低的生产性能。研究结果表明，仔猪和生长育肥猪日粮中粗纤维含量不宜超过 4%，母猪可适当增加，但也不要超过 7%。

5. 矿物质需要

　　矿物质在猪体内所占比例虽然不大，但它在猪的生命活动中起非常重要的作用。是组织器官和体内许多有机物的组成成分和酶的活性成分，具有调节体内渗透压和酸碱平衡，维持神经肌肉的兴奋性等作用。

　　猪需要的矿物质元素已知的至少有 14 种，它们是：钙、氯、铜、碘、铁、镁、锰、磷、钾、硒、钠、硫、锌和钴。猪也需要砷、硼、溴、镉、铬、氟、铅、锂、钼、镍、硅、锡和矾等微量元素。其中必需的、主要的也称常量矿物质，有盐（钠和氯）、钙、磷、镁、钾和硫。微量也称痕量矿物质，有铜、碘、铁、锰、硒、锌和日粮中维生素缺乏时需要的钴。其他矿物质一般都能满足猪的正常生长需要。

　　猪体内矿物质的主要来源是饲料。据测定，豆科牧草中含有丰富的钙，谷物籽实中含有足量的磷。所以在正常饲养条件下，均可满足钙、磷的需要量。由于植物性饲料中的钠、氯含量很低。因此必须补充食盐。据测定，猪的常用饲料中富含钾、镁、硫、铁、铜、锌、钴等元素，所以一般情况下不会发生缺乏症。

猪体内如果缺乏矿物质，轻则生长停止，重则出现矿物质缺乏症，严重者可造成死亡。但供给过量也会出现副作用，甚至会中毒、致死。

另外，还需要注意各种矿物质元素相互之间的关系，合理确定需要的比例，以免互相影响，起不到应有的作用。如过量钙影响磷的吸收，同样过量磷也影响钙的吸收利用；过量镁干扰钙的代谢；过量锌干扰铜的代谢；铜不足或过量均影响铁的吸收；钙、铜、碘、铁、锰、磷、铬等均可干扰锌的吸收利用等。猪的必需矿物质见表 5-1。

表 5-1　猪的必需矿物质

矿物质	缺乏条件	矿物质的功能	缺乏症状/毒性	来源	备注
主要或常量矿物质					
食盐 (NaCl)	当所有的或主要的蛋白质原料为植物源性时	钠和氯分别是体内细胞外主要的阳离子和阴离子；氯是胃液中主要的阴离子；增强食欲，促进生长、有助于调控 pH 值，是胃中形成盐酸所必需的元素	缺乏症状：食欲不振和减退，生长受阻；毒性：紧张、虚弱、蹒跚、癫痫性抓挠、瘫痪和死亡	松散状态的食盐	在碘缺乏地区，应该使用稳定的碘盐；当猪极度缺盐时，要注意防止猪过量采食盐
钙 (Ca)	当蛋白质原料主要为植物源性时和几乎不用草料时；当猪处于限制饲喂状态又没有添加维生素 D 时；在妊娠期采食受限制时；当 Ca∶P 比例不平衡时；日粮的蛋白质来源（或植酸含量）和镁水平影响钙的存留	骨骼和牙齿的形成、神经功能、肌肉收缩、血液凝固、细胞的渗透性、泌乳所必需	缺乏症状：食欲降低和生长受阻，没有活力，僵硬，骨结构不牢固，繁殖力减弱；严重的会出现血清钙降低和抽搐；小猪可能会出现佝偻病，或老龄动物出现骨软化；后腿瘫痪；毒性：钙过量降低猪的生产性能和增加猪对锌的需要量	石粉、石膏或贝壳粉；同时需要 Ca 和 P 时，使用磷酸一钙、磷酸二钙、磷酸三钙、脱氟磷酸盐或骨粉	由于谷物饲料（猪日粮的主要部分）含 Ca 低，同其他矿物质相比，除食盐外，猪更容易发生钙缺乏；最佳的 Ca∶P 比为(1~1.5)∶1，猪乳的 Ca∶P 比为 1.3∶1

续表

矿物质	缺乏条件	矿物质的功能	缺乏症状/毒性	来源	备注
主要或常量矿物质					
磷 (P)	日粮只含植物性原料,妊娠和泌乳后期,高钙日粮,猪限制饲喂又不添加维生素D,Ca∶P比例不平衡; 日粮的蛋白质来源(或植酸含量)和镁水平影响磷的存留	骨骼和牙齿的形成;是在脂类的转运和代谢及细胞膜结构中起着重要作用的磷脂成分能量代谢;是合成蛋白质所需的重要细胞结构 RNA 和 DNA 的成分;一些酶系统的成分	缺乏症状:食欲降低,生长受阻,僵硬,骨结构软化,血液无机磷含量降低,食欲颓废,繁殖力减弱,小猪佝偻病或老龄动物骨软化后腿瘫痪也叫产后瘫痪; 毒性:磷过量降低生产性能,但不会中毒	同时需要 Ca 和 P 时,使用磷酸一钙、磷酸二钙、磷酸三钙、脱氟磷酸盐或骨粉 日粮中添加植酸酶可提高可利用磷的量	谷物及其副产物以及含油饼粕中 60% ～ 70%,是以很难被猪利用的植酸盐形式存在,最佳的 Ca∶P 比为(1～1.5)∶1,猪乳的 Ca∶P 比为 1.3∶1
镁 (Mg)	研究表明,天然成分的镁只有 50%～60%,猪可利用的日粮中不缺乏镁	作为骨骼的成分,是骨骼发育所必需的,是许多酶系统的协因子,主要存在于糖分解系统中	缺乏症状:高度过敏,肌肉颤动,站立不稳,联结不牢,平衡性丧失,抽搐,伴随着死亡; 毒性:镁的毒性水平没有确定	氧化镁、硫酸镁、碳酸镁、白云石	猪乳可为哺乳仔猪提供充足的镁
钾 (K)	日粮中含充足的钾	细胞内主要的阳离子,参与维持渗透压和酸碱平衡	缺乏症状:食欲不振,生长缓慢,毛发皮肤不良,饲料效率降低,不好动,协调性不良,心脏活动受损; 毒性:钾的毒性水平没有确定; 提供充足的水,猪可耐受 10 倍需要量的钾	玉米中的钾含量为 0.33%,其他谷物饲料含钾 0.42%～0.49%	钾是猪体内含量占第 3 的矿物质,仅次于钙和磷; 没有确定其对育肥猪和种猪的可利用性

续表

矿物质	缺乏条件	矿物质的功能	缺乏症状/毒性	来源	备注
主要或常量矿物质					
硫（S）		合成含硫化合物,如谷胱甘肽、硫磺胆酸和硫酸软骨素			向日粮中添加无机硫没有任何益处
痕量或微量矿物质					
铬（Cr）	还没有确定铬的需要量	可能是胰岛素的协因子		吡啶烟酸铬	200微克/千克可提高窝产仔数
钴（CO）	如果维生素 B_{12} 受限,日粮中钴含量充足	维生素 B_{12} 的必需成分	缺乏症状:在猪方面还没有缺乏症的报道,但添加钴可防止与锌缺乏相关的机体损伤;毒性:400微克/千克钴对仔猪具有毒性而引起食欲减退、腿僵直、背部长肉瘤、协调性不好、肌肉颤抖和贫血	氯化钴、硫酸钴、氧化钴或碳酸钴;市场上也有一些好的含钴商业矿物质	还没有确定钴的需要量
铜（Cu）	哺乳仔猪不接触土壤	是许多酶系统的必需成分,合成血色素和防止营养性贫血所必需,血色素作为载体携带氧遍及全身;100～250毫克/千克的铜可促进猪生长	缺乏症状:生长减慢,毛发和皮肤不良,跛腿和僵直,骨结构软弱,腿软和弯曲,贫血,心脏和血管活动失调;毒性:血色素水平降低和黄疸;500毫克/千克有毒性	硫酸铜、碳酸铜和氧化铜效率相同;硫酸铜和氧化铜中的铜不易被猪利用	除了哺乳阶段,天然饲料含足够铜;饲喂100～250毫克/千克铜可提高繁殖年龄之前猪的增重速率和效率

续表

矿物质	缺乏条件	矿物质的功能	缺乏症状/毒性	来源	备注
痕量或微量矿物质					
碘(I)	碘缺乏地区(美国西北部和大湖地区)不饲喂碘盐时;饲喂来源于碘缺乏地区的饲料	甲状腺合成甲状腺素所必需,调节机体代谢率或产热的含碘激素的合成	缺乏症状:食欲减退,生长减慢,毛发和皮肤不良,繁殖力或妊娠受损,胎儿死亡或弱仔,猪出生时无毛,和/或甲状腺肿大;毒性:日粮中800毫克/千克碘可抑制猪的生长、降低血色素水平和肝脏中铁的含量;1500～2000毫克/千克碘对母猪无害	稳定的碘化盐含0.007%碘、碘化钙、碘化钾和原高碘酸五钙	猪体内大部分碘分布在甲状腺
铁(Fe)	哺乳仔猪不接触土壤;维持新生仔猪的正常生长每天需要吸收7～16毫克铁	铁是红细胞中血红素的成分;在肌肉的肌球蛋白、血清的转铁蛋白、胎盘的intero-Ferrin、乳的乳铁传递蛋白、肝脏的铁蛋白和血铁中也含有铁;铁也作为许多有代谢功能酶的组成,在体内起着重要作用	缺乏症状:食欲减退,生长减慢,毛发和皮肤不良,黏膜苍白,仔猪死亡率高,易感疾病,猪肺病(以呼吸困难为特征)和贫血;每100毫升血液中血色素的克数是快速反映猪体内铁状态可靠的指标;血色素水平低于10克/100毫升表明处于贫血边缘;7或低于7克/100毫升表明贫血;毒性:3～10日龄的猪,硫酸亚铁的口服中毒剂量约为600毫克/千克体重	在出生前3天肌内注射单一右旋糖酐铁200毫克,或出生后的几小时内口服螯合铁,或每天给予新刈割青草;硫酸亚铁、螯合铁、柠檬酸铁-维生素B复合铁、柠檬酸铵铁可有效防止缺铁性贫血;氧化铁中的铁大部分是不可利用的	初生仔猪体内含铁约50毫克;在含棉籽酚的日粮中添加铁具有解毒作用,添加可溶性铁的量与棉籽酚的质量比为1∶1;乳中缺铁(仔猪中含铁量平均为1毫克/升),尽早让仔猪采食干饲料,天然饲料中的铁足以满足断奶后仔猪的需要,哺乳或纯采食液体料的仔猪对铁的需要量为50～150毫克/千克乳固形物;采食以酪蛋白为基础固态日粮的猪,对铁的需要量要比采食相似液体日粮高50%/单位干物质

续表

矿物质	缺乏条件	矿物质的功能	缺乏症状/毒性	来源	备注
痕量或微量矿物质					
锰（Mn）		作为一些参与碳水化合物、脂类和蛋白质代谢的酶的成分	缺乏症状:骨骼生长异常,脂肪沉积增加而使发情周期无规律或没有发情周期,胎儿重吸收,猪产弱小胎,泌乳量降低;毒性:没有确切的锰毒性水平,但500~4000毫克/千克的锰会降低猪采食量、抑制猪生长和肢体僵硬	氧化锰	在大多数猪日粮中锰的含量都是充足的,但可能还不足以维持母猪理想的繁殖性能
硒（Se）	日粮成分全是来自于硒缺乏地区时	作为谷胱甘肽过氧化物酶的组成部分,使其在体内发挥抗氧化功能;硒和维生素E具有相同的功能,即抗过氧化物酶的作用;但高水平维生素E并不能掩盖硒的作用	缺乏症状:突然死亡,繁殖功能受损,降低乳产量和影响免疫反应;毒性:食欲减退,毛发掉落,肝脏脂肪渗透,肝脏和肾脏变性,浮肿,冠状带蹄和皮肤偶然性分裂,5毫克/千克可能具有毒性	亚硒酸钠或硒酸钠	环境应激可能会增加硒缺乏症的发生率和强度;注意,硒的毒性剂量是5毫克/千克

续表

矿物质	缺乏条件	矿物质的功能	缺乏症状/毒性	来源	备注
痕量或微量矿物质					
锌（Zn）	相对高水平的钙会影响锌的利用率和增加锌的需要量	锌是许多金属酶和胰岛素的成分；它在蛋白质、碳水化合物和脂类代谢中起重要作用	缺乏症状：角化不全或猪皮炎，猪出现疥癣，食欲降低，无力没有活力，生长率低，腹泻和可能呕吐；锌影响所有年龄段的猪，锌缺乏引起母猪窝产数和仔猪体重低；毒性：生长抑制，关节炎，胃炎和肠炎；日粮中高水平钙可减轻锌的毒性	碳酸锌或硫酸锌	已证明角化不全是由锌和钙生成不能利用的复合物引起的

6. 维生素需要

　　维生素在猪体内既不是构成组织和器官的主要物质，又不能提供能量。它们主要的作用是控制和调节猪的各种生命活动和生产活动；它们数量少，但作用非常重要，是不可缺少的营养物质。维生素是机体代谢辅酶的组成成分，参与各种物质代谢，从而保证机体组织器官的细胞结构和功能正常，维持猪的生命、生长发育、繁殖和生产。

　　维生素是动物代谢所必需的而需要量极少的一类小分子有机化合物，体内一般不能合成或合成量不足，但植物和微生物能合成各种维生素。所以维生素是组成饲料不可缺少的成分，猪要满足对维生素的需要必须通过采食饲粮。

　　如果维生素不能满足猪的营养需要，可引起机体代谢紊乱，产生一系列缺乏症。严重损害猪的健康，影响猪的生长、繁殖和生产，甚至引起死亡。

各种维生素之间代谢功能各不相同，互相之间不能代替。需要注意它们之间的协同作用，如猪日粮中缺乏硒，维生素E需要量增大；维生素D能够促进钙、磷吸收，维持钙、磷在体内的平衡；维生素K参与钙的代谢等。

维生素的需要受其饲粮来源（受品种、产地、成熟度等条件的影响）、饲料加工方式（粉料、膨化料、颗粒料等）、储藏条件（保管时间、环境温度和湿度等）、饲养方式（干饲和湿饲）等多种因素的影响。

目前已确定的维生素有14种，按其溶解性可分为脂溶性维生素和水溶性维生素两大类。

脂溶性维生素包括维生素A、维生素D、维生素E和维生素K。它们只含有碳、氢、氧3种元素，除猪能接受阳光照射的条件下，体内合成满足自身需要的维生素D和维生素K_2可由猪肠道微生物合成和从粪中获得维生素K这三种情况外，其他脂溶性维生素都必须由饲粮提供。猪在供给充足的情况下，体内可以储存相当的量，当摄食饲料中短时间维生素不足时不会出现缺乏症。但摄入过量脂溶性维生素可引起中毒，代谢和生长产生障碍。脂溶性维生素的缺乏症一般与其功能相联系。

水溶性维生素共有10种，包括维生素B_1（硫胺素）、维生素B_2（核黄素）维生素B_6（包括吡哆醇、吡哆醛和吡哆胺三种吡啶衍生物）、维生素B_{12}（钴胺素）、维生素B_3（泛酸、遍多酸）、叶酸、维生素B_5（烟酸）、维生素H（生物素）、维生素B_4（胆碱）、维生素C（抗坏血酸）。所有水溶性维生素都为代谢所必需。

水溶性维生素主要有以下特点：①从食物及饲料的水溶物中摄取。②除含碳、氢、氧元素外，多数都含有氮元素，有的还含硫元素或者钴元素。③猪体内基本上不能储存。④多数情况下，缺乏症B族维生素无特异性，而且难以与其生化功能直接联系。食欲下降和生长受阻是共同的缺乏症状。⑤大多数动物能在体内合成一定数量维生素C。在高温、运输、疾病等逆境情况下，动物对维生素C的需要量增加。⑥相对于脂溶性维生素而言，水溶性维生素一般无毒性。

7. 水需要

水是动物最重要的营养，没有水动物就不能存活。水在机体中起着重要的作用，水是猪体内各器官、组织和产品的重要组成成分，猪体有 $1/3\sim2/3$ 是水，初生仔猪的机体水含量最高，可达 90%，体内营养物质的输送、消化、吸收、转化、合成及粪便的排出，都需要水分；水还有调节体温的作用，也是治疗疾病与发挥药效的调节剂。根据病猪可能停止采食，但不会停止饮水的规律，把治疗或预防疾病的药物加入水中让猪饮水，解决猪不愿意吃料也能通过饮用加药的水防病治病的目的，还可以保证每头猪都可以获得均一的药量。

正常情况下，哺乳仔猪每千克体重每天需水量为：第 1 周 200 克，第 2 周 150 克，第 3 周 120 克，第 4 周 110 克，第 5～8 周 100 克。生长育肥猪在用自动饲槽不限量采食、自动饮水器自由饮水的条件下，10～22 周龄期间，水料比平均为 2.56∶1。非妊娠青年母猪每天饮水约 11.5 千克，妊娠母猪增加到 20 千克，哺乳母猪多于 20 千克。

许多因素影响猪对水的需要量。如气温、饲粮类型、饲养水平、水的质量、猪的大小等都是影响需水量的主要因素。实验证明，缺水将会导致消化紊乱，食欲减退，被毛枯燥，公猪性欲减退，精液品质下降，严重时可造成死亡。长期饥饿的猪，若体重损失 40%，仍能生存；但若失水 10%，则代谢过程遭破坏；失水 20%，即可引起死亡。所以养猪必须保证猪只有优质和充足的饮水。

水中通常含有猪需要的部分矿物质，通常被看作是一种营养源，营养物质溶解在水中。据测算，动物可从水中获得所需钠 $20\%\sim40\%$、镁 $6\%\sim9\%$、硫 $20\%\sim45\%$。因此不能忽视水所提供的矿物质元素。

正确的供水方法：料水分开，喂食干料，若用自拌料喂猪，可采用湿拌料，料水比为 1∶（1～1.5），喂后供给足够的饮水。

二、掌握猪营养需要的特点

猪的营养需要可分为维持需要和生产需要。

1. 维持需要

猪处于不进行生产，健康状况正常，体重、体质不变时的休闲状

况下，用于维持体温，支持状态，维持呼吸、循环与酶系统的正常活动的营养需要，称为维持需要或维持营养需要。

2. 生产需要

猪消化吸收的营养物质，除去用于维持需要，其余部分则用于生产需要。猪的生产需要分为妊娠、泌乳、生长需要几种。

（1）妊娠需要的特点　妊娠母猪的营养需要，是根据母猪妊娠期间的生理变化特点，即妊娠母猪子宫及其内容物增长、胎儿的生长发育和母猪本身营养物质能量的沉积等来确定的。其所需要营养物质除维持本身需要外，还要满足胚胎生长发育和子宫、乳腺增长的需要。母猪在妊娠期对饲料营养物质的利用率明显高于空怀期，在低营养水平下尤为显著。据实验：妊娠母猪对能量和蛋白质的利用率，在高营养水平下，比空怀母猪分别提高 9.2％和 6.4％，而在低营养水平下则分别提高 18.1％和 12.9％。但是怀孕期间的营养水平过高或过低，都对母猪繁殖性能有影响，特别是过高的能量水平，对繁殖有害无益。

（2）泌乳需要的特点　泌乳是所有哺乳动物特有的机能、共同的生物学特性。母猪在泌乳期间需要将很大一部分营养物质用于乳汁合成，确定这部分营养物质需要量的基本依据是泌乳量和乳的营养成分。母猪的泌乳量在整个泌乳周期不是恒定不变的，而是明显地呈抛物线状变化的。即分娩后泌乳量逐渐升高，泌乳的第 18～25 天为泌乳高峰期，到 28 天以后泌乳量逐渐减少。即使此时供给高营养水平饲料，泌乳量仍急剧减少。猪乳汁的营养成分也随着泌乳阶段而变化，初乳各种营养成分显著高于常乳。常乳中脂肪、蛋白质和水分含量随泌乳阶段呈升高趋势，但乳糖则呈下降趋势。

另外，母猪泌乳期间，其泌乳量和乳汁营养成分的变化与仔猪生长发育规律也是一致的。例如，在 3 周龄前，仔猪完全以母乳为生，母猪泌乳量随仔猪长大、吃奶量增加而增加；4 周龄开始，仔猪已从消化乳汁过渡到消化饲料，可从饲料中获取部分营养来源，于是母猪产乳量亦开始下降。母猪泌乳变化和仔猪生长发育规律是合理提供泌乳母猪营养的依据。

（3）种公猪营养需要的特点　饲养种公猪的基本要求是保证种公

猪有健康的体格、旺盛的性欲和良好的配种能力，精液的品质好，精子密度大、活力强，能保证母猪受孕。确定种公猪的营养需要的依据，主要是种公猪的体况、配种任务和精液的数量与质量。能量不能过高或过低，以保持公猪有不过肥或过瘦的种用体况为宜。营养水平过高，会使公猪肥胖，引起性欲减退和配种效果差的后果；营养水平过低，特别是长期缺乏蛋白质、维生素和矿物质，会使公猪变瘦，每千克饲料的消化能不得低于 12.5～13.5 兆焦，蛋白质应占日粮的 18％以上，并且注意适当补充生物性蛋白质，如鱼粉、蚕蛹、肉骨粉或鸡蛋等。非配种季节，饲粮蛋白质水平不能低于 13％，每千克饲粮的消化能维持在 13 兆焦左右。

（4）生长猪营养需要的特点　生长猪是指断奶到体成熟阶段的猪。从猪生产和经济角度来看，生长猪的营养供给在于充分发挥其生长优势，为产肉及以后的繁殖奠定基础。因此要根据生长猪生长、肥育的规律，充分利用生长猪早期增重快的特点，供给营养价值完善的日粮。

在猪的生长过程中，前期以长骨骼为主，然后以长肌肉为主，到育肥后期则以长脂肪为主。这种生长方式决定了各个生长阶段对营养成分需要的重点不同，骨骼生长需要钙（Ca）、磷（P）比较多，钙和磷是主要的矿物质，如果猪日粮中缺乏这两种矿物质，会导致生长受阻和饲料转化率降低，甚至出现佝偻病或软骨症、骨折和瘫痪等病症。虽然所有阶段的猪都需要充足的、质量高的蛋白质，但生长阶段对蛋白质的需要最高，因为蛋白质是合成肌肉的主要原料。到了育肥后期，沉积脂肪多，沉积脂肪时的能量利用效率明显高于沉积蛋白质的能量利用效率，但沉积脂肪比沉积蛋白质所需要的代谢能高。通俗的说法是长肥肉比长瘦肉慢，同样长 1 千克肥肉和 1 千克瘦肉所消耗的饲料不一样，长肥肉消耗的饲料多，这也是为什么饲养瘦肉型猪出栏快的原因。

三、掌握常用饲料原料的营养特性

日粮的正确配合取决于对猪营养需要量和营养源营养特性的认识和理解。因此养殖者必须掌握营养源的营养特性，也就是配制饲料所

需要原料的营养特性。

根据国际饲料的分类方法，将饲料分为八类，即粗饲料、青绿饲料、青储饲料、能量饲料、蛋白质饲料、矿物质饲料、维生素饲料和添加剂。

1. 能量饲料

每千克干物质中粗纤维的含量在 18% 以下，可消化能含量高于 10.45 兆焦/千克，蛋白质含量在 20% 以下的饲料称为能量饲料。主要包括禾谷类籽实、糠麸类及块根块茎类饲料等。这类饲料含有丰富的淀粉，但粗蛋白含量较少，仅为 8.3%～13.5%。能量饲料是用量最多的一类饲料，占日粮总量的 50%～80%，其主要营养功能是供给畜禽能量。

（1）谷实类饲料

① 玉米 玉米的能量含量在谷实类籽实中居首位，其用量超过任何其他能量饲料，在各类配合饲料中占 50% 以上。所以玉米被称为"饲料之王"。玉米适口性好，粗纤维含量很少，淀粉消化率高，且脂肪含量可达 3.5%～4.5%，可利用能值高，是猪的重要能量饲料来源。玉米含有较多亚油酸，可达 2%，玉米中亚油酸含量是谷实类饲料中最高的，占玉米脂肪含量的近 60%。由于玉米脂肪含量高，且多为不饱和脂肪酸，在育肥后期多喂玉米可使胴体变软，背膘变厚。玉米氨基酸组成不平衡，特别是赖氨酸、蛋氨酸及色氨酸含量低。玉米缺少赖氨酸，故使用时应添加合成赖氨酸。玉米营养成分的含量不仅受品种、产地、成熟度等条件的影响而变化，而且玉米水分含量也影响各营养素的含量。玉米水分含量过高，还容易腐败、霉变和容易感染黄曲霉菌。玉米经粉碎后，易吸水、结块、霉变，不便保存。因此一般玉米要整粒保存，且储存时水分应降低至 14% 以下，夏季储存温度不超过 25℃，注意通风、防潮等。

② 高粱 高粱的籽实是一种重要的能量饲料，饲喂高粱的猪肉质更优秀。高粱磨的米与玉米一样，主要成分为淀粉，粗纤维少，可消化养分高。粗蛋白质含量和粗脂肪含量与玉米相差不多。蛋白质略高于玉米，同样品质不佳，缺乏赖氨酸和色氨酸，并且蛋白质的消化率低。钙少磷多，含植酸磷量较多，矿物质中锰、铁含量比玉米高，

钠含量比玉米低。缺乏胡萝卜素及维生素 D，维生素 B 族含量与玉米相当，烟酸含量多。另外，高粱含有单宁，有苦味，适口性差，猪不爱采食，因此猪日粮中不超过 15%。使用单宁含量高的高粱时，还应注意添加维生素 A、蛋氨酸、赖氨酸、胆碱和必需脂肪酸等。高粱的养分含量变化比玉米大。

③ 小麦 粗蛋白质含量高于玉米，是谷实类中蛋白质含量较高者，仅次于大麦。小麦的能值较高，仅次于玉米。粗纤维含量略高于玉米。粗脂肪含量低于玉米。钙少磷多，且含磷量中一半是植酸磷。缺乏胡萝卜素，氨基酸含量较低，尤其是赖氨酸。因此配制日粮时要注意这些物质，保证营养平衡，还需要注意不能粉碎得太细，太细会因适口性降低饲料的摄入量，从而影响猪的生长。

小麦适口性好，在来源充足或玉米价格高时，可作为猪的主要能量饲料，一般可占日粮的 30% 左右，可用于提高猪肉的质量。

④ 大麦 大麦是一种重要的能量饲料，与玉米相比，大麦中赖氨酸、色氨酸、异亮氨酸，特别是赖氨酸的含量高于玉米，粗蛋白质含量比较多，约 13%，比玉米高，是能量饲料中蛋白质品质最好的。粗纤维含量高于玉米，粗脂肪含量少于玉米，钙磷含量比玉米略高，胡萝卜素、维生素 A、维生素 K、维生素 D 和叶酸不足，硫胺素和核黄素与玉米相差不多，烟酸含量丰富，是玉米的 3 倍还多。但是，大麦适口性比玉米差，因大麦纤维含量高，热能低，不适合饲喂仔猪，饲喂种猪比较合适。同时饲喂的猪不适合自由采食。日粮中取代玉米用量一般不超过 50% 为宜，配合饲料中所占比例不得超过 25%。建议使用脱壳大麦，既可增加饲养价值，又可提高日粮比例。注意不能粉碎得太细，饲料中应添加相应的酶制剂。

⑤ 稻谷 稻谷是世界上最重要的谷物之一，在我国居各类谷物产量之首。稻谷加工成大米作为人类的粮食，但在生产过剩、价格下滑或缓解玉米供应不足时，也可作为饲料使用。稻谷具有坚硬的外壳，粗纤维含量高达 9%，故能量价值较低，仅相当于玉米的 65%～85%。若制成糙米，则其粗纤维可降至 1% 以下，能量价值可上升至各类谷物籽实类之首。糙米中蛋白质含量为 7%～9%，可消化蛋白多，必需氨基酸、矿物质含量与玉米相当。维生素中 B 族维生素含

量较高，但几乎不含 b 胡萝卜素。用糙米取代玉米喂猪，生产性能与玉米相当。碎米是大米加工过程中，由机械作用而打碎的大米。碎米的营养价值和大米完全相同。稻谷虽然所含粗纤维偏高，但只要配方科学，使用比例得当，尤其是用于中后期育肥猪，也是可行的。

（2）糠麸类饲料

① 小麦麸　小麦麸俗称麸皮。小麦麸含有较多 B 族维生素，如维生素 B_1、维生素 B_2、烟酸、胆碱、维生素 E。粗蛋白质含量高 16％左右，这一数值比整粒小麦含量还高，而且质量较好。与玉米和小麦籽粒相比，小麦麸的氨基酸组成较平衡，其中赖氨酸、色氨酸和苏氨酸含量均较高，特别是赖氨酸含量较高。脂肪含量约 4％左右，其中不饱和脂肪酸含量高，易氧化酸败。矿物质含量丰富，但钙少磷多，磷多属植酸磷，但含植酸酶，因此用这些饲料时要注意补钙。由于麦麸能值低，粗纤维含量高，容积大，可用于调节日粮能量浓度，起到限饲作用。小麦麸的质地疏松，适口性好，含有适量硫酸盐类，有轻泻作用，可防止便秘，有助于胃肠蠕动和通便润肠，是妊娠后期和哺乳母猪的良好饲料。麦麸用于猪的肥育可提高猪的胴体品质，产生白色硬体脂，一般使用量不应超过 15％。小麦麸用于仔猪不宜过多，以免引起消化不良。

② 米糠　稻谷的加工副产品称为稻糠，稻糠可分为砻糠、米糠和统糠。砻糠是粉碎的稻壳，米糠是糙米（去壳的谷粒）精制成的大米的果皮、种皮、外胚乳和糊粉层等的混合物，统糠是米糠与砻糠不同比例的混合物。米糠含脂肪高，最高达 22.4％，且大多属于不饱和脂肪酸，蛋白质含量比大米高，平均达 14％。氨基酸平衡情况较好，其中赖氨酸、色氨酸和苏氨酸含量高于玉米，但仍不能满足猪的需要。米糠的粗纤维含量不高，所以有效能值较高。米糠钙少磷多，微量元素中铁和锰含量丰富，锌、铁、锰、钾、镁、硅含量较高，而铜含量偏低。维生素 B 族及维生素 E 含量高，是核黄素的良好来源，而缺少维生素 A、维生素 D 和维生素 C。未经加热处理的米糠还含有影响蛋白质消化的胰蛋白酶抑制因子。因此一定要在新鲜时饲喂，新鲜米糠在生长猪中可用到 10％～12％。注意大量饲喂米糠会导致体脂肪变软，降低胴体品质，故肉猪饲料中米糠的最大添加量应控制在

15%以下。由于米糠含脂肪较多，且大部分是不饱和脂肪酸，易酸败变质，储存时间不能长，最好经压榨去油后制成米糠饼（脱脂处理）再作饲用。

③ 豆腐渣　豆腐渣是来自豆腐、豆奶工厂的加工副产品，现多作饲料，来源非常广泛，数量较大。豆渣中的蛋白质含量受加工的影响特别大，特别是受滤浆时间的影响，滤浆的时间越长，则豆渣中的可溶性营养物质包括蛋白质越少。干物质中粗蛋白、粗纤维和粗脂肪含量较高，维生素含量低且大部分转移到豆浆中，与豆类籽实一样含有抗胰蛋白酶因子。

豆腐渣水分含量很高，不容易加工干燥，一般鲜喂，保存时间不宜太久，饲喂前最好加热煮熟 15 分钟，以增强适口性，提高蛋白质的吸收利用率。如果育肥猪使用过多，会出现软脂现象而影响胴体品质，注意仔猪应避免使用。

用鲜豆渣喂猪，小猪阶段的用量为日粮的 5%～8%，中猪阶段的用量要控制在日粮的 15% 以内，育肥猪的用量控制在日粮的 20% 以内。饲喂时要搭配一定比例的玉米、麸皮和矿物质原料，并加喂一些青绿饲料。

（3）块根、块茎类，富含淀粉及糖类的根、茎、瓜类饲料

① 马铃薯　马铃薯又叫土豆、地蛋、山药蛋等，是重要的蔬菜和原料。块茎干物质中 80% 左右是淀粉，它的消化率对各种动物都比较高，特别适合生态养猪。用马铃薯可生喂猪，但生马铃薯的消化率不高，经过蒸煮后，可占日粮的 30%～50%，饲喂价值是玉米的 20%～22%。在马铃薯植株中含有一种有毒物质龙葵素，正常情况下对猪无毒，可放心饲喂。但在块茎储藏期间生芽或经日光照射马铃薯变成绿色以后，龙葵素含量增加时，有可能发生中毒现象。注意不能给妊娠后期和产后的母猪饲喂。

② 甘薯　又名番薯、地苕、地瓜、红芋、红（白）薯等，是我国种植最广、产量最大的薯类作物。甘薯块多汁，富含淀粉，有甜味，对猪适口性好，生喂或熟喂猪都爱吃，是很好的能量饲料。用甘薯喂猪，在其肥育期，有促进消化、蓄积体脂的效果，是育肥猪的优质饲料，特别适合生态养猪。鲜甘薯含水量约 70%，粗蛋白质含量

低于玉米，且含有胰蛋白酶抑制因子，但加热可使其失活，提高蛋白质消化率。粗纤维含量低，故能值比较高。鲜喂时（生的、熟的或者青储），其饲用价值接近于玉米，甘薯干与豆饼或酵母混合作基础饲料时，其饲用价值相当于玉米的87％。生的和熟的甘薯，其干物质和能量的消化率相同。但熟甘薯蛋白质的消化率几乎为生甘薯的1倍。甘薯忌冻，必须储存在13℃左右的环境下比较安全，当温度高于18℃，相对湿度为80％时会发芽。黑斑甘薯味苦，含有毒性酮，应禁用。为便于储存和饲喂，甘薯块常切成片，晾晒制成甘薯干备用。注意仔猪对甘薯的利用率较差，故少用为宜。

③ 胡萝卜　产量高、易栽培、耐储藏、营养丰富，是家畜冬、春季重要的多汁饲料。胡萝卜可列入能量饲料内，胡萝卜中的主要营养物质是无氮浸出物，并含有蔗糖和果糖，故具有甜味。含有丰富的胡萝卜素，为一般牧草饲料所不及。胡萝卜中含有大量钾盐、磷盐和铁盐等。一般来说，颜色愈深，胡萝卜素和铁盐含量愈高，红色的比黄色的高，黄色的又比白色的高。由于它的鲜样中水分含量多、容积大，因此在生产实践中并不依赖它来供给能量。它的重要作用主要是在冬季作为多汁饲料和供给胡萝卜素。由于胡萝卜中含有一定量蔗糖以及它的多汁性，在冬季青饲料缺乏时，日粮中可加一些胡萝卜改善日粮的口味，调节消化机能。对于种猪，饲喂胡萝卜供给丰富的胡萝卜素，对于公猪精子的正常生成及母猪的正常发情、排卵、受孕与怀胎，具有良好作用。胡萝卜熟喂，其所含的胡萝卜素、维生素C及维生素E会遭到破坏，因此最好生喂。饲喂量一般推荐：成年母猪日喂2～3千克。

④ 饲用甜菜　甜菜作物，按其块根中的干物质与糖分含量多少，可大致分为糖甜菜、半糖甜菜和饲用甜菜三种。其中饲用甜菜的大量种植，总收获量高，但干物质含量低，为8％～11％，含糖约1％。饲用甜菜喂猪时喂量不宜过多，也不宜单一饲喂。刚收获的甜菜不宜马上投喂，否则易引起下痢。

⑤ 南瓜　南瓜既是蔬菜，又是优质高产的饲料作物。南瓜肉致密，适口性好，产量高，便于储藏和运输，是猪的好饲料，尤适宜饲喂繁殖和泌乳母猪。南瓜平均每667米^{2}产量为3000～4000千克。

含干物质 10％以上，其中 60％为无氮浸出物，维生素 A 也较丰富。切碎或打浆生喂，10 千克南瓜的饲用价值约相当于 1 千克谷物。

2. 蛋白质饲料

蛋白质饲料是指饲料干物质中粗蛋白质含量大于或等于 20％，消化能含量超过 10.45 兆焦/千克，且粗纤维含量低于 18％的饲料。与能量饲料相比，蛋白质饲料的蛋白质含量高，且品质优良，在能量价值方面则差别不大，或者略偏高。根据其来源和属性不一样，主要包括以下几个类别：

（1）植物性蛋白质饲料

① 豆饼和豆粕　大豆饼和豆粕是我国最常用的一种主要植物性蛋白质饲料，营养价值很高，粗蛋白质含量在 40％～45％，大豆粕的粗蛋白质含量高于饼，去皮大豆粕粗蛋白质含量可达 50％。氨基酸组成较合理，尤其赖氨酸含量 2.5％～3.0％，是所有饼粕类饲料中含量最高的，异亮氨酸、色氨酸含量都比较高，但蛋氨酸含量低，仅 0.5％～0.7％，故玉米-豆粕基础日粮中需要添加蛋氨酸。大豆饼粕中钙少磷多，但磷多属难以利用的植酸磷。维生素 A、维生素 D 含量少，B 族维生素除维生素 B_2、维生素 B_{12} 外均较高。粗脂肪含量较低，尤其大豆粕的脂肪含量更低。大豆饼粕含有抗胰蛋白酶、尿素酶、血球凝集素、皂角苷、甲状腺肿诱发因子、抗凝固因子等有害物质。但这些物质大都不耐热，一般在饲用前，先经 100～110℃的加热处理 3～5 分钟，即可去除这些不良物质。注意加热时间不宜太长、温度不能过高也不能过低，加热不足破坏不了毒素，则蛋白质利用率低，加热过度可导致赖氨酸等必需氨基酸的变性反应，尤其是赖氨酸消化率降低，引起畜禽生产性能下降。

处理良好的大豆饼粕对任何阶段的猪都可使用。用量不超过 25％为宜。因大豆粕已脱去油脂，多用也不会造成软脂现象。在代用乳和仔猪开食料中，应对大豆饼粕的用量加以限制，以不超过 10％为宜。因为在大豆饼粕的碳水化合物中粗纤维含量较多，且其中糖类多属多糖和低聚糖类，幼畜体内无相应消化酶，采食太多有可能引起下痢，一般乳猪阶段饲喂熟化的脱皮大豆粕效果较好。

② 棉籽饼（粕）　棉籽饼（粕）是棉籽经脱壳取油后的副产品，

是一种植物性蛋白饲料，来源广泛。营养成分以是否去壳及榨油工艺的不同而有所区别。蛋白质含量约占33%～45%，另外，棉籽饼水解后，可得到17种氨基酸，是畜牧业生产中物美价廉的蛋白质来源。棉籽饼的缺点是含有游离棉酚，是一种有毒物质，易引起畜禽中毒。棉酚含量取决于棉籽的品种和加工方法。棉酚中毒有蓄积性，可与消化道中的铁形成复合物，导致缺铁。去毒方法有多种，脱毒后的棉籽饼（粕）营养价值能得到提高。

猪对游离棉酚的耐受量为100毫克/千克，超过此量则抑制生长，并可能引起中毒死亡。所以游离棉酚在0.04%以下的棉籽饼粕，在生长育肥猪饲料中一般以不超过饲粮5%为宜，不能作为仔猪饲料，种猪最好不用。

③ 菜籽饼（粕）　菜籽饼（粕）是仅次于豆粕贸易量的蛋白质饲料原料。菜籽饼（粕）中约含粗蛋白35%～42%，粗纤维含量为12%～13%，属低能量蛋白质饲料。菜籽饼（粕）氨基酸组成较平衡，蛋氨酸含量较高，富含铁、锰、锌和硒，其中，硒的含量是常用植物饲料中最高的。由于菜籽饼（粕）中含有硫苷、芥酸和植酸等抗营养物质，影响了菜籽饼（粕）的适口性，甚至会对饲喂动物产生毒性，需要进行去毒处理。而目前以"双低"（低硫苷和低芥酸）的油菜品种种植为主，"双低"菜粕可作为种畜日粮蛋白质饲料的一部分或全部，在生长育肥猪日粮中可以添加10%～18%，对生长育肥猪的生长性能没有影响，对猪肉品质只有很小的影响。在母猪日粮中添加10%～20%，对母猪的产仔数、仔猪的初生质量和断奶质量没有不良影响，添加量超过20%会引起仔猪存活率降低；如果"双低"菜粕作为哺乳母猪饲料，需要添加油脂以弥补"双低"菜粕在消化能上的不足；使用"双低"菜粕日粮要设一个过渡期，使猪逐渐适应这种饲料。

④ 花生饼（粕）　带壳花生饼含粗纤维15%以上，饲用价值低。国内一般都去壳榨油。去壳花生饼含蛋白质、能量比较高，饲用价值仅次于豆饼。花生饼（粕）含赖氨酸含量仅为大豆饼（粕）的一半左右，蛋氨酸含量低，不能满足猪需要，必须进行补充，也可以和鱼粉、豆饼（粕）等一起搭配饲喂。精氨酸含量高，在所有饲料中最

高。含胡萝卜素和维生素 D 极少。花生饼（粕）本身虽无毒素，但因脂肪含量高，长时间储存易变质，而且容易感染黄曲霉，产生黄曲霉毒素。因此，储藏时应保持低温干燥的条件，防止发霉。一旦发霉，坚决不能使用。

（2）动物性蛋白质饲料

① 鱼粉　鱼粉是以一种或多种鱼类为原料，经去油、脱水、粉碎加工后的高蛋白质饲料。是重要的动物性蛋白质添加饲料，在许多饲料中尚无法以其他饲料取代。鱼粉的主要营养特点是蛋白质含量高，品质好，生物学价值高。一般脱脂全鱼粉的粗蛋白质含量高达60％以上。在所有的蛋白质补充料中，其蛋白质的营养价值最高。进口鱼粉在 60％～72％，国产鱼粉稍低，一般为 50％左右，富含各种必需氨基酸，组成齐全、平衡，尤其是主要氨基酸与猪体组织氨基酸组成基本一致。鱼粉中不含纤维素等难于消化的物质，粗脂肪含量高，所以鱼粉的有效能值高，生产中以鱼粉为原料很容易配成高能量饲料。鱼粉富含 B 族维生素，尤以维生素 B_{12}、维生素 B_2 含量高，还含有维生素 A、维生素 D 和维生素 E 等脂溶性维生素，但在加工条件和储存条件不良时，很容易被破坏。鱼粉是良好的矿物质来源，钙、磷的含量很高，且比例适宜，所有磷都是可利用磷。鱼粉的含硒量很高，可达 2 毫克/千克以上。此外，鱼粉中碘、锌、铁、硒的含量也很高，并含有适量砷。鱼粉中含有促生长的未知因子，这种物质可刺激动物生长发育。通常真空干燥法或蒸汽干燥法制成的鱼粉，蛋白质利用率比用烘烤法制成的鱼粉约高 10％。鱼粉中一般含有 6％～12％的脂类，其中不饱和脂肪酸含量较高，极易被氧化，产生异味。进口鱼粉因生产国的工艺及原料而异。质量较好的是秘鲁鱼粉及白鱼鱼粉，国产鱼粉由于原料品种、加工工艺不规范，产品质量参差不齐。饲喂鱼粉可使猪发生肌胃糜烂，特别是加工错误或储存中发生过自燃的鱼粉中含有较多肌胃糜烂素。鱼粉还会使猪肉产生不良气味。

鱼粉可以补充猪所需要的赖氨酸和蛋氨酸，具有改善饲料转化效率和提高增重速度的效果，而且猪年龄愈小，效果愈明显。断奶前后仔猪饲料中最少要使用 2％～5％的优质鱼粉，育肥猪饲料中一般在3％以下，添加量过高将增加成本，还会使体脂变软，肉产生鱼腥味。

为降低成本，猪育肥后期饲粮可不添加鱼粉。猪日粮中鱼粉用量为2%～8%。

② 肉骨粉　肉骨粉的营养价值很高，粗蛋白质含量为50%～54%，饲用价值比鱼粉稍差，但价格远低于鱼粉。肉骨粉脂肪含量较高，肉骨粉氨基酸组成不佳，除赖氨酸含量中等外，蛋氨酸和色氨酸含量低，有的产品会因过度加热而无法吸收。脂溶性维生素 A 和维生素 D 因加工过程的大量破坏，含量较低，但 B 族维生素含量丰富，特别是维生素 B_{12} 含量高，其他如烟酸、胆碱含量也较高。含钙7.69%～9.2%，总磷为4.70%～3.88%，肉骨粉中所含的磷全部为非植酸磷。钙、磷不仅含量高，且比例适宜，磷全部为可利用磷，是动物良好的钙、磷供源，此外，微量元素锰、铁、锌的含量也较高。

因原料组成和肉、骨的比例以及制作工艺的不同，肉骨粉的质量及营养成分差异较大。肉骨粉的生产原料存在易感染沙门氏菌和掺假掺杂问题，购买时要认真检验。另外，储存不当，所含脂肪易氧化酸败，影响适口性和动物产品品质。

肉粉和肉骨粉在猪的配合饲料中可部分取代鱼粉，最好与植物蛋白质饲料混合使用，多喂则适口性下降，对生长也有不利影响，多用于育肥猪和种猪饲料中，仔猪应避免使用。故用量一般成猪可占日粮5%～10%。肉骨粉容易变质腐烂，喂前应注意检查。

③ 玉米蛋白粉　是玉米淀粉厂的主要副产物之一，为玉米除去淀粉、胚芽、外皮后剩下的产品。正常玉米蛋白粉的色泽为金黄色，蛋白质含量越高色泽越鲜艳。玉米蛋白粉一般含蛋白质40%～50%，高者可达60%。玉米蛋白粉氨基酸组成不均衡，蛋氨酸含量很高，可与相同蛋白质含量的鱼粉相当，但赖氨酸和色氨酸严重不足，不及相同蛋白质含量鱼粉的25%，且精氨酸含量较高，饲喂时应考虑氨基酸平衡，与其他蛋白质饲料配合使用。粗纤维含量低，易消化，代谢能水平接近于玉米。由黄玉米制成的玉米蛋白粉含有很高的类胡萝卜素，其中主要是叶黄素和玉米黄素，是很好的着色剂。玉米蛋白粉B族维生素含量低，但胡萝卜素含量高。各种矿物质含量低，钙、磷含量均低。

玉米蛋白粉是高蛋白、高能量饲料，蛋白质消化率和可利用能值高，对猪适口性好，易消化吸收，尤其适用于断奶仔猪。但因其氨基酸不平衡，最好与大豆饼（粕）配合使用，一般用量在 15% 左右。若大量使用，须考虑添加合成赖氨酸。储存和使用玉米蛋白粉的过程中，应注意霉菌含量，尤其是黄曲霉毒素含量。

④ DDGS　DDGS 是玉米干酒糟及可溶物，DDGS 是酒糟中蛋白饲料的商品名，是玉米在生产酒精过程中经过糖化、发酵、蒸馏除酒精后得到的余留物干燥处理的产物。它融入了糖化曲和酵母的营养成分和活性因子，最大限度地保留了原谷物的蛋白质等营养成分，品质上比原谷物有了大幅度的提高，是一种高蛋白、高营养、无任何抗营养因子的优质蛋白饲料原料。蛋白质含量在 28% 以上，是玉米（蛋白质含量为 8.5%）的 3.3 倍。氨基酸种类比玉米更齐全，但赖氨酸和色氨酸含量很低，必须添加赖氨酸和色氨酸。由于含有大量酵母菌体，B 族维生素和维生素 E 含量丰富，且含生长因子。脂肪含量 4%～8%，水分低于 11%。可以长期保存不霉变，高温不酸败；脂肪中各类脂肪酸比例适当，有良好的适应性，有效磷含量高，钙含量很低，需要其他矿物原料来补充。

DDGS 饲料能预防猪肠道消化疾病，能抑制饲料自身的病原菌，在不同猪日粮中的最大用量分别为：仔猪（体重 7～12 千克）和生长猪（体重 12～50 千克）20%，育肥猪（体重 50～100 千克）20%，怀孕母猪 50%，后备母猪和泌乳母猪 20%，种公猪 50%。

3. 青绿饲料

青绿饲料是指天然水分含量在 60% 以上的青绿牧草、饲用作物、树叶类及非淀粉质的根茎、瓜果类等。

青绿饲料具有蛋白质含量丰富、富含多种维生素、纤维素含量较低、水分含量高、柔嫩多汁、适口性好、消化率高、节约精饲料等特点，且品种多、来源广、成本低、采集方便、加工简单，能较好地被家畜利用。特别是实行生态放养、种养结合的家庭农场养猪场以及有牧草种植条件的养猪场，要重点做好青绿饲料的种植和供应。

（1）紫花苜蓿　紫花苜蓿系多年生豆科牧草，被称为牧草之王。植株通常可利用 6～8 年，生长快，每年可割 3～4 次，一般每

667 米² 产 3000～4000 千克。鲜苜蓿中含干物质 20%～30%。粗蛋白质占鲜重的 5% 左右，含赖氨酸、色氨酸较多；无氮浸出物占鲜重的 10%～12%。此外，钙和钾以及维生素 B₁、维生素 B₂、维生素 C、维生素 D、维生素 E、维生素 K 和胡萝卜素含量丰富。紫花苜蓿茎叶柔嫩鲜美，适口性好，猪喜食，可青饲、青储、调制青干草、加工草粉、用于配合饲料或混合饲料等，是养猪及养禽业首选青饲料。

紫花苜蓿的粗纤维含量随生长期的延长而增加，故应注意适时收割。一般以孕蕾期或开花期收割为宜。

（2）聚合草 别名紫草根，为多年生丛生型草本植物。每年可割 3～5 茬，每 667 米² 产草 1 万～2 万千克。聚合草含干物质 13% 左右，其中约 3% 为粗蛋白质，6% 为无氮浸出物，胡萝卜素、烟酸、泛酸、维生素 B₁、维生素 B₂ 等含量亦较为丰富。聚合草的青绿茎叶可以整株或切碎后饲喂，也可打浆后与其他饲料搭配饲喂，制成青储或草粉后饲用也可获得良好效果。

（3）马齿苋 别名马齿菜，一年生肉质草本，为药食两用植物。马齿苋含有蛋白质、脂肪、碳水化合物、膳食纤维、钙、磷、铁、铜、胡萝卜素、维生素 B₁、维生素 B₂、尼克酸、维生素 C 等多种营养成分，尤其是维生素 A、维生素 C、核黄素等维生素和钙、铁等矿物质。叶、茎可作蔬菜，是喂猪良好的青绿饲料。

（4）苦卖菜 别名苦麻菜，一年生或越年生草本植物。适应性强，优质高产。每年可割 3～8 茬，每 667 米² 产量为 5000～6000 千克，含干物质 8%～20%、粗蛋白质 4%、无氮浸出物 4.5%～7.5%。苦卖菜可整株、切碎或打浆后饲喂，虽稍有苦味，但猪喜食，有促进食欲和提高母猪产奶量的作用。

（5）牛皮菜 别名莙达菜，2 年生草本植物。牛皮菜适应性强，适口性好，产量高。北方春播后每年可收获 4～5 次，每 667 米² 产量为 4000～5000 千克。牛皮菜约含干物质 10%、粗蛋白质 2.3%、无氮浸出物 3%～4%。喂猪时以切碎拌料为好。

（6）紫云英 别名红花草。紫云英产量较高，富含蛋白质、矿物质和维生素。鲜嫩多汁，适口性好，尤以猪喜欢采食。现蕾期的紫云英营养价值最高。含干物质 10%～14%，干物质中粗蛋白质和粗纤维含量均高于苜蓿。由于现蕾期产量仅为盛花期的 53%，就营养物质总量而言，则以盛花期刈割为佳，通常用植株的上部 2/3 喂猪。紫云英鲜喂时，以 1 千克精饲料配合 6~7 千克鲜紫云英为好，也可将其制成草粉后喂猪。

（7）甘薯藤 鲜甘薯藤约含干物质 14%、粗蛋白质 2.2%、无氮浸出物 7%，且含维生素较多，是营养价值较高的青饲料。据试验，以密植每 667 米² 4500~5500 株，割藤方式栽培利用时，每 667 米² 可产鲜秧 2200~2600 千克，而甘薯并不减产或仅减产少许。鲜甘薯秧直接或者晒干粉碎成粉均可喂食，饲喂添加量 10%~30%。

（8）苋菜 苋菜为一年生草本植物。再生性强，茎叶柔嫩多汁，适口性好，1 年可收 3~4 茬，每 667 米² 产量为 1 万~1.5 万千克。苋菜含干物质约 12%、粗蛋白质 2.5%、无氮浸出物 4%。其茎叶切碎或打浆喂猪，猪喜食，亦可发酵后或青储饲喂。

◀ 4. 矿物质饲料 ▶

矿物质饲料包括人工合成的、天然单一的和多种混合的，以及配合有载体或赋形剂的痕量、微量、常量元素补充料。矿物质元素在各种动植物饲料中都有一定含量，虽多少有差别，由于动物采食饲料的多样性，可在某种程度上满足对矿物质的需要。但在舍饲条件或集约化生产条件下，矿物质元素来源受到限制，猪对它们的需要量增多，猪日粮中另行添加所必需的矿物质成了唯一的方法。目前已知畜禽有明确需要的矿物质元素有 14 种，其中常量元素 7 种：钾、镁、硫、钙、磷、钠和氯。饲料中常不足，需要补充的有钙、磷、氯、钠 4 种；微量元素 7 种：铁、锌、铜、锰、碘、硒和钴。

① 含氯、钠饲料 食盐：即氯化钠（$NaCl$），一般称为食盐，钠和氯都是猪需要的重要元素，食盐是最常用，又经济的钠、氯的补充物。食盐除了具有维持体液渗透压和酸碱平衡的作用外，还可刺激唾液分泌，提高饲料适口性，增强动物食欲，具有调味剂的作用。饲用食盐一般要求较细的粒度。美国饲料制造者协会（AFMA）建议，应 100% 通过 30 目筛。食盐中含氯 60%，含钠 40%，碘盐还含有 0.007% 碘。纯净的食盐含氯 60%，含钠 40%，此外，尚有少量钙、

镁、硫等杂质，饲料用盐多为工业盐，含氯化钠95％以上。

食盐的补充量与动物种类和日粮组成有关。一般食盐在风干饲粮中的用量为0.25％～0.5％为宜。浓缩饲料中可添加1％～3％。添加的方法有直接拌在饲料中，也可以以食盐为载体，制成微量元素添加剂预混料。

食盐不足可引起食欲下降，采食量降低，生产性能下降，并导致异食癖。食盐过量时，只要有充足的饮水，一般对猪的健康无不良影响，但若饮水不足，可出现食盐中毒，甚至有死亡现象。使用含盐量高的鱼粉、酱渣等饲料时应调整日粮食盐添加量，若水中含有较多食盐，饲料中可不添加食盐。

② 含钙饲料

a. 石粉　主要是指石灰石粉，天然碳酸钙（$CaCO_3$）为白色或灰白色粉末。石粉中含纯钙35％以上，是补充钙最廉价、最方便的矿物质饲料。石灰石粉还含有氯、铁、锰、镁等。除用作钙源外，石粉还广泛用作微量元素预混合饲料的稀释剂或载体。品质良好的石灰石粉与贝壳粉，必须含有约38％的钙，而且镁含量不可超过0.5％，只要铅、汞、砷、氟的含量不超过安全系数，都可用于猪饲料。石粉的用量依据猪的种类及生长阶段而定，一般配合饲料中石粉使用量为0.5％～2％。单喂石粉过量，会降低饲粮有机养分的消化率，石粉作为钙的来源，其粒度以中等为好，一般猪为26～36目。

b. 石膏　石膏的化学式$CaSO_4 \cdot 2H_2O$，灰色或白色结晶性粉末，有两种产品，一种是天然石膏的粉碎产品，一种是磷酸制造工业的副产品，后者常含有大量氟，应予以注意。是常见的容易取得的含钙饲料之一。石膏的含钙量在20％～30％，变动较大。此外，大理石、熟石灰、方解石、白垩石等都可作为猪的补钙饲料。

c. 蛋壳粉　禽蛋加工和孵化产生的蛋壳，须经干燥灭菌、粉碎后才能作为饲料使用。蛋壳粉含钙达30％左右，含粗蛋白质达10％左右，还有少量磷。是理想的钙源饲料，用鲜蛋壳制粉应注意消毒，以防蛋白质腐败，甚至带来传染病。

d. 贝壳粉　贝壳（包括蚌壳、牧蛎壳、蛤蜊壳、螺蛳壳等）烘干后制成的粉，含有一些有机物，呈白色粉末状或片状，主要成分是碳酸钙。也有海边堆积多年的贝壳，其内部有机质已消失，是良好的碳酸钙饲料。饲料添加的贝壳粉含钙量应不低于33％。加工应注意消毒，以防蛋白质腐败，消除传染病。

微量元素预混料常使用石粉或贝壳粉作为稀释剂或载体，而且所占配比很大，配料时应把它的含钙量计算在内。

③ 含磷饲料　含磷饲料有磷酸钙类（包括磷酸一钙、磷酸二钙、磷酸三钙）、磷酸钾类（包括磷酸一钾、磷酸二钾）、磷矿石粉等。猪常用的磷补充饲料有骨粉和磷酸氢钙。

a. 骨粉的营养价值在前面的蛋白质饲料已做介绍，这里不再重述。

b. 磷酸氢钙　又称为磷酸二钙，为白色或灰白色粉末，含钙不低于23％，磷不低于18％，铅含量不超过50毫克/千克。磷酸氢钙的钙磷利用率高，是优质的钙磷补充料。猪日粮中的磷酸氢钙不仅要控制其钙磷含量，尤其注意含氟量，必须是经过脱氟处理合格、氟含量不宜超过0.18％的才能用。注意补饲本类饲料往往引起两种矿物质数量同时变化。

5. 维生素饲料

维生素饲料，是指工业合成或由天然原料提纯精制（或高度浓缩）的各种单一维生素制剂和由其生产的复合维生素制剂。由于大多数维生素都有不稳定、易氧化或易被其他物质破坏失效的特点和饲料生产工艺上的要求，几乎所有的维生素制剂都经过特殊加工处理或包被。例如，制成稳定的化合物或利用稳定物质包被等。为了满足不同使用要求，在剂型上还有粉剂、油剂、水溶性制剂等。此外，商品维生素饲料添加剂还有各种不同规格含量的产品。由于维生素不稳定的特点，对维生素饲料的包装、储藏和使用均有严格的要求，饲料产品应密封、隔水包装，最好是真空包装。储藏在干燥、避光、低温条件下。高浓度单项维生素制剂一般可储存1~2年，不含氯化胆碱和维生素C的维生素预混合料不超过6个月，含维生素的复合预混合料最好不超过1个月，不宜超过3个月。所有维生素饲料产品，开封后需尽快用完。湿拌料时应现喂现拌，避免长时间浸泡，以减少维生素的损失。

6. 饲料添加剂

饲料添加剂是指针对猪日粮中营养成分不平衡而添加的，能平衡饲料的营养成分和保护饲料中的营养物质、促进营养物质的消化吸收、调节机体代谢、提高饲料的利用率和生产效率、促进猪的生长发育及预防某些代谢性疾病，改进动物产品品质和饲料加工性能的物质的总称。

饲料添加剂分为营养性饲料添加剂和非营养性饲料添加剂两大类。营养性添加剂包括氨基酸、维生素和微量元素。非营养性添加剂包括抗生素等生长促进剂、抗氧化剂、保健剂和防霉剂等。

（1）抗生素及抗菌药物　主要作用是抑制动物体内有害微生物的生长繁殖，减少动物亚临床症状疾病的发生，充分发挥动物对饲料的利用能力和生产潜力，从而起到促进动物生长、提高生产力、提高动物对饲料的利用率的目的。具体使用参照表5-2"允许使用的饲料药物添加剂（农业部2001年第168号公告）"和表5-3"禁止在饲料和动物饮水中使用的药物品种目录"的规定。

表 5-2　允许使用的饲料药物添加剂（农业部 2001 年第 168 号公告）

饲料药物添加剂附录一

序号	名　称	序号	名　称
1	二硝托胺预混剂	11	盐酸氨丙啉、乙氧酰胺苯甲酯、磺胺喹啉预混剂
2	马杜霉素铵预混剂	12	氯羟吡啶预混剂
3	尼卡巴嗪预混剂	13	海南霉素钠预混剂
4	尼卡巴嗪、乙氧酰胺苯甲酯预混剂	14	赛杜霉素钠预混剂
5	甲基盐霉素、尼卡巴嗪预混剂	15	地克珠利预混剂
6	甲基盐霉素预混剂	16	复方硝基酚钠预混剂
7	拉沙诺西钠预混剂	17	氨苯胂酸预混剂
8	氢溴酸常山酮预混剂	18	洛克沙胂预混剂
9	盐酸氯苯胍预混剂	19	莫能菌素钠预混剂
10	盐酸氨丙啉、乙氧酰胺苯甲酯预混剂	20	杆菌肽锌预混剂

续表

饲料药物添加剂附录一

序号	名　称	序号	名　称
21	黄霉素预混剂	28	牛至油预混剂
22	维吉尼亚霉素预混剂	29	杆菌肽锌、硫酸黏杆菌素预混剂
23	喹乙醇预混剂	30	吉他霉素预混剂
24	那西肽预混剂	31	土霉素钙预混剂
25	阿美拉霉素预混剂	32	金霉素预混剂
26	盐霉素钠预混剂	33	恩拉霉素预混剂
27	硫酸黏杆菌素预混剂		

饲料药物添加剂附录二

序号	名　称	序号	名　称
1	磺胺喹啉、二甲氧苄啶预混剂	13	氟苯咪唑预混剂
2	越霉素 A 预混剂	14	复方磺胺嘧啶预混剂
3	潮霉素 B 预混剂	15	盐酸林可霉素、硫酸大观霉素预混剂
4	地美硝唑预混剂	16	硫酸新霉素预混剂
5	磷酸泰乐菌素、磺胺二甲嘧啶预混剂	17	磷酸替米考星预混剂
6	硫酸安普霉素预混剂	18	磷酸泰乐菌素预混剂
7	盐酸林可霉素预混剂	19	甲砜霉素散
8	赛地卡霉素预混剂	20	诺氟沙星、盐酸小檗碱预混剂
9	伊维菌素预混剂	21	呋喃苯烯酸钠粉
10	维生素 C 磷酸酯镁、盐酸环丙沙星预混剂	22	喹酸散
11	延胡索酸泰妙菌素预混剂	23	磺胺氯吡嗪钠可溶性粉
12	环丙氨嗪预混剂		

注：农业部（2015）公告第 2292 号决定在食品动物中停止使用洛美沙星、培氟沙星、氧氟沙星、诺氟沙星 4 种兽药，撤销相关兽药产品批准文号。

表 5-3　禁止在饲料和动物饮水中使用的药物品种目录

（农业部、卫生部、国家药品监督管理局 2002 年第 176 号公告）

一、肾上腺素受体激动药
盐酸克仑特罗（Clenbuterol Hydrochloride）：β-2 肾上腺素受体激动药
沙丁胺醇（Salbutamol）：β-2 肾上腺素受体激动药
硫酸沙丁胺醇（Salbutamol Sulfate）：β-2 肾上腺素受体激动药
莱克多巴胺（Ractopamine）：一种 β 兴奋剂，FDA（Food and Drug Administration，美国食品及药物管理局）已批准，中国未批准
盐酸多巴胺（Dopamine Hydrochloride）：多巴胺受体激动药
西马特罗（Cimaterol）：美国氰胺公司开发的产品，一种 β 兴奋剂，FDA 未批准
硫酸特布他林（Terbutaline Sulfate）：β-2 肾上腺素受体激动药
二、性激素
己烯雌酚（Diethylstibestrol）：雌激素类药
雌二醇（Estradiol）：雌激素类药
戊酸雌二醇（Estradiol Valerate）：雌激素类药
苯甲酸雌二醇（Estradiol Benzoate）：雌激素类药，用于发情不明显动物的催情及胎衣滞留、死胎的排除
氯烯雌醚（Chlorotrianisene）
炔诺醇（Ethinylestradiol）
炔诺醚（Quinestrol）
乙酸氯地孕酮（Chlormadinone acetate）
左炔诺孕酮（Levonorgestrel）
炔诺酮（Norethisterone）
绒毛膜促性腺激素（绒促性素）（Chorionic Gonadotrophin）：激素类药，用于性功能障碍、习惯性流产及卵巢囊肿等
促卵泡生长激素（尿促性素主要含卵泡刺激 FSHT 和黄体生成素 LH）（Menotropins）：促性腺激素类药
三、蛋白同化激素
碘化酪蛋白（Iodinated Casein）：蛋白同化激素类，为甲状腺素的前驱物质，具有类似甲状腺素的生理作用
苯丙酸诺龙及苯丙酸诺龙注射液（Nandrolone Phenylpropionate）

续表

四、精神药品
盐酸氯丙嗪(Chlorpromazine Hydrochloride):抗精神病药,镇静药,用于强化麻醉以及使动物安静等
盐酸异丙嗪(Promethazine Hydrochloride):抗组胺药,用于变态反应性疾病,如荨麻疹、血清病等
安定(地西泮)(Diazepam):抗焦虑药、抗惊厥药、镇静药
苯巴比妥(Phenobarbital):镇静催眠药、抗惊厥药,巴比妥类药,缓解脑炎、破伤风、士的宁中毒所致的惊厥
苯巴比妥钠(Phenobarbital Sodium):巴比妥类药,缓解脑炎、破伤风、士的宁中毒所致的惊厥
巴比妥(Barbital):中枢抑制和增强解热镇痛
异戊巴比妥(Amobarbital):催眠药、抗惊厥药
异戊巴比妥钠(Amobarbital Sodium):巴比妥类药,用于小动物的镇静、抗惊厥和麻醉
利血平(Reserpine):抗高血压药
艾司唑仑(Estazolam)
甲丙氨酯(Meprobamate)
咪达唑仑(Midazolam)
硝西泮(Nitrazepam)
奥沙西泮(Oxazepam)
匹莫林(Pemoline)
三唑仑(Triazolam)
唑吡旦(Zolpidem)
其他国家管制的精神药品
五、各种抗生素滤渣
抗生素滤渣:该类物质是抗生素类产品生产过程中产生的工业三废,因含有微量抗生素成分,在饲养过程中使用后对动物有一定促生长作用。但对养殖业的危害很大,一是容易引起耐药性;二是由于未做安全性试验,存在各种安全隐患

（2）铜制剂 铜制剂能提高胃蛋白酶、脂肪酶等的活性，提高猪禽食欲和饲料转化率，改善肠道内气体状况，加速营养物质的消

化吸收，促进动物生长，增加猪饲料的商业性状。尤其对断奶仔猪具有明显的促进生长功用。仔猪饲料中铜的添加量应小于200毫克/千克，铜含量过高引起动物铜中毒和动物某些营养素缺乏，增加饲料成本，甚至影响食品安全，危害人体健康，导致环境污染，破坏生态平衡等。由于高铜的促生长效果的片面夸大化，养殖户对猪饲料粪便变黑的不正常商业要求，生产厂家误导性的炒作宣传，导致高铜的使用面越来越广，有无作用都盲目添加。更有厂家相互攀比铜含量高低，毫无科学依据地将之作为宣传重点。因此应慎重使用高铜制剂。

（3）酶制剂　饲用酶制剂作为一种饲料添加剂，能有效提高饲料的利用率、促进动物生长和防治动物疾病的发生，可明显提高动物对饲料养分的利用率，大大降低有机质、氮、磷等物质的排泄量，减少对环境的污染。与抗生素和激素类物质相比，酶制剂对动物无任何毒副作用，不影响动物产品的品质，被称为"天然"或"绿色"饲料添加剂，具有卓越的安全性。因此引起了全球范围内饲料行业的高度重视。

常用的酶制剂有胃蛋白酶、胰蛋白酶、菠萝蛋白酶、支链淀粉酶、淀粉酶、纤维素分解酶、胰酶、乳糖分解酶、葡萄糖酶、脂肪酶和植酸酶等。

（4）活菌制剂　又名生菌剂，微生态制剂。即动物食入后，能在消化道中生长、发育或繁殖，并起有益作用的活体微生物饲料添加剂。它是近十多年来为替代抗生素饲料添加剂开发的一类具有防治消化道疾病、降低幼畜死亡率、提高饲料效率、促进动物生长等作用，安全性好的饲料添加剂。常用的活菌制剂有乳酸菌、双歧杆菌、芽孢杆菌。

（5）益生菌　世界著名生物学家、日本琉球大学比嘉照夫教授将光合菌群、酵母菌群、放线菌群、丝状菌群、乳酸菌群等80余种有益微生物巧妙地组合在一起，让它们共生共荣，协调发展。人们统称这种多种有益微生物为益生菌。它的结构虽然复杂，但性能稳定，在农业、林业、畜牧业、水产、环保等领域应用后，效果良好。益生菌兑水加入饲料中直接饲喂牲畜、家禽等动物，能增强动物的抗病力，并有辅助治疗疾病的作用。用益生菌发酵饲料时，通过有益微生物的生长繁殖，可使木质素、纤维素转化成糖类、氨基酸及微量元素等营养物质，可被动物吸收利用。益生菌的大量繁殖又可消灭沙门氏菌等有害微生物。

目前，生产益生菌的厂家很多，要选购大型厂家生产的有批号的产品。这种产品有固体的，有液体的，以液体的为好。

（6）防霉剂　防霉剂是能杀灭或抑制霉菌和腐败菌代谢及生长的物质，防止因高温、潮湿等引起饲料原料或成品，特别是营养浓度高易吸湿的原料霉变。可作为防霉剂的物质很多，主要是有机酸及其盐类。目前应用于饲料中的防霉剂有丙酸及盐类、苯甲酸及苯甲酸钠、山梨酸及其盐类、去水乙酸钠、富马酸及富马酸二甲酯、乙酸、硝酸、亚硝酸、二氧化硫及亚硫酸的盐类等。由于苯甲酸存在着叠加性中毒，有些国家和地区已禁用。丙酸及其盐是公认的经济而有效的防霉剂。防霉剂发展的趋势是由单一型转向复合型，如复合型丙酸盐的防霉效果优于单一型丙酸钙。

四、要重视仔猪的营养

规模化养猪通常要在仔猪出生后的 30 天左右实施早期隔离断奶，在仔猪出生后至断奶这段时期，饲养管理的主要目标是最大程度提高仔猪成活率，从而挖掘仔猪最佳的生长潜能，最后达到仔猪的最大断奶重和减少仔猪的断奶应激。断奶重对商品猪一生的生长性能都有明显的正相关。有报道称，断奶体重多 1 千克，出栏时间可以缩短大约 10 天，饲料效率提高 3%～5%，因此相同日龄仔猪的断奶体重越大越好。而要达到以上目标，仔猪出生后直到断奶前后的营养非常关键。

生产中针对仔猪的营养方面除了重视母猪的营养，提高母猪的泌乳能力以外，还要使用好仔猪的代乳粉和教槽料。

母猪的乳汁中不仅含有易于消化吸收的脂肪成分，还含有能被仔猪高度消化吸收的乳蛋白与乳糖。并且母乳还含有仔猪生长所不可缺少的生物活性成分，母乳不仅保证了仔猪出生初期的营养需要，而且为仔猪的健康成长提供了保障。

但规模化养猪由于受到饲养管理水平、饲养条件、疾病，甚至产仔过多等影响，不可避免地会出现母猪泌乳不足的情况，而一旦出现母猪泌乳不足问题，就必须使用仔猪代乳粉代替母乳进行喂养。

代乳粉的主要成分包括易消化的蛋白质和脂肪、高比例的乳糖、适宜的脂肪酸比例、对肠壁完整性有维护和快速修复功能的谷氨酰胺及维生素、矿物质、甜味剂等。

仔猪代乳粉是根据仔猪生理特点，结合营养平衡理论和免疫调控技术科学配制，并采用先进工艺和设备精制而成的。代乳粉可以提高仔猪的成活率和生长潜力，为仔猪的快速生长和提前上市打下坚实的基础。

代乳粉的另一个好处是：在仔猪断奶后使用代乳粉，可以使仔猪早期断奶之后两周达到最佳消化吸收能力，保证仔猪营养需要的不间断，最后平稳地度过断奶应激这一过程。

与饲喂教槽料相比，补充代乳粉可增加断奶重并弥补因产奶量下降而对断奶重所产生的抑制作用。从吃母乳到采食固体饲料这一过渡期，使用代乳粉可以增加断奶仔猪的采食量、加快生长速度。但是，在设计代乳粉饲养方案时，必须控制饲喂量。仔猪过量摄食只会导致腹泻，趋向断奶时逐渐降低代乳粉的配给量，能使仔猪寻食干饲料，从而为仔猪只能采食固体料做好准备，同时也必须考虑饲喂器的类型。

仔猪的教槽料也叫开口料，是养猪生产上主要的饲料品种之一。目前，养猪生产中普遍重视仔猪的教槽料使用。因为母猪的泌乳量在14～20天达到高峰，以后逐渐下降，此时乳猪生长加快，对营养需求越来越高，这就形成了仔猪营养需要与母猪乳汁供应的矛盾。

使用开口料可以缩短乳猪哺乳期断奶时间，使传统的由45～60天减少到21～28天，甚至更早时间断奶。不仅提高了乳猪的断奶体重，而且可以培育肠道，避免仔猪在肠道没有经过饲料适应而直接断奶后被迫采食高抗原饲料而导致肠道损伤，严重影响营养物质的消化吸收，产生严重的乳猪断奶应激，为仔猪创造一个稳定生长的环境。还可以克服由于母乳不足、乳猪断奶体重下降这一问题。仔猪早期断奶使仔猪的哺乳期缩短了，基础母猪可以缩短繁殖间隔期，可以由原来的一年两产提高到两年五产，提高母猪的繁殖效率，同时也提高了养猪设施的利用率和劳动生产率。

教槽料应该使用专用的仔猪教槽料，目前在仔猪生产中使用的教槽料类型主要有颗粒、破碎、粉状、液态4种形态。实际生产中，应用最多的是前3种，仅有少数大型养猪场使用液态教槽料。

教槽料应该具备易于消化吸收、适口性好、营养全面均衡、猪只发病率低、无断奶应激现象等特点。原料选择重点考虑猪的消化率、可口性和可消化氨基酸的平衡性。蛋白以动物源性蛋白为佳，如乳清粉、脱脂奶粉、血浆蛋白粉和进口鱼粉等。植物性原料要膨化或者发酵处理，做到"零抗原"或"低抗原"。油脂要求纯度高，以大豆油、玉米油、椰子油等为主，并应用抗氧化剂。严格控制玉米等原料的水分和霉变。

教槽料的使用时间，目前普遍要求是从仔猪初生后7天开始，就可以开始给仔猪补充饲料，一直用到仔猪断奶后7天内这段时间。

值得养殖者注意的是，关于是否使用教槽料问题，也有不同的意见，在国外认为是有代乳品的，但是没有教槽料。所以教槽料是个伪命题，养猪人是达不到目的的，只会"劳民伤财"。一是国外不存在教槽料的说法。在国外，比如法国、丹麦、澳大利亚等地养猪的整个生产管理体系中，没有"教槽"这个名词，没有这个工种，没有这个程序，更没有教槽料。国外只有过渡料，没有教槽料。二是教槽料效果低下。但是据爱尔兰一家养猪刊物的报道，正常情况下母猪的泌乳量是非常大的，除非母猪的产奶量较低，仔猪才会吃较多的教槽料。据估计，教槽料采食量占仔猪断奶前能量总摄入量的 2%～5%。例如，一个猪群内每窝仔猪在 12～26 日龄采食教槽料 1.73 千克，平均每头仔猪采食 173 克，14 天平均每头每天采食 12.4 克，需要日粮含消化能 16.5 兆焦/千克。因此饲喂教槽料每天可为每头仔猪提供 0.20 兆焦消化能。然而每头仔猪每天吃到 1.1 升奶，可以得到 6.38 兆焦消化能，每天可增重 275 克。教槽料可提供总摄入能量 6.38 兆焦的 3.1%。这能够弥补多少母乳不足呢？根本是微不足道的，可以忽略不计。三是教槽料作用与目的的矛盾性。教槽的目的是用饲料刺

激仔猪的肠胃，训练它，让它知道这是食物，同时锻炼它的胃肠道的消化功能，让其肠绒膜得到充分发育，让它产生区别于母乳的营养物质刺激胃肠道，使其产生相应的酶，进而能够消化淀粉、氨基酸等不同于母乳的营养物质。理论上这个冠冕堂皇的理由说得很对，实际上，在实践中是经不起推敲和验证的。为什么呢？

第一，如果要用源性营养物质去刺激它，那么查看一下教槽料的成分，首先是大豆分离蛋白、动物蛋白、血浆、血球，然后是乳清粉、奶粉、发酵豆粕、膨化玉米等这些经过特殊加工处理的原料，这些东西价格偏高，而且相对容易消化吸收，这跟教槽料的目的就背道而驰了。首先要搞清楚什么叫不同源性，反差越大的东西源性越不同，那么用这些乳制品就达不到锻炼的效果，因为这些物质都太好消化了，虽然与母乳有差异，但是差异不大，就达不到刺激胃肠道的效果，粗粮才有利于肠道的锻炼。

第二，要锻炼仔猪消化这些营养物质，首先适口性尽量要好，那么饲料厂商就加进一些适口性好的东西，比如甜味剂、香味剂等诱食剂，这是错误的。首先应该去减少那些适口性不好的东西，这样不用添加这些诱食剂同样能达到诱食的效果。适口性的改变首先是要做减法，而不是加法，应该减少适口性差的、霉变的猪不喜欢吃的东西。钙粉、铜铁锰锌等微量元素和磷酸氢钙、氧化锌都是适口性非常不好的东西。添加了这么多东西怎么会达到增加适口性的效果呢？猪在泌乳的时候，母乳中的磷、钙等微量元素是足够的，那么为什么还要添加这些东西呢？有些公司只是为了自身商业利益开发这些出来。那么正常的教槽料是什么呢？用黄豆、大米炒一下，磨成粉就是非常好的教槽料，而且成本低、效果好。因为黄豆、大米里没有适口性不好的东西，里面的淀粉、蛋白质就能诱导仔猪胃肠道产生相应的酶来消化这些东西。教槽料中血浆蛋白的使用也备受质疑，因为制作血浆的猪未经严格检疫，血细胞中存在带毒的可能，并且血浆生产过程也存在安全隐患，易导致病原微生物大量繁殖，还存在动物福利方面的问题，即对猪使用猪血浆蛋白是没有"猪道"的做法。

一般来说，仔猪在 15 日龄之前对任何饲料都不感兴趣，而有些公司在标签上表明 7 天开始教槽，完全是错的，根本就是一些没养过猪的人在教大家养猪，就是在欺骗。如果奶水正常，仔猪在 15 日龄或体重 5 千克之前基本对母乳、水以外的任何营养物质都不感兴趣；如果奶水不好的话，那么教槽料对猪来讲也会造成伤害，达不到它的营养要求，应该用乳糖、乳脂、乳蛋白含量较高的代母乳之类的东西，但那就不是教槽料了，是代乳品了。在国外是有代乳品的，但是没有教槽料。所以教槽料是个伪命题，养猪人是达不到目的的，只会"劳民伤财"，但是这些商家、教授、生产商却是利益既得者。

我们用教槽料做过实验，使用教槽料后的断奶仔猪前期确实长得快，但后期仍会出现问题。仔猪断奶以后本来就是要掉膘的，皮肤发黄、毛色差是正常的生理反应，而为了保持皮肤红润、毛色光亮不掉膘，就要使用激素、血球、血浆、抗生素等，这样才会达到皮红、毛亮、不掉膘的结果，但是这些东西严重影响了后期的生长速度，严重地透支了后期的健康状况，埋下了一系列隐患。而且现在的教槽料都加入了大量药物来控制拉稀，给大家造成了一种不会使仔猪断奶时腹泻的教槽料就是好料的错觉。

几乎所有厂家都把教槽料的研发放到了消化吸收率上，动不动就相互比较猪的生长速度，而忽视了教槽的真正目的。健康的一头猪被人为地从吃的第一口料开始就吃上了药，损伤了肠胃造成一生的疾病，即使不生病，也是亚健康，给了药厂无限的机会。

以上关于教槽料的观点值得养殖者思考和借鉴，重点是提高母猪的泌乳能力，要把功夫下在重视泌乳母猪的饲养管理上，特别是妊娠期母猪的饲养管理。建议即使使用教槽料，也不宜过早使用，在仔猪断奶前 7 天左右使用将黄豆和大米炒后磨成粉的自制仔猪教槽料，代替价格昂贵的教槽料。

五、根据猪的不同生长阶段选择合适的饲料

营养是基础，饲料是养猪业的关键，一般占整个生产成本的 60％～80％。由于不同猪种及其不同生长发育阶段的营养需要都不一样，日粮中的营养水平和营养物质含量应根据猪生长阶段不同而异。

无论是自己配制还是外购饲料，在饲料使用上要做到"按猪选料"和"看猪下料"，不能图省事用一种饲料饲养全部猪，更不能贪便宜购买质量差的饲料。

种公猪：饲养公猪的主要目的是获取该品系的优秀基因表达生物制品（精液表达）。要获取种公猪强壮的体况、优质的精液，在满足其对环境、疾病控制的基础条件下，公猪的营养是最重要的要素。由于种公猪在配种利用中会消耗大量蛋白质，自身的组织代谢更新也需要大量蛋白质，其对蛋白质的要求远远高于母猪，公猪的能量需求也高于母猪。公猪对维生素A、微量元素等需求量也大，因此用种公猪专用的饲料可以更好地满足种公猪的营养需求。

很多猪场饲养种公猪的数量都不是很多，在饲料使用上存在的问题却是最多的，有的是对饲料营养的认识上有误区，不懂得公猪与母猪及育肥猪在营养需要上的差别，片面地认为饲料都一样。或者由于需要的公猪饲料数量少，自己配制或购买公猪饲料时数量不好把握，经常出现断顿，只好用母猪料或者育肥猪料代替。或者一次配制或购买数量过多，储存保管不当，致使饲料变质或超过保质期还继续饲喂，这种情况短期使用看不出明显的不良后果，但是长期使用不良后果就会逐渐显现，甚至会造成无法挽回的后果。

后备母猪：对于后备母猪的饲养要求是能正常生长发育，保持不肥不瘦的种用体况。在饲料使用上，养猪场容易犯的错误是用育肥猪料代替后备母猪料。但是，后备母猪培育期日粮与育肥猪日粮相比，饲料营养中应含较多钙和磷，使其骨骼中的矿物质沉积量达到最大，从而延长母猪的繁殖寿命。

还要注意能量和蛋白质的比例，特别要满足矿物质、维生素和必需氨基酸的供给，切忌用大量能量饲料饲喂，防止后备母猪过肥影响种用价值。

妊娠母猪：母猪妊娠前期，由于胎儿发育较慢，加之母猪营养利用率高，所需营养不多，但要注意饲料营养的平衡性。妊娠后期，随着胎儿发育加快，营养需要也随之增加，此时，营养水平决定着仔猪的初生体重。同时，为了让母猪在体内蓄积一定养分，待产后泌乳使用。因此加强妊娠后期母猪的营养，是保证胎儿正常生长发育，提高仔猪初生重和母猪泌乳量的关键。一般饲养条件下，能量和蛋白质基本可满足胚胎发育的需要，不是极端不足不至于造成胚胎死亡，妊娠后期能量和蛋白质不足只是降低仔猪初生重和活力，一般不会导致胎儿死亡，但能量水平过高会增加胚胎死亡率。妊娠母猪营养性流产、化胎、木乃伊、死胎、畸形仔猪，主要是妊娠期维生素和矿物质不足所致。如钙、磷不足时死胎增加，仔猪活力差；维生素 A 缺乏可引起胚胎死亡被吸收，产死胎、失明、兔唇等畸形仔猪；核黄素和泛酸缺乏可引起胚胎或初生仔猪死亡。

哺乳母猪：实施"低妊娠、高泌乳"的营养供给。现代母猪都是瘦肉型且具有良好的生产性能，在体储备较少时便开始繁殖，妊娠期高饲养水平导致的两次转化不但不经济，而且妊娠期的饲料采食量增加会导致哺乳期的饲料采食量减少，从而较早开始动用体储备。限制妊娠期的饲料采食量将会减少泌乳期体重的损失，而有助于延长母猪的繁殖寿命。

重视原料品质，控制杂粕用量。杂粕通常含有较高的抗营养因子和毒素，会损害母猪的健康。如棉籽饼（粕）不宜用于饲喂后备母猪、妊娠母猪和哺乳母猪。

提高哺乳母猪泌乳量的营养措施。按照哺乳母猪的营养需要量配制并供给合理的日粮是提高母猪泌乳量的关键。在配制哺乳母猪饲粮时，除了保证适宜的能量和蛋白质水平，最好添加一定量动物性饲料，如鱼粉等；还要保证矿物质和维生素的需要，否则母猪不仅泌乳量下降，而且易发生瘫痪。应关注母猪饲料的消化率，消化率高才能够保证母猪泌乳期最大的采食量，大采食量才有大泌乳量和优质乳汁，然后才能够保证乳猪的断奶窝重和成活率。夏季母猪日粮中添加一定量维生素 C（150～300 毫克/千克）可减缓高热应激症。

空怀母猪：空怀母猪的饲料配方要根据母猪的体况灵活掌握，主要取决于哺乳期的饲养状况及断奶时母猪的体况，使母猪既不能太瘦又不能过肥，断奶后尽快发情配种，缩短发情时间间隔，从而发挥其最佳的生产性能。生产上，空怀期母猪的饲养通常作为哺乳期母猪饲养的延续。

育肥阶段的猪：最主要的营养指标为能量，能量饲料在配方中占的比例也较大。小猪料的设计思路是以骨骼发育为前提、以生长速度为目的，仔猪在保育舍内需要饲喂高营养水平的仔猪料，转到育成舍后饲喂育成料。有的养猪场为了贪图一时便宜，用中猪料代替小猪料，小猪阶段营养不足，影响了猪的后期发育，这种做法得不偿失。

生长育肥猪主要要求生长速度、饲料利用率和瘦肉率来体现生长育肥猪的效益，从体重 20～100 千克这一生长过程，多划分为生长期和育肥期两个阶段，其中，生长期要求能量和蛋白质水平高，而育肥期要控制能量，减少脂肪沉淀。

育肥期猪的特点：体重 60 千克～出栏为育肥期，此阶段猪的各器官、系统的功能都逐渐完善，尤其是消化系统有了很大发展，对各种饲料的消化吸收能力都有很大改善；神经系统和机体对外界的抵抗力也逐步提高，逐渐能够快速适应周围温度、湿度等环境因素的变化。此阶段猪的脂肪组织生长旺盛，肌肉和骨骼生长较为缓慢。

育肥猪饲料配方要根据育肥猪的营养需要来制定。一般情况下，猪日采食能量越多，日增重越快，饲料利用率越高，沉积脂肪也越多。但此时瘦肉率降低，胴体品质变差。蛋白质的需要更为复杂，为了获得最佳的肥育效果，不仅要满足蛋白质量的需求，而且要考虑必需氨基酸之间的平衡和利用率。

由于猪是单胃杂食动物，对饲料粗纤维的利用率很有限，研究表明，一定条件下，随饲料粗纤维水平的提高，能量摄入量减少，增重速度和饲料利用率降低，因此猪日粮粗纤维不宜过高，育肥期应低于 8%。能量高使胴体品质降低，而适宜的蛋白质能够改善猪胴体品质，这就要求日粮具有适宜的能量蛋白比。

矿物质和维生素是猪正常生长和发育不可缺少的营养物质，长期过量或不足，将导致代谢紊乱，轻者增重减慢，严重的发生缺乏症或死亡。育肥期要控制能量，减少脂肪沉积，饲粮消化能 12.30～12.97 兆焦/千克，粗蛋白水平为 13%～15%，适宜的能量蛋白比为 188.28～217.57 克/兆焦，钙 0.46%，磷 0.37%，赖氨酸 0.52%，蛋氨酸＋胱氨酸 0.28%。

六、掌握购买饲料的方法

购买饲料，是绝大多数养猪场都要面对的问题，养殖经营管理者必须掌握采购的要领，从众多饲料厂家选择自己所需的质优价廉的好饲料，养猪场可以从以下 3 个方面考察。

1. 到饲料生产企业现场考察

一看工厂的规模：看其是否有雄厚的经济实力，良好的企业管理、生产设施和生产环境。企业部门的设置，企业的各个职能部门是否设置齐全，这是企业是否正规的一个指标，尤其是质检、采购、配方师等。一个完整的队伍，是完成任务的保证。小饲料厂往往没有这些部门，所有的工作都由老板自己承担，既要管原料的采购，又要管配方，还要管生产加工和销售，一个人的精力毕竟有限，顾此失彼，不可能全部照顾得到。还有的饲料厂临时外请技术人员负责配方或购买别人的现成配方，不能够根据客户反馈适时调整配方，原料改变了，但为了节省购买配方的钱也不能够及时调整配方，这些情况下，饲料的质量很难保证。

二看生产原料：原料的好坏直接影响饲料成品的好坏，看生产原料要到仓库实际查看，不能听信厂家的介绍。因为原料的价格、含量、成分、产地等差别很大，厂家往往都会说他们使用的进口鱼粉，维生素是包被的、豆粕是高蛋白的等，到仓库一看便知，即使你对原料不是十分懂，但你可以从实物上看，是否有产品质量检验合格证和产品质量标准；是否有产品批准文号、生产许可证号、产品执行标准以及标签认可号；标签应以中文或适用符号标明产品名称、原料组成、产品成分分析、净重、生产日期、保质期、厂名、厂址、产品标准代号、使用方法和注意事项；进口饲料添加剂应有国务院农业行政主管部门登记的进口登记许可证号，有效期为 5 年，产品必须用中文标明原产国名和地区名。不明白的可以抄录或拍照回去查资料了解，而没有合格证和质量标准的，没有标签或标签不完整的，没有中文标识的，应为不合格产品。

三看原料和成品的保管：主要看仓储设施。主要原料（如玉米）

是否有大型仓库或者储料塔。看其他原料的质量主要看储存条件和生产厂家。原料储存和供应是否充足，质量是否可靠。大型饲料企业每天的生产量都在几百吨甚至上千吨以上，如果原料供应不上，原料现进现加工，很难保证饲料的稳定供应，不能因为原料供应不及时而时断时续，储存条件要好，没有露天风吹日晒、虫害、鼠害、鸟害等，原料要保证卫生和不发霉变质。

四看生产设备：好的生产设备是生产合格产品的保证，而简陋的设备不可能生产出质量稳定的产品，时好时坏，加工不好的饲料会导致粒度变化、成分混合不充分、猪挑食、饲料利用率降低、生产性能下降，极端情况下，会引起严重的健康问题。

2. 到饲料用户处咨询

金杯银杯不如百姓的口碑，到附近的养猪场走访了解，走访的养猪场既要多去养殖比较好的猪场，又要去养得不好的猪场了解，看人家长期使用什么牌子的饲料，多走访几家，从市场反馈情况来看哪个厂家的饲料质量稳定、上市时间长、饲料销售地区覆盖面大。一般生产饲料的时间早，在市场上反映好的饲料是较好的饲料。有的饲料厂在创立初期或新品种刚上市时，用好的原料生产，以占领市场，一旦用户反馈好，销量上来以后，就偷工减料，用一些质量差、廉价的原料替代质优价格贵的原料，因为用户不能一使用就出现问题，这样一段时间后，等用户反馈说饲料有问题时，他们一面派技术人员去找猪场在管理方面的毛病，让养猪场相信是自己饲养管理方面的问题，而不是饲料的质量问题，因为没有几个猪场能做到完全科学的管理，都或多或少在饲养管理上存在问题，一面又改用好的原料生产，这样时好时坏地生产。要坚决不与这样的奸商合作。

还要了解是否有高素质的专家作技术保障，是否有技术信誉。售后是否周到、及时、完善，技术服务能力能否为用户解决技术疑难，如根据每个养猪场的具体情况，设计可行的饲料配方；指导养殖场防疫，饲养管理；诊断猪的疾病，介绍市场与原料信息等。小饲料厂家往往舍不得花钱聘请专业售后技术服务人员，养猪场出现饲料质量或猪病问题能应付就应付，实在应付不了就临时到外面请技术员去看一下，根本没有长期打算，只要能卖出饲料什么都不管。

3. 通过实际饲喂检验

百闻不如一见，实践是检验真理的唯一标准。通过小规模对比试喂一段时间，看适口性、增重、粪便、发病率高低等，也可以检验一种饲料的好坏，为决策作参考。比如，评价乳猪料一般看使用后，乳猪采食量、生长速度是否持续增加，腹泻率是否降低。通常在猪种与软硬件管理技术具备的条件下，采食乳猪料后乳猪表现为"喜欢吃、消化好、采食量大、无断奶应激现象"，尤其是乳猪料结束过渡到另一种产品后的一周内，营养性腹泻率低于 20%，饲料转化率为 1.2 左右，日均增重 250 克以上，采食量日均 300 克以上。

七、掌握饲料原料的鉴定方法

1. 感观鉴定法

此法属于经验性鉴定方法。主要从以下几方面的感觉去评定被检查饲料质量的优劣。

（1）色、形纯正程度 色泽正常，具有被检饲料的本色。如青干草，应具有青绿色，而不应有枯草色；黄玉米应具有黄色或浅黄色，而不应有其他污染杂色、霉变色等。

形状合乎被检饲料的自然形态，如小麦籽粒就应是小麦固有的粒状而不是碎粒；菜籽饼则应由菜籽加工而成，而不应含有其他作物来源的成分或异物。

（2）味道 用舌舔，尝被检饲料，应没有刺激味道，没有异味，没有不应有的苦味和其他味道。如鱼粉，正常情况下不应有苦味。若有，则说明鱼粉中有非鱼粉来源物质。

（3）气味 用鼻闻被检饲料应没有发霉气味或腐败气味以及其他不适气味，如动物脂肪，正常情况下只有脂肪的特异香味，若出现异味，并出现颜色改变（猪油变黄），说明脂肪有酸败现象。

（4）触感 用手摸，可查知被检饲料含量、温度及其他变化是否正常。特别是含水分过量、发热、结块、质地不适宜等很容易判定。

（5）常用饲料原料的感官鉴定

① 玉米 颗粒整齐、均匀饱满，色泽黄红色或黄白色，无烘焦

烟化，无发芽、发酵、霉变、结块、虫蛀及异味异物。含水量在14%以内的玉米籽粒干燥，颜色正常。用牙咬有震动感和清脆的响声，碎粒大小不一，断面光滑。用手抓玉米籽粒或插进种子堆时有滑流刹手的感觉，在堆内搅动时会有"哗哗"的清脆声。玉米的胚部凹陷，干枯贴底；含水量在15%～16%的玉米较为干燥，颜色正常、较新鲜。用牙咬时有震动感，响声不清脆，用手抓握或搅动时流利发滑但不"刹手"，胚部收缩凹陷，用手指可轻微掐入，指甲边缘有发亮的油迹；含水量在17%～19%的玉米粒感觉不十分干，但也不很潮，颜色新鲜。牙咬时有响声，不震牙。胚部有凹陷，用指甲很容易掐入，指甲带有湿痕；含水量在20%～24%的玉米籽粒潮湿，颜色鲜艳、有光泽。用手触动玉米堆时，声音低沉，感觉潮涩，向玉米堆插入时感觉有阻力，胚部与粒面基本相平，牙咬时易碎，稍有低沉的响声或无响声，碎渣常连在一起；含水量25%以上的玉米籽粒潮湿，颜色鲜艳，光泽强并发亮，胚部饱满或稍有突起，用牙咬时很容易压扁，无响声，手很难插入玉米堆内；含水量在30%左右的玉米籽粒特别潮湿，籽粒胀大，粒色鲜艳明亮，胚部膨胀突起，用指甲掐胚部有水渗出。

②　小麦　籽粒整齐，色泽新鲜一致，无发酵、霉变、结块及异味，无虫蛀，无发芽，有正常麦香味。

③　米糠　细碎屑状，色泽新鲜一致，无发酵酸败，霉变、结块，无虫蛀及异味，无异物，略有甜味。

④　糠饼　呈浅灰色至咖啡色片状或圆饼状，色泽新鲜一致，具细糠之特有气味，无发酵，霉变、结块及异味、异物。

⑤　糠粕　呈淡灰黄色粉状或颗粒状，色泽新鲜一致，无发酵酸败、霉变、虫蛀、结块及异味、异物。

⑥　麦麸　细碎屑状，色泽新鲜一致，呈浅黄色或灰黄色，无发酵、霉变、结块及异味异臭，有正常麦香味。

⑦　玉米胚芽粕　细碎屑状，色泽新鲜一致，呈淡黄色至褐色，具有玉米发芽、发酵后的固有气味，无霉变，结块及异味，异物，无辣味。

⑧　玉米蛋白粉　呈金黄色，色泽新鲜一致，粉末至微粒状，带

玉米发酵之特有气味，无发霉，发酵，结块及异味，异物。

⑨ 豆粕　呈浅黄褐色或浅黄色、不规则的碎片状，色泽一致，无发酵，霉变，烧焦，结块，虫蛀及异味异臭，异物，无发热。

⑩ 棉籽粕　粗粉状，色泽呈新鲜一致的黄褐色或浅黄色，允许有少量棉壳，无发酵，霉变结块及异味，异物。

⑪ 菜籽粕　黄色或浅褐色碎片或粗粉状，具有菜籽粕油香味，无发酵，霉变，虫蛀，结块及异味。

⑫ DDGS（酒糟蛋白饲料）　淡黄色至褐色，色泽一致，不可有烧焦色泽，具谷物发酵后特有的酒香味，不可有霉变及焦味，细度均匀，流动性良好，无结块及异味，异物。

⑬ 进口鱼粉　淡黄色、淡褐色或淡白色等新鲜色泽，有烹烤过之鱼香味，并稍带鱼腥味，不可有酸败氨臭等腐败味，细度均匀，手感松软，无沙粒感，不应有虫蛀结块，异物掺假。

⑭ 国产鱼粉　黄棕色或黄褐色，有正常鱼腥气味，无结块、虫蛀及异物掺假，整体呈粉状，可有少量小鱼骨刺或小鱼鳞片。

⑮ 肉骨粉　粉状，褐色或灰褐色或浅棕色，具有新鲜肉味和烤肉香味，无异味，不允许含有过多毛发、蹄角等杂质。

⑯ 磷酸氢钙　白色粉末，手捻软松，色泽均一，粒度均匀，无结块及掺杂异物。

⑰ 乳清粉　甜乳清呈乳白色，有时会添加人工色素而呈粉红色，酸乳清呈蛋黄色或褐色，酪蛋白乳清颜色更淡，温和带甜之乳品味，酸乳清尝之含酸。有些在加工过程中加盐，所以有咸味。细粉末或细粒状细度 85％～90％可通过 25 号标准筛。

2. 物理学的鉴定方法

此法种类很多，重点介绍以下几种。

（1）筛选法　特别适用于混合饲料。用不同筛孔直径的筛就可把混合饲料中的不同成分饲料分离出来，从而可以大致判断混合饲料组成是否正常，发现一些用眼看不出来的异物。

（2）容重测定法　不同饲料有其不同的固有容重。测定结果不合乎被检饲料固有容重，则说明此饲料不纯或不合乎要求。一些常见饲料的容重见表 5-4。

表 5-4　部分饲料容量

饲料	容量/(克/升)	饲料	容量/(克/升)
玉米	730	豆饼	340
大麦	580	棉籽饼	480
燕麦	440	鱼粉	700
米糠	360	碳酸盐	850
碎米	750	食盐	830
糙米	840	粗贝壳粉	630
碎玉米	580	豆饼粉	520

（3）密度测定法　根据不同液体密度不同的特点，可鉴别出混合饲料中的异物及饲料组成和组成比例。例如，用水即可鉴别出混入混合饲料中的沙石量。只需称一定质量混合料放入水中，充分混合，沉降后，测定沉在底部的沙石质量即可（因沙石的密度比水大，也不溶于水中，其他有机饲料比水轻，或在水中可溶如食盐）。沙石（％）=沉底物重/饲料总质量，一些常用液体的密度：挥发油（乙醚等）0.88；水 1.00；三氯甲烷 1.50；四氯化碳 1.59。

（4）镜检法　利用显微镜对饲料进行细微观察，从而判断饲料的组成成分。做以下一些检查。

第一检查饲料中的异物。特别是细小粒子中混有的异物。

第二检查饲料中混入的糠壳量。只需先检查已知糠壳含量饲料中单位镜野面积的糠壳粒数，求出每 1％ 糠壳的粒数，然后检查被测饲料中单位镜野面积的糠壳粒数，最后用此数除以每 1％ 的粒数，即为被测饲料中糠壳的百分比。应注意的是，标准饲料和被检饲料要求细度一致。

第三检查混合饲料中是否混有毒植物成分。此法要求镜检人员事先了解饲料中可能存在的有毒植物或物质及其在显微镜下的特征。如蓖麻籽对动物有毒，对蓖麻籽及其粉碎后在显微镜下的特征必须了解，才能认识和准确判定被检物含量。

第四检查混合饲料中的正常成分，如淀粉、蛋白、矿物质元素等。

境检是一项比较鉴定技术。境野物质形态知识越丰富，境检越准确可靠，也更简单方便。

3. 化学鉴定法

（1）定性分析　方法甚多，例如用碘可检查淀粉；用间苯三酚和浓盐酸可检查饲料中的木质素（只需在试样中先加入90%间苯三酚酒精溶液浸透，再加入1～2滴浓盐酸，木质素则变成深红色。将试样放入水中，深红色物质浮在水上面）。

（2）定量分析　常规饲料营养成分分析法。

4. 物理化学鉴定法

此法是物理方法和化学方法结合鉴定饲料质量的一种方法。如饲料中无机盐的检查。先用物理法中的密度法，加三氯甲烷把被检饲料中的无机盐分离出来，再用显微镜大体确定无机盐的种类，然后用定性法确认无机盐的种类（例如，若镜检证明可能有钙盐，则可取一定量样本加入一滴1∶3的盐酸水溶液，再加一滴亚铁氰化铵和酒精，混合后，若生成晶状沉淀或变混浊，说明确有钙盐），最后用定量分析测出准确含量。

用这种方法也可将饲料中的抗生素检查出来。

5. 微生物学鉴定方法

根据饲料对微生物和动物有相同影响的原理，可根据微生物对被检查饲料的反应，判断被检查饲料对动物的利用价值或能否利用。

6. 动物试验法

饲养试验、生长试验，消化、代谢试验，适口性试验及程度比较试验，均可直接判定出饲料质量优劣。

八、重视霉菌毒素的危害性

霉菌毒素是某些霉菌在基质上生长繁殖过程中产生的有毒二次代谢产物。目前对养猪业有重要影响的霉菌毒素主要有黄曲霉毒素（AF）、呕吐毒素（DON）、玉米赤霉烯酮（ZEN）、T-2毒素（T-2toxin）、伏马毒素和赭曲霉毒素（OCT）等。

霉菌毒素对养猪业的危害极大，被称为猪的"隐形杀手"。猪食入被毒素污染的饲料后可导致急性或慢性中毒，称为霉菌毒素中毒。霉菌毒素产生的临床症状会因饲料中毒素的含量、饲喂时间、其他霉菌毒素的存在与否、猪的品种、年龄及健康状况而有所不同。成年公猪表现睾丸萎缩，精子生成减少，活力下降；幼龄公猪睾丸发育不良；妊娠母猪表现死胎、木乃伊、流产或新生仔猪死亡率上升，以及产后发情不正常；后备母猪阴门红肿，子宫体积和质量增加，表现发情症状；哺乳期母猪表现为逐渐拒食，持续发情或发情周期延长，影响哺乳期乳猪成活率。并且当饲料中含有大剂量霉菌毒素时，母猪会出现直肠和阴道脱出的现象；新生仔猪出现阴户红肿，中毒仔猪常急性发作，出现中枢神经症状，头弯向一侧，头顶墙壁，数天内死亡；育肥猪霉菌毒素中毒后病程较长，呈慢性经过，一般表现体温正常，初期食欲减退，在嘴、耳、四肢内侧和腹部皮肤出现红斑，后期食欲废绝，腹痛，下痢或便秘，粪便中夹有黏液和血液。患猪生长发育迟缓。

由于霉菌毒素普遍存在于饲料原料或含淀粉较多的饲料中，特别是霉菌在潮湿环境下，非常容易在饲料原料，如玉米、谷物的生长、收获、储藏以及饲料加工、运输和销售的各个环节中代谢和大量繁殖。因此人们必须高度重视霉菌毒素对猪的危害，积极做好防止饲料发霉及对霉变饲料进行妥当处理的工作，以减少猪场的生产成本，减少不必要的损失。

养猪场在防止饲料发霉及霉变上，首先是要本着即使每千克多花几分钱也要购买当年新产的、新鲜的饲料原料的原则。其次是做好饲料的储存工作。根据霉菌毒素的形成条件和规律，霉菌毒素的最适宜生长条件：温度5～30℃、湿度80%～90%。特别是夏季高温高湿以及南方的梅雨季节，极易发生饲料发霉及霉变。这就要求配合饲料及饲料原料在运输中要做好遮盖，防止雨淋或人为弄湿，以免营养成分溶解散失，并大量产生饲料霉菌。配合饲料及饲料原料在存放时要保存在干燥、通风的地方，在仓库中存放时应离地面30厘米以上，且不能靠墙。同时，饲料储存数量不宜超过全场30天的用量。

一旦饲料发生发霉或霉变，可采取干净饲料与受霉菌污染的谷类混合使用，或者将受霉菌污染的谷类饲喂给对霉菌较不敏感的动物，也可以利用保鲜剂或霉菌抑制剂来预防霉菌生长及毒素的产生，还可以利用吸附剂来破坏或降低霉菌毒素。

对受霉菌毒素污染严重的饲料最稳妥的处理办法是弃之不用。特别是受污染的饲料数量不大时，无论是否严重，坚决不使用是最明智之举，因为使用霉菌吸附剂也是需要成本的。

九、饲料安全最重要

饲料安全是指饲料产品在加工、运输及饲养动物转化为畜产品的过程中，对动物健康、正常生长、生态环境可持续发展、人类健康和生活不会产生负面影响的特性。

饲料是养殖产品的原料，安全性是饲料产品最重要的特性。确保饲料安全，使人民群众真正吃上放心肉、放心蛋、放心鱼，喝上放心奶，是做好饲料各项工作的根本要求。

为了依法进行饲料安全管理，我国建立了相对完善的管理制度。相关的法律包括《饲料和饲料添加剂管理条例》及与其配套的《饲料添加剂和添加剂预混料生产许可证管理办法》、《饲料添加剂和添加剂预混料产品批准文号管理办法》、《新饲料和新饲料添加剂管理办法》、《进口饲料和饲料添加剂登记管理办法》、《动物源性饲料安全卫生管理办法》的规章；也包括以农业部公告形式发布的一系列规范，即《饲料添加剂品种目录》、《饲料药物添加剂使用规范》及其补充说明、《食品动物禁用的兽药及其他化合物清单》、《禁止在饲料和动物饮水中使用的药物清单》。另外，在饲料安全管理方面还必须严格执行两个强制性国家标准《饲料卫生标准》和《饲料标签》。如果出现饲料安全问题，轻者受到经济处罚、行政处罚，重者要追究刑事责任。可见，饲料安全问题是一个相当重要而严肃的问题。

尽管有这些法规，在养猪生产中还是会出现问题。这些问题有的是人为因素造成的，如使用违禁及淘汰药物、不科学使用及滥用药物、不合理使用饲料添加剂等；如在饲料中添加违禁药物和非法添加物，超范围使用饲料添加剂问题，不按规定使用药物饲料添加剂，隐瞒添加成分误导消费，假冒伪劣产品带来安全隐患，反刍动物中使用

动物性饲料。也有的是自然与环境问题造成的，如环境中的有毒元素及化学污染物（工业三废、农药等）、微生物及其毒素的污染等；如饲料中的天然有毒有害物质，饲料霉变、重金属污染，饲料加工过程中交叉污染，有毒有害物质的意外污染等。

在饲料安全问题上，比较突出的问题是"瘦肉精"问题，受到的关注度最高。"瘦肉精"在我国绝对是个敏感词，被严格禁止在畜牧生产中使用，规定在肉制品中的检出率应该为零，是饲料、兽药和畜牧业的一根"高压线"。

使用未经无害化处理的泔水养猪，也是比较突出的问题。养殖者必须引起高度重视，不能为省钱、猪肉卖相好就把饲料安全问题抛在脑后，更不能片面地认为只要吃不死猪的饲料就没有问题，或存在侥幸心理，认为自己少使用点儿没事儿，不会被发现，铤而走险。

在饲料安全上，除了国家有关部门建立有效的监督管理和监控、检测体系严厉查处以外。作为养殖经营管理者要主动做到不购买、不使用违禁药物作为饲料添加剂。不使用变质、霉变、生虫或被污染的饲料，不使用未经无害化处理的泔水、其他畜禽副产品，不给育肥猪使用高铜、高锌日粮，使用含有抗生素的饲料在出栏前执行休药期。严格做好饲料原料质量控制，防止霉变污染，以及饲料生产过程中的药物添加剂污染控制。

第章

以猪为本，实行精细化饲养管理

　　以猪为本就是按照猪的生物学特性、生理特点及福利要求，为猪创造适合其维持、生长及繁育的最佳条件，满足猪的营养需要，保证猪体健康和尽最大可能发挥猪的生长及繁育潜能，从而让所饲养的猪为我们创造财富。

　　精细化管理就是注重饲养管理的每一个细节，将管理责任具体化、明确化，并落实管理责任，使每一位养猪参与者都有明确的职责和工作目标，尽职尽责地把工作做到位，把饲养管理的每一个细节一项项扎扎实实地做好。每天都要对当天的情况进行检查，做到日清日结，发现问题及时纠正、及时处理等。

一、规模化养猪场必须实行精细化管理

　　规模化养猪场，在猪场的日常管理过程中，一定要针对本场猪的品种、猪群结构、健康状况、饲养条件以及饲养管理人员的技术水平和能力等实际情况，制定和完善生产管理制度，调动养殖参与者的生产积极性，做到从场长到饲养员达到最佳执行力，形成自己的管理特色。为了做到精细化管理，要从以下四个方面入手。

1. 制定科学合理的生产管理制度

　　科学合理的生产管理制度是实现精细化管理的保障，规模化养猪场要想做大做强，必须有与之相适应的、完善的生产管理制度。猪场的日常管理工作要制度化，做到让制度管人，而不是人管人。将猪场

的生产环节和人员分工细化，通过制度明确每名员工干什么、怎么干、干到什么程度。这些生产管理制度包括工作计划安排、人员管理制度、物资管理制度、饲养管理技术操作规程、猪病防治操作规程等。

工作计划安排包括全场（年、月、周、日）工作计划安排、各类人员（月、周、日）工作计划安排、物资供应计划等；人员管理制度包括员工守则及奖罚条例、员工休请假考勤制度、场长岗位职责、技术员岗位职责、配种员岗位职责、防疫员岗位职责、兽医岗位职责、母猪（空怀、妊娠、分娩、哺乳）饲养员岗位职责、公猪饲养员岗位职责、保育猪饲养员岗位职责、育肥猪饲养员岗位职责、会计出纳电脑员岗位职责、水电维修工岗位职责、机动车司机岗位职责、保安员门卫岗位职责、仓库管理员岗位职责等；物资管理制度包括饲料（采购、保管、加工、出入库等）制度、兽药疫苗（采购、保管）制度、工具领用制度等；饲养管理技术操作规程包括隔离舍操作规程、配种妊娠舍操作规程、人工授精操作规程、分娩舍操作规程、保育舍操作规程、生长育肥舍操作规程等；猪病防治操作规程包括兽医临床技术操作规程、卫生防疫制度、免疫程序、驱虫程序、消毒制度、预防用药及保健程序等。

例1：某场兽医及防疫员岗位职责

（1）拟定全场的防疫、消毒、检疫、驱虫工作计划，并参与组织实施，定期向领导汇报。

（2）配合饲养管理人员加强猪群的饲养、生产性能及生理健康监测。

（3）创造条件开展主要传染病免疫监测工作。

（4）定期检查饮水卫生及本场饲料储运是否符合卫生防疫要求。

（5）定期检查猪舍、用具、隔离舍、污水处理和猪场环境卫生及消毒情况。

（6）负责防疫、病猪诊治和淘汰、死猪剖检及其无害处理。

（7）推广兽医科研新成果和新经验，尽可能结合生产进行必要的科学研究工作。

（8）建立在用药品、疫苗的临时性保管、免疫注射、消毒、检疫、抗体监测、疾病治疗、淘汰、剖检等各种业务档案。

例2：某场配种妊娠舍每周工作流程

星期一：大清洁大消毒；淘汰猪鉴定。

星期二：更换消毒池（盆）药液；接收断奶母猪；整理空怀母猪。

星期三：不发情不妊娠猪集中饲养；驱虫、免疫注射。

星期四：大清洁大消毒；调整猪群。

星期五：更换消毒池（盆）药液；临产母猪转出。

星期六：空栏冲洗消毒。

星期日：妊娠诊断、复查；设备检查维修；周报表。

例3：某场技术员日常工作安排

（1）检查每栋猪舍温湿度是否符合母猪和仔猪的要求。

（2）检查给予母、仔猪的饲料是否符合质量、数量标准。

（3）从采食情况和饮水器检查母猪的饮水。

（4）跟踪治疗及记录。

（5）用药无效要重新制定治疗方案。

（6）检查小猪哺乳情况和母猪泌乳量。

（7）按规定标准检查、督促栏舍卫生。

（8）检查寄养情况。

（9）灭鼠和灭菌等。

（10）检查领料和疫苗。

（11）检查日常报表的填写。

（12）检查及追踪设备的维修。

例4：某场分娩舍饲养管理技术操作规程

（1）工作目标

① 按计划完成母猪分娩产仔任务。

② 哺乳期成活率95％以上。

③ 仔猪3周龄断奶平均体重6千克以上，4周龄断奶平均体重7千克以上。

（2）工作日程

7：30～8：30　　母猪、仔猪饲喂

8：30～9：30	治疗、打耳号、剪牙、断尾、补铁等工作
9：30～11：30	清理卫生、其他工作
14：30～16：00	清理卫生、其他工作
16：00～17：00	治疗、报表
17：00～17：30	母猪、仔猪饲喂

（3）操作规程

① 产前准备

a. 空栏彻底清洗，检修产房设备，之后用卫康、农福、消毒威等消毒药连续消毒两次，晾干后备用。第二次消毒最好采用火焰消毒或熏蒸消毒。

b. 产房温度最好控制在25℃左右，湿度65%～75%，产栏安装滴水装置，夏季头颈部滴水降温。

c. 检验清楚预产期，母猪的妊娠期平均为114天。

d. 产前产后3天母猪减料，以后自由采食，产前3天开始投喂维力康或小苏打、芒硝，连喂1周，分娩前检查乳房是否有乳汁流出，以便做好接产准备。

e. 准备好5%碘酊、0.1%高锰酸钾消毒水、抗生素、催产素、保温灯等药品、工具。

f. 分娩前用0.1%高锰酸钾消毒水清洗母猪的外阴和乳房。

g. 临产母猪提前1周上产床，上产床前清洗消毒，驱体内外寄生虫1次。

h. 产前肌注德力先等长效土霉素5毫升。

i. 产前产后母猪料添加1～2周强力霉素等，以预防产后仔猪下痢。

② 判断分娩

a. 阴道红肿，频频排尿。

b. 乳房有光泽、两侧乳房外胀，用手挤压有乳汁排出，初乳出现后12～24小时内分娩。

③ 接产

a. 要求有专人看管，接产时每次离开时间不得超过0.5小时。

b. 仔猪出生后，应立即将其口鼻黏液清除、擦净，用抹布将猪体抹干，发现假死猪及时抢救，产后检查胎衣是否全部排出，如胎衣不下或胎衣不全可肌内注射（简称肌注）催产素。

c. 断脐用 5% 碘酊消毒。

d. 把初生仔猪放入保温箱，保持箱内温度 30℃ 以上。

e. 帮助仔猪吃上初乳，固定乳头，初生重小的放在前面，大的放在后面。仔猪吃初乳前，每个乳头的最初几滴奶要挤掉。

f. 有羊水排出、强烈努责后 1 小时仍无仔猪排出或产仔间隔超过 1 小时，即视为难产，需要人工助产。

④ 难产的处理

a. 有难产史的母猪临产前 1 天肌注律胎素或氯前列烯醇或预产期当日注射缩宫素。

b. 临产母猪子宫收缩无力或产仔间隔超过 0.5 小时者可注射缩宫素，但要注意在子宫颈口开张时使用。

c. 注射催产素仍无效或由于胎儿过大、胎位不正、骨盆狭窄等原因造成难产应立即人工助产。

d. 人工助产时，要剪平指甲，润滑手、臂并消毒，然后随着子宫收缩节律慢慢伸入阴道内；手掌心向上，五指并拢；抓仔猪的两后腿或下颌部；母猪子宫扩张时，开始向外拉仔猪，努责收缩时停下，动作要轻；拉出仔猪后应帮助仔猪呼吸（假死仔猪的处理：将其前后躯以肺部为轴向内侧并拢、放开反复数次）。产后阴道内注入抗生素，同时肌注得力先等抗生素一个疗程，以防发生子宫炎、阴道炎。

e. 对难产的母猪，应在母猪卡上注明发生难产的原因，以便下一产次的正确处理或作为淘汰鉴定的依据。

⑤ 产后护理和饲养

a. 哺乳母猪每天喂 2～3 次，产前 3 天开始减料，逐渐减至日常量的 1/3～1/2，产后 3 天恢复正常，自由采食直至断奶前 3 天。喂料时若母猪不愿站立吃料，应赶起。

b. 产前产后日粮中加 0.75%～1.5% 的电解质、轻泻剂（维力康、小苏打或芒硝）以预防产后便秘、消化不良、食欲不振，夏季日粮中添加 1.2% 小苏打可提高采食量。

c. 哺乳期内注意环境安静、圈舍清洁、干燥，做到冬暖夏凉。随时观察母猪的采食量和泌乳量的变化，以便针对具体情况采取相应措施。

d. 仔猪初生后 2 天内注射血康或富来血、牲血素等铁剂 1 毫升，预防贫血；口服抗生素如土霉素或庆大霉素 2 毫升，以预防下痢；注射亚硒酸钠 VE 0.5 毫升，以预防白肌病，同时也能提高仔猪对疾病的抵抗力；如果猪场呼吸道疾病严重时，鼻腔喷雾卡那霉素加以预防。无乳母猪采用催乳中药拌料或口服。

e. 新生仔猪要在 24 小时内称重、打耳号、剪牙、断尾。断脐以留下 3 厘米为宜，断端以 5% 碘酊消毒；有必要打耳号时，尽量避开血管处，缺口处要 5% 碘酊消毒；剪牙钳 5% 碘酊消毒后齐牙根处剪掉上下两侧犬齿，弱仔不剪牙；断尾时，尾根部留下 3 厘米处剪断、5% 碘酊消毒。

f. 仔猪吃过初乳后适当进行哺寄养调整，尽量使仔猪数与母猪的有效乳头数相等，防止未使用的乳头萎缩，从而影响下一胎的泌乳性能。寄养时，仔猪间日龄相差不超过 3 天，把大仔猪寄出去，寄出时用寄母猪的奶汁擦抹待寄仔猪的全身。

g. 3～7 日龄小公猪去势，去势时要彻底，切口不宜太大，术后 5% 碘酊消毒。

h. 产房适宜温度：分娩后第 1 周 27℃，第 2 周 26℃，第 3 周 24℃，第 4 周 22℃。保温箱温度：初生 36℃，体重 2 千克 30℃，4 千克 29℃，6 千克 28℃，6 千克以上～断奶 27℃，断奶后三周 24～26℃。

i. 产房要保持干燥，产栏内只要有小猪，便不能用水冲洗。预防仔猪下痢，参照《黄白痢综合防治措施》。

j. 补料：出生后 5～7 日龄开始补料，保持料槽清洁，饲料新鲜。勤添少添，晚间要补添 1 次料。每天补料次数为 4～5 次。

k. 产房人员不得擅自离岗，有其他工作不得已离岗时每次离开时间控制在 1 小时以内。

l. 仔猪平均 21～25 日龄断奶，一次性断奶、不换圈、不换料。断奶前后连喂 3 天开食补盐以防应激。

m. 断奶后 1 周，逐渐过渡饲料，断奶头两天注意限料，以防消化不良引起下痢。

n. 哺乳期因失重过多而瘦弱的母猪要适当提前断奶，断奶前 3 天需适当限料。

2. 制定生产指标，实行绩效管理

世界著名管理大师德鲁克教授认为，并不是有了工作就有了目标，而是有了目标才能确定每个人的工作。"目标管理到部门，绩效管理到个人，过程控制保结果"，这句话清晰地勾勒出了企业目标落实到工作岗位的过程。目标管理体系是企业最根本的管理体系，绩效管理体系包含在目标管理体系之中，目标管理最终通过绩效管理落实到岗位。

规模化猪场的目标管理主要是配种分娩率、胎产活仔数、断奶重、成活率、饲料转化率等指标的管理。而规模化猪场的绩效管理就是通过对各个岗位养殖人员完成目标管理规定的各项指标情况进行考核，并将考核结果与本人的收入直接挂钩，奖优罚懒。

规模化猪场最适合的绩效考核奖罚方案应是以车间为单位的生产指标绩效工资方案。规模化猪场每条生产线是以车间为单位组织生产的，如配种妊娠车间、分娩保育车间、生长育肥车间，每个车间里员工之间的工作是紧密相关的，有时是不可分离的，所以承包到人的方法是不可取的。生产线员工的任务是搞好养猪生产，把生产成绩搞上去，所以对他们也不适合搞利润指标承包，只适合搞生产指标奖罚。许多猪场搞利润指标承包或承包到人的方法不是兑现不了，就是影响生产，往往都以失败告终。

生产指标绩效工资方案就是在基本工资的基础上增加一个浮动工资，即生产指标绩效工资。生产指标也不要过多过细，以免造成结算困难，再说也突出不了重点，比如某猪场配种妊娠车间生产指标绩效工资方案中指标只有配种分娩率与胎均活产仔两个。

生产指标及考核奖罚办法举例：

（1）配种妊娠舍/人工授精站生产指标

① 配种分娩率 80%，实产胎数每增减一胎奖、罚 50 元。

② 胎均活产仔数 9.5 头，胎均活产仔数每增减一头奖、罚 10 元。

（2）产房保育舍生产指标

① 哺乳保育期成活率 85%，每增减一头奖、罚 10 元。

② 转出重 4 周龄（28 日龄）7 千克、9 周龄（63 日龄）20 千克，每增减 1 千克奖、罚 4 周龄 0.5 元/9 周龄 0.2 元。

（3）生长育成（肥）舍生产指标

① 生长育成（肥）期成活率 96%，每增减 1 头奖、罚 20 元。

② 出栏重 16 周龄（112 日龄）50 千克、23 周龄（161 日龄）90 千克，每增减 1 千克奖、罚 0.10 元。

3. 数字化管理

精细化管理要求猪场实行数字化管理。首先是记明白账，要求猪场将养猪生产过程中的各项数据及时、准确、完整地记录归档；然后对这些记录进行汇总、统计和分析，提供即时的猪场运行动态，更好地监督猪场的生产运行状况，及时发现生产上存在的问题以及做好生产计划和工作安排。

要求各生产车间及时做好各种生产记录，并准确、如实地填写报表，交给上一级主管，经主管查对核实后，及时送到场办并输入计算机。猪场报表有生产报表，包括种猪配种情况报表、分娩母猪及产仔情况报表、断奶母猪及仔猪生产情况报表、种猪死亡淘汰情况报表、肉猪转栏情况报表、肉猪死亡及上市情况报表、孕检空怀及流产母猪情况报表、猪群盘点报表、猪场生产情况报表、配种妊娠舍报表、分娩保育舍报表、生长育肥舍报表、公猪配种登记报表、公猪使用频率报表、人工授精周报表、饲料需求计划报表、药物需求计划报表、生产工具等物资需求计划报表、饲料进销存报表、药物进销存报表、生产工具等物资进销存报表、饲料内部领用报表、药物内部领用报表、生产工具等物资内部领用报表、销售计划报表等。这些报表可根据猪场的规模大小实行日报、周报或月报的形式。

还可以利用计算机系统对猪场实行数字化管理。如今利用计算机上安装的专业管理软件对规模化养猪场进行生产管理，技术已经非常成熟，效果也非常好，已经从简单的报表管理发展到互联网和云养殖等。如某公司的母猪智能化精确饲喂系统是由电脑软件系统作为控制中心，一台或者多台饲喂器作为控制终端，众多读取感应传感器为电脑提供数据，同时根据母猪饲喂的科学运算公式，由电脑软件系统对数据进行运算处理，处理后指令饲喂器的机电部分进行工作，以达到对母猪的数据管理及精确饲喂管理。系统主要包括母猪智能化精确饲喂系统、母猪智能化分离系统和母猪智能化发情鉴定系统。

再比如某专门为大型规模化猪场设计的管理软件，采用技术和财务仪表盘模式，猪场生产和经营一目了然。以图表形式，随时了解每周、月、季和年度的整体生产和经营状态。比较实际生产与计划目标的差异。当生产结果与目标差距显著时，及时预警并分析原因。生产分析工具以图表形式表达生产结果、分析问题原因（母猪繁殖性能、公猪生长性能、人工授精成功率、返情母猪原因、母猪损失及小猪损失等）。数据库查询工具可以将查询的数据以 EXCEL 形式输出，以方便进一步分析。生产指导工具可对母猪实施个体跟踪，及时发现问题。还有对每个群体进行整体监控的功能，核查猪群的结构配置，后备母猪更新率及猪群的整体生产结果（产仔、产活仔数、死亡率等）。该管理软件还可以检查保育及育肥猪群的生长性能（损失率、日增重、饲料消耗等），以及指定和管理母猪人工授精配对计划及对母猪的遗传学跟踪。还有协助工作安排的功能，如制定母猪配种表及其发情跟踪表，产房工作安排，母猪、仔猪和育肥猪的转群等。国外采用养猪数字化管理较早，也很发达，值得我们学习和借鉴。国内一些大型养猪企业也逐渐采用数字化管理。猪场管理软件有很多种，国内和国外开发得都有，建议选择有实力的专业软件研发企业生产的，操作简捷、实用简单、系统安全、全面高效、有价值的，框架比较成熟的、更新比较快的，更适合自己企业的、完全满足猪场管理需求的软件，具体要根据本场实际情况来选择。

数字化管理是一项严肃的工作，猪场应予以高度重视，要有专人负责这项工作。

4. 注重生产细节，及时解决养猪生产过程中出现的问题

细节，就是那些看似普普通通，却十分重要的事情，一件事的成败，往往都是一些小事情所影响产生的结果。细小的事情常常发挥着重大的作用，一个细节，可以使你走向目的地，也可以使你饱受失败的痛苦。百分之一的差错可能导致百分之百的失败。

养猪生产中的细节，包括正常操作中需要特别注意的环节，如根据公猪体型的大小制作采精用的假母猪台要能够上下调节，以使公猪较舒服地趴在上面，这样更有利于公猪配合采精；再如母猪进产房时有一个细节需要注意，就是要求母猪经过清洗消毒后再进产房，但是很多猪场容易忽视这一环节，由于通过母猪带来病菌是仔猪最主要的感染渠道，忽视这一细节，易导致出生的仔猪受到病菌侵入，所以清洗干净并消毒产前母猪显得更为重要。可采用一次冲洗两次消毒的办法，即在种猪舍将母猪身上的脏物冲洗干净，然后用药液消毒一次，到上产床后再连猪带床进行一次消毒，尽可能减少从种猪舍带来病原菌。再结合随时清理母猪粪便等措施，有效降低初生仔猪前期患病概率。

　　测量猪舍的温度是需要经常做的一项工作，测量时一般都是将温度计的高度定在 1.5 米左右，甚至更高的位置，因为通常觉得这个高度就能反应猪舍的实际温度，而且这个高度工作人员操作起来比较容易。可是猪舍内不同高度，其温度是不同的，特别是冬季有热源的情况下，舍内上下层之间的温差相当大。正确的高度是：温度计感温头的高度应与猪背部平行，这样温度计上显示的温度是猪感受到的温度。如果把温度计挂在与人头部平行的过道上空，就不能体现猪所感受到的有效温度。如果猪舍内没有合适的挂温度计的地方，可以在不同季节对不同高度的温度进行校正，比如若冬季 2 米高处比猪背部平行处高 2℃，温度计显示为 20℃时，真实温度就应该是 18℃。

　　对于比较大的猪舍，可多放几个温湿度表，以取平均温湿度。而比较小的猪舍有 2 个就够了。注意温湿度表不要放在高温、阳光直射的地方；也要注意不能让猪接触到，一旦让猪接触到，就有被猪咬碎的危险。

　　用铁制作的猪栏开焊、新安装的饮水嘴、铁制料槽破损、固定栏内设施用的铁丝头等，经常会发生将栏内猪划伤的情况，其实这是完全可以避免的事情，可偏偏很多猪场会发生，究其原因就是饲养员管理不精细，如果饲养员能够经常检查，及时发现并维修好，猪就不会被这些尖锐的东西划伤。

　　猪舍的用电安全细节同样不能忽视，猪舍内的照明线路、排风设备、电热板、红外线灯、清洗消毒设备等用电线路要用防水的线材并妥善固定好，临时拉的线路不要在猪栏内或在猪能接触到的地方经过，要知道猪有探究和啃咬的习性，一旦让猪接触到电线，后果不堪设想，会造成无法挽回的损失。关于猪舍发生用电事故的事例大家每年都能从新闻里听到。

在给猪成批打疫苗的时候，可以用记号笔将打过疫苗的猪身上画上明显的记号，以区别没有打过的，这样哪头打过了哪头没有打一目了然。

养猪生产中的细节也包括生产中需要不断加以改进的生产环节。如中央电视台《科技苑》栏目介绍的北京市延庆县的一个养殖户万某，在养猪过程中发现猪用鸭嘴式饮水器饮水的时候不但会浪费很多水，而且会引起床面和地面潮湿，潮湿会增加微生物、病原微生物滋生量。由于水嘴不能固定安装，这样就不能上下移动，猪刚刚进来的时候个头比较小，而饮水器安装得位置高，猪要喝水就只能仰着脖子。而个头比饮水器高的猪，喝水就得歪着脑袋，猪还要弯着脖子来喝水，也不方便。于是他在猪栏内饮水器底部装上一个水盆，并且把饮水器放到接近水盆底部的位置。开始安装的水盆是水泥制作的，使用一段时间以后万某发现这种水泥盆有缺陷。就是水盆容易出现裂的问题，而有裂纹就会出现渗漏，一渗漏水还是浪费了，弄湿了圈面，影响猪的健康。水泥盆虽然造价低，但是使用的寿命很短。后来万某想到了平时常见的下水道井盖，这种材料很坚固。于是万某联系到了江西一家生产厂家，在那里定制了新型水盆，它除了坚固耐酸碱，还有一个优点就是耐高温。为了让猪喝水的时候更舒服，他还根据猪的不同生长阶段，设计了水盆的高度。对个头小的保育猪，水盆就放得低一些，个头大的育肥猪，就把水盆放得高一些，让它们一低头就能喝到水，非常方便舒服。符合猪的饮水习性，减少了水的浪费。

吉林省蛟河市的养殖户运某从料槽入手解决喂猪时饲料浪费问题。运某在养猪过程中发现，之所以浪费饲料，跟猪喜欢拱有很大的关系。可猪喜欢拱这是猪的习性，不好改变。要想不浪费饲料，就得想办法让猪拱不出来，让猪拱不出来就得在料槽上做文章。运某决定

先从小猪的料盆改起，小猪一般用的都是塑料或铸铁制的小料盆，容易被小猪拱来拱去，容易被拱翻。于是他发明了用水泥做的，足足有十千克沉，上面再装上钢筋料槽，小猪各有各的位置，蹄子踏不进去，吃料时还不能随便抬头，这么一改进，效果非常好。但是小猪断奶，体重增加以后，这种料盆就不合适了。

小猪到了保育阶段和育肥阶段，通常使用自动落料的料槽。市面上能见到的料槽，运某几乎都使用过，但这些料槽也同样都存在着浪费现象。于是老运就设计了一个圆筒式的料槽，饲料从上面倒进去，然后顺着中间的圆管流进料盆，而且每个采食口都规定了尺寸。标准就是 12.5 千克到 40 千克的猪头有多大，就给它设计成多大。

设计这个尺寸就是为了保证一个采食口只能进一头猪，口的上面有隔板挡着，也不会影响其他猪采食。经过使用以后运某又发现一个问题，就是这种料槽底下的饲料多了还是经常会被猪拱出来。为了减少料盆里的饲料，避免浪费，后来经过多次试验，运某就在漏料管的下面增加了一个调节环，往上调一调，下面这个间隙大了，淌料的速度就稍微快了，如果往下调一调，这个淌料的速度就稍微慢了。

对个头小的猪，出料口就调得小一些，对个头大的猪，出料口就调得大一些，既要保证猪随时吃到料，又不能让料盆里存太多料，这样猪就不会把饲料拱出来了。节约了饲料也就相当于提高了效益。

运某还发明了新式抓猪车，解决了抓猪的难题。养猪就免不了要抓猪，小猪转栏要抓猪，大了出售的时候也要抓猪。运某用一个底下安装四个轮子的小车把猪抓起来，直接放到里面，然后推走。但是他慢慢发现，这种车子虽然一次能装几头小猪，车子下面也安装了四个轮子，能前进后退，但是使用起来很笨重。猪场里不都是直路，要是遇到拐弯就够费劲的，空车还好说，车上装了猪就不那么好搬了。运某就想到了小时候玩的跷跷板。在车子底部中间再安两个高一点的轮子，这样只要把前后轮翘起来，只让中间轮着地，怎么拐都行，非常灵活。有了这灵活的轮子，车子就可以在空间有限的圈舍里进退自如。

　　灵巧的车子是有了，也省力了，可抓猪的时候还得用手抓，还是会造成猪的应激。于是他想让猪自己走进车子里去，运某就在笼子的两边都加上了可开关的门，加上前后两个门，就是四个门了。两边的门打开后，一个人就可以把猪赶进去。运某现在这个抓猪车，一个人就可以操作，而且速度很快。自从有了这新式抓猪车，抓猪这活老运就再没求过别人。

　　从以上例子不难看出，养猪生产中的细节很多，只有时刻注意这些平时司空见惯的细节，才能发现不足，并及时纠正或改进，做到了这些，就会使养猪的效益最大化。

二、猪场经营者要在关键时间出现在关键的工作场合

　　有人曾经对中韩企业家进行比较。经过比较发现，韩国企业家的领导方式也有许多特别之处。韩国总经理经常说的一句话是："我能够帮助大家做些什么，如果我能帮助大家解决一些问题，我会很开心。"在实际工作中情况也确实如此，每当发现问题需要总经理帮助解决时，只要打个电话，他就立刻从办公室来到车间现场，对工作进行指导，充当他的现场处理问题角色。在某个部门出现问题时，只要他在公司内，即使是在开会，他也会安排时间对有关人员进行当面指示，如果不在厂内他则电话指示或安排了解情况的人员及时进行沟通解决。而中国企业中的有的总经理整天沉醉于会议和酒席之中，对技术和生产问题甚至管理部门的业务都缺乏基本了解，当出现生产和经营的现场问题时，很难找到他们。最糟糕的是长期以来厂长、经理所形成的官僚作风，缺乏真正的服务意识，使普通管理人员和工人对其"敬而远之"。作为养猪场的经营管理者，要时刻掌握猪场的一切情况，尤其是生产状况。而猪场经营者要在关键时间出现在关键的工作场合是对经营者最基本的要求，也是效果最好的管理方法。一个好的管理者应通过有关途径随时了解下属的动态，知道下边发生了什么事情，并能帮助员工、指导员工去解决问题。

　　猪场的关键时间是指养猪场在具体饲养管理过程中执行饲喂、配

种、消毒、转群、防疫、配制饲料等工作的时间段，而关键的工作场合就是这些时间段在猪场内具体工作时的地点。关键时间出现在关键的工作场合就是在进行以上工作的时间和地点出现，检查和指导一些关键工作的执行情况，随时发现生产管理中出现的问题并随时加以解决。

大家都懂得，养猪生产的整个流程是一项连续性的、一环扣一环的工作，要求每个环节的工作都要按照饲养标准和操作规范确实做到位，只有这样才能使养猪生产得以正常顺利地进行。如果其中某一个环节没有到位，一旦出现问题将给猪场造成无法弥补的损失。比如，后备母猪要达到体重 120 千克、8 月龄、第三次发情三个条件才能开始配种，如果在 8 月龄体重还没有达到这个标准，如过瘦或者过肥，而过瘦或者过肥都是导致母猪不发情的主要因素，这是之前的饲养管理不到位造成的，问题可能出在饲料质量、饲喂次数、饲喂量、饮水、疾病等，出现这种情况不是一天就能造成的。如果经营者能够及早发现及时解决，就不至于出现这些无法挽回的后果。使母猪本该这个时候进入发情配种阶段却因为前一阶段的体况不达标而不能进行，浪费了人力、物力，增加了养殖成本。

经营者要始终明白这样一个道理，完全指望养殖人员自动自觉地做好任何工作是不可能的，也是不现实的，就算你给的是最高的工资、最好的待遇，同样会出现问题。这就要求管理者不能当"甩手掌柜"，要亲力亲为，做到"三个到位"，即检查到位、指导到位、督促到位。那些养猪失败的猪场，绝大部分是猪场经营者不懂技术、不善管理，有的甚至很长时间都不到猪舍走一趟，完全放手不管。

在养猪场日常饲养管理工作中，经营者要经常亲自到现场，以指导者的身份去查看养殖人员是否在按照操作规程做，以及做得如何。比如，给猪打防疫针时，疫苗稀释比例是否合理、针头大小是否合适、是否做到一头猪一个针头、疫苗注射部位是否准确、有没有猪遗漏没被注射到等问题，这些要求能否做到位，尤其是对新员工或者工作责任心不强的、工作主动性差的、标准不高的员工更要经常检查督促，使他们养成良好的习惯。

当然，关键的时间和关键的地点也要辩证地看，不是对所有工作都管，不是所有时间都去。要具体根据养殖人员的工作熟练程度、工作经验、工作态度决定看谁不看谁；根据某项工作的性质确定看还是不看；根据某项工作的持续时间长短决定什么时间去看，去看哪个过程，是看准备情况、还是看中间过程或者看结果；根据某项工作的特点决定什么地点看等。同时还要能够对发现的问题予以及时正确地解决，还要注意解决问题的方法，解决问题一要公正、客观；二要及时，不要拖延，加强时间观念；三要严格管理，对事不对人。

三、"以猪为本"就要对猪有爱心

养猪人就要爱猪，一看猪就烦的人不会养好猪，只有爱才能全身心地投入。有人说：爱母猪如情人，爱小猪如子女。虽然比喻得不十分妥帖，但至少说明对猪要好点儿，再好点儿！

养猪人经常提到应激这个名词，应激是指作用于机体的不良环境刺激，引起机体内部发生的一系列非特异性反应或紧张状态的统称。例如，热引起出汗，冷引起颤抖，这是特异性作用，但热和冷又都能促使肾上腺皮质激素的分泌，这是非特异性作用。机体应激的目的是克服不良环境刺激的危害性，以适应刺激。但不良环境刺激较强或时间过长，机体适应机能就会逐渐减弱、失效而衰竭，免疫机能和抗病能力就会下降，环境中本身就存在的病原菌，如霉形体、大肠杆菌就可引起疾病。

任何让猪只不舒服的动作都是应激。例如，对猪打针、施打时的疼痛；饲料添加药物后的苦味，加剧猪只的食欲减退；猪舍环境中的臭味、潮湿等。猪群密度增加而空间不足，导致猪群拥挤、暴力驱赶猪、饲喂给霉变饲料等。

由于现在饲养的猪都是人工选择的结果，重生产性能，轻抗病能力，所以猪对于应激都很敏感。自身对环境的适应能力很差，由应激造成的损失更大。高度集约化规模养猪过程中，许多管理工作是无法避免的，如剪齿、剪尾、去势、断奶、移动、疫苗施打、投药等，特别是水泥圈舍饲养条件下，猪的紧张和压抑造成的应激是最大的应

激源。

攻守是否平衡决定动物健康还是生病，攻势指外在病原对猪只的攻击，守势则为猪只内在的免疫防御能力。只要改善体外环境，减少病原，改善体内环境，提高猪只抗应激能力与免疫力，猪自然就健康。

现在都讲要以人为本，而养猪的就要讲"以猪为本"才对，达到人与猪的和谐相处，才能产生巨大的经济效益。

人性化管理还涉及很多方面，如把猪栏的铁丝头和水嘴的尖锐处磨光，防止猪划伤。地面要有一定的斜度，不要太光滑，既利于尿和水的排出，又保证猪不滑倒。天气冷时给猪添加垫草保温，给猪栏内拴铁链，让猪咬着玩等。

四、重视猪的饮水问题

水是生命之源，对于动物来说，水的功能有体温调节、营养输送、生化反应和润滑与保护等。水是猪体内各器官、组织和产品的重要组成成分。猪体的 3/4 是水，初生仔猪的机体水含量最高，可达 90%。体内营养物质的输送、消化、吸收、转化、合成及粪便的排出都需要水分；水还有调节体温的作用，也是治疗疾病与发挥药效的调节剂。实验证明，缺水将会导致消化紊乱，食欲减退，被毛枯燥，公猪性欲减退，精液品质下降，严重时可造成死亡。长期饥饿的猪，若体重损失 40%，仍能生存；但若失水 10%，则代谢过程即遭破坏；失水 20%，即可引起死亡。最常见的是影响采食量，从而影响生产性能。充足的供水对于维持猪的健康和福利水平非常关键。因此猪可能要限饲，但一定要保证供水！

正常情况下，哺乳仔猪每千克体重每天需水量为：第 1 周 200克，第 2 周 150 克，第 3 周 120 克，第 4 周 110 克，第 5～8 周 100克。生长育肥猪在用自动饲槽不限量采食、自动饮水器自由饮水条件下，10～22 周龄期间，水料比平均为 2.56∶1。非妊娠青年母猪每天饮水约 11.5 千克，妊娠母猪增加到 20 千克，哺乳母猪多于 20 千克。

许多因素影响猪对水的需要量，如气温、饲粮类型、饲养水平、水的质量、猪的大小等都是影响需水量的主要因素。

　　水的问题是养猪场容易忽视的问题，常见的饮水问题有：一是不检测水质，不知道水质是否合格，甚至有的猪场以人都喝这水，猪有什么不能喝的为理由不重视水质；二是饮水装置设计安装不合理，猪饮水的水嘴高度不是过高就是过低，供给的猪群密度过大而水嘴数量不足；三是不能坚持经常性检修供水管线和水嘴，铁锈、水垢或杂物堵塞管道也不能得到及时疏通，水流速低、水压低或断水，水管漏水、结冰等。

　　所以猪场要化验水质是否合格，确保水质清洁和平时的检测；做好饮水系统整体布局，定期对供水系统进行清洗和消毒，减少饮水器和水管渗漏、确保储存量等。检查猪群饮水情况，正确安装水嘴，为不同年龄的猪设计适当的水流量；合理分群，确保所有的猪都能够随时获得优质和充足的饮用水并减少水浪费。

五、提高仔猪的成活率

1. 早吃初乳

　　母猪产后 3 天内的乳汁叫初乳，它既可充分满足哺乳仔猪迅速生长发育的需要；又因含有大量镁盐，有利于胎粪的排出，更重要的是初乳中含有较多免疫抗体，有利于增强哺乳仔猪的免疫力。由于初乳中免疫抗体的含量随母猪哺乳时间的增加而逐渐下降，同时仔猪吸收抗体的能力也逐渐下降，因此初生仔猪应尽早吃上初乳，这样有利于仔猪的生长发育，降低哺乳仔猪的死亡率。

2. 固定乳头

　　仔猪有固定乳头吃乳的习性，并且一旦固定，到断奶时都不更换。如果让哺乳仔猪自己去固定乳头，往往会发生因争夺乳头而咬伤母猪乳头的现象，从而影响母猪的正常哺乳，甚至引发乳腺炎，同时会出现体重大而强壮的仔猪强占乳多的乳头或占两个乳头，而弱小的仔猪只能吃乳少的乳头，甚至吃不上乳，最后可能形成僵猪或饿死，为此，应使哺乳仔猪尽快固定乳头吃乳。

3. 做好寄养和并窝

　　当生产中出现母猪产仔数多于其有效乳头数、母猪产仔数很少、

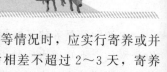

母猪产后少乳或无乳、母猪产后突然死亡等情况时，应实行寄养或并窝。寄养或并窝时，两窝仔猪的产期前后相差不超过 2～3 天，寄养或并窝的仔猪最好吃上母猪的初乳后再寄养或并窝，且应挑选性情温顺、护仔性强、泌乳力高、无恶癖的母猪作继母。并窝前，用继母的尿液涂抹在被寄养的仔猪身上，以防继母拒哺。

4. 防止仔猪被压死、踩死、母猪咬死等

仔猪被压死、踩死、母猪咬死等，多集中发生于产后 1～2 周内，需要重点防范。仔猪出生后，四肢行动不灵活，反应较为迟钝，且又怕冷，常会钻进母猪腹下或垫草中。一些身体较肥，行动不便，腹大下垂、年老耳聋及初产无护仔经验的母猪，经常会发生压死或踩死仔猪的现象。当哺乳仔猪体质瘦弱，没有能力吃奶或当哺乳母猪因各种原因没有奶水或奶水很少时，哺乳仔猪不能得到足够的营养，有可能被饿死。初产母猪由于没有哺育仔猪的经验，乳头括约肌比较紧，因此给仔猪哺乳时特别紧张，当仔猪吃乳紧咬乳头不放而使初产母猪疼痛时，母猪往往会拒绝哺乳，有的甚至攻击仔猪，将哺乳仔猪咬伤、咬死。

5. 做好防冻保温

提高哺乳仔猪育成率，保温是关键性措施。仔猪生长的最适宜温度：1～7 日龄 28～34℃，8～30 日龄 25～28℃，31～60 日龄 23～25℃。如果母猪分娩舍内的温度达不到初生仔猪所需的温度，特别是冬季无保温设备的情况下，温度更低。当温度偏低时，仔猪体温下降，环境温度越低，其体温下降的幅度越大。当环境温度降低到一定范围时，仔猪则会冻僵，甚至冻死。所以要重点做好保温，在保证产房舍温 20℃左右的基础上，在产仔栏内设置仔猪保温箱。箱内放电热板或吊 250 瓦或 175 瓦的红外线灯，一般保温灯离箱底面 40 厘米左右，具体应视仔猪在箱内睡眠时的分布状态而调整。仔猪拥挤打堆，说明温度过低，应降低保温灯的高度；仔猪远离热源，零散分布，说明温度过高，应调高保温灯的高度。严寒天气除使用保温灯外还可同时使用电热板来满足仔猪对温度的需要。

6. 早期诱食补料

初生仔猪消化酶活性较低、胃底腺不发达、分泌胃酸能力差，应及时补料，以促进仔猪消化系统的发育，刺激胃酸的分泌，使仔猪胃肠道尽快得到锻炼，以容纳、消化、利用饲料，从而增强机体对疾病的抵抗力。饲喂适应仔猪生长发育、营养物质易消化吸收的饲料，在 7 日龄开食补料，减轻仔猪下痢。要求用质量最好的开口料。

7. 补铁

对新生仔猪补铁，是一项容易被忽视而又非常重要的措施。初生仔猪每天平均需要 7～11 毫克铁，但 100 克猪乳中不足 0.2 毫克，不到仔猪需铁量的 5%。缺铁仔猪表现为贫血症状，易并发白痢、肺炎，常见于 5～20 日龄仔猪。补铁方法是注射含铁制剂，在 4 日龄内注射葡萄糖铁钴注射液或右旋糖酐铁注射液 1 毫升，或者配制硫酸亚铁-硫酸铜溶液喂仔猪，取 2.5 克硫酸亚铁和 1 克硫酸铜溶于 1000 毫升热水中，过滤后给仔猪口服。

8. 适时断奶

仔猪从母乳中获得的被动免疫能力只能维持 2～3 周龄，应尽早补料，为断奶打基础。断奶时，必须把母猪调离出去，让仔猪留在原圈内饲养一段时间。然后，再按中弱、大小分群或出售。仔猪断奶后的最初半个月到 1 个月，必须保持哺乳期的饲料种类和饲喂次数，以后逐渐改为断乳仔猪饲用的饲料，逐渐减少饲喂次数。一般农村仔猪断奶时间 45 天，大型良种场约在 28 天左右。

六、春季养猪需要注意的问题

春回大地，万物复苏，正是养猪好时节。然而，气温回升，各种病原菌也随着适宜的温度而大量繁殖，同时畜禽经过越冬，身体的抗病能力减弱，如果再加上养殖者管理不善，极易引起猪病发生。为此，加强饲养管理是春季养猪工作的重点，养猪户要贯彻以防为主的方针，采用多种预防性措施，控制疾病的发生，切实做好疾病防疫工作。

1. 防寒保暖

进入春季，气温回升，但昼夜温差较大，时有冷空气和阴雨大风，加之有可能发生倒春寒，因此保暖工作仍不能放松，保温仍是头等大事，要着重抓好以下保温细节：①遇见降温或阴雨大风天气，要迅速给猪舍升温和加垫草。②要做到"春捂秋寒"，草帘、塑料膜、火炉等保温设施不能取得过早。要随时挂好门帘，查堵猪舍漏洞，防止贼风入侵。③重视产房仔猪和保育猪的保温情况，尤其是腹部的有效温度。④北方地区昼夜温差大，要坚持夜间巡圈制度，根据猪群状况随时调控圈舍温度。

2. 彻底消毒

随着气温的逐渐回升，各种病原菌滋生活跃起来。春季要对猪舍进行彻底消毒，防止病菌生长繁殖。对圈舍进行清洗，用20％～30％石灰乳或20％草木灰或2％～3％火碱溶液对圈舍地面、墙壁及周围环境喷洒和涂刷。对用具清洗后用3％～5％的来苏水消毒，再用水冲洗，以免引起中毒或影响猪的采食量。

3. 清理舍内外卫生

经过寒冷的冬季，冬季的积雪陆续融化，封闭保温的猪舍也陆续打开门窗，此时，应该做好舍外环境清理，彻底清除猪舍周围阴沟、排粪沟的杂草和淤泥，防止病原菌和蚊蝇的滋生。对猪舍内外的门窗、天花板、墙壁、猪栏等卫生死角彻底清扫后，再用2％～3％火碱溶液喷洒。对猪饲料槽、料盘、保温箱等用具彻底清洁后，再用高效消毒液消毒，然后用清水冲洗晒干后备用。

4. 驱除寄生虫

冬春交际，乍暖还寒，是寄生虫病的高发期。猪寄生虫病是造成饲料报酬和养殖场经济效益差的一个重要因素。规模化猪场要选择伊维菌素和芬苯达唑等广谱高效驱虫药。给猪体内驱虫的同时，要及时清除粪便和在地面喷洒杀虫剂，避免寄生虫的二次感染。单独做一次螨虫病的驱虫。

5. 防疫

防疫是控制疾病发生和流行的有效手段，要确保防疫成功，养猪场要严格按照免疫程序做好猪只的免疫注射，切忌漏注、疫苗失效等情况发生。春季要防疫的疾病主要是口蹄疫，在每年三月份都要给繁殖群普遍免疫一遍；在每年四五月份还要给繁殖群统一免疫一次乙脑；像猪瘟以及这几年高发的伪狂犬病和病毒性腹泻等疾病都需要在春季疫苗防疫工作中进行合理安排和科学规划，尤其是春季选留的后备猪更是需要这些疫苗的免疫。为了更好地体现疫苗的免疫效果，在进行疫苗注射时要做到以下几点：注射部位的消毒；专用的疫苗注射器材，尤其是针头的更换频率要高，最好是每头猪更换一次或是每圈猪更换一次。

春季外购种猪和仔猪的养猪场较多，防止病菌随着引进猪一起进来是重点。在饲料中适量添加中草药和生活调料，以扶正祛邪，既有利生长，又可防治疾病。如金银花、生姜、大葱、大蒜、食醋等。

6. 加强种猪营养

春季是家畜配种的旺季，配种前种公畜的饲养好坏，直接影响配种效果。因此冬末春初养好种公畜十分重要。应加强种公猪饲养，保持较高的营养水平。饲料中添加充足的鱼粉、豆饼、青绿饲料、发芽饲料和胡萝卜等蛋白质和维生素饲料。给母猪也要适量搭配青绿多汁饲料，如青菜叶、胡萝卜等。

七、夏季养猪需要注意的问题

随着夏季的到来，气温升高、湿度变大，生猪很容易发病，因此必须对猪舍内环境温度进行控制，加强防暑降温工作，确保生猪安全越夏，提高养猪效益。夏季养猪应注意以下几点：

1. 保持猪舍清洁

夏季是蚊蝇出没旺季，造成猪场生产环境恶劣，更重要的是给猪场防疫带来了困难。所以要定期对猪舍内外环境消毒，包括栏舍、场地和用具、器械，排水道、空气以及母猪全身体表等的消毒，尤其应注意一些卫生死角的消毒。

2. 坚持日常性消毒

必须重视空栏消毒工作，做到彻底空栏，坚持"全进全出"原则。使用对环境适应范围广的消毒剂品种如氯制剂等；夏季阳光充足，能使有些消毒剂迅速分解而失效，如聚维酮碘、络合碘等不宜在室外使用。

3. 科学饲喂，合理搭配饲料，保证饲料新鲜

由于高温引起采食量下降，产热增加，因此必须相应提高日粮浓度，特别是能量和维生素水平。夏季应多喂富含维生素、矿物质的青绿饲料和果皮（如西瓜皮）等清凉饲料；在混合料中适当添加咸味、鲜味或香味等调味剂，以提高饲料适口性，增加猪的采食量，禁止饲喂发霉饲料。

夏季喂猪可1日喂4次，为减少猪在最热时段的活动量，可于凌晨4时、上午10时、下午4时、晚上9时各喂1次。要保持食槽内有充足的清凉饮水。每天还要给猪饮1次0.5%的淡盐水以调节体温。

4. 增加饮水量

在高温情况下，猪以蒸发散热为主，保证充足清凉的饮水，是有效的防暑措施之一，保证充足（饮水器中水有一定压力）的清洁凉水（水温控制在10~12℃以内）有利于猪体降温并能刺激采食，提高采食量。一方面可以保障蒸发散热的水分需要，另一方面清凉饮水在消化道内升温也可使机体降温。在不采用自动饮水器时，应勤刷水槽，勤换水。试验证明，猪饮水量随环境温度的升高而增加，在气温为7~22℃时，饮水量和采食饲料干物质比为（2.1~2.7）∶1；气温升高到30~33℃时，饮水量和采食饲料干物质比提高到（2.8~5.0）∶1。由此可见，饮水对猪在高温条件下的健康和繁殖是绝对必需的。

5. 防暑降温

猪是恒温动物，皮下脂肪厚，汗腺不发达。因此肉猪为了抗热，极易掉膘，生长缓慢，甚至中暑死亡。盛夏养猪必须加强防暑降温，确保生猪安全越夏。可在高温到来之前，在舍前搭一临时凉棚遮阴，防止阳光直射。也可在舍周围栽种葡萄、南瓜等藤蔓类植物，让其藤蔓爬满凉棚遮阴。增加猪场地面绿化面积，可降低猪舍环境温度3~

4℃，减轻热辐射80％。特别是减少猪场内水泥地面所占比例，可降低地面温度。

降低舍内温度可用清凉水冲洗圈内地面、墙壁，每天中、下午冲洗几次，以降低舍温。当遇到极高温度（40℃以上）时，应采取紧急措施，如用水龙软管喷淋猪体或水浴或在屋顶洒水。有条件的猪场可购买动力喷雾机，每天3～4次对地面、屋面及猪体喷淋降温（忌用冷水突然喷淋猪只头部）。人为冲凉公猪睾丸也是降低高温对公猪繁殖影响的一种有效方法。值得注意的是，在实行冷却降温的同时，猪舍的隔热设计、遮阳、防止水箱和水管受阳光直射都是不可缺少的技术手段。

6. 减少饲养密度

组群过大和饲养密度过高，均可加重热应激，因此在可能的情况下，夏季应适当减小饲养密度。

7. 加强种猪管理，预防种猪繁殖性能低

高温对种猪最为直接的影响是性欲降低，发情延迟，所以应从多方面采取措施提高种猪的健康水平和繁殖性能。其中最重要的是环境温度要控制在最适宜的温度范围（配种舍12～15℃、妊娠舍18℃左右，哺育乳期15℃左右）内。除此之外，还需要做好以下工作：调整日粮配方，保证适宜营养水平，种公猪在原日粮基础上每头每天增喂2枚鸡蛋。有条件的加喂适量青绿饲料或2％～5％脂肪；分娩哺乳期母猪喂高营养水平日粮（蛋白质≥16％、消化能≥13.39兆焦/千克），产前4周2.5～3.2千克、哺乳期4.5千克以上的日喂量是必要的；断奶后母猪或配种前2～3周的后备母猪以高营养水平日粮、哺乳料短期优饲，促进其发情排卵，恢复母猪长膘和为配种、胚胎发育储备营养，日喂量可保持在2.2～2.5千克以上；配种后的母猪喂低能低蛋白水平日粮（蛋白质≤14.5％、消化能≤12.97兆焦/千克），日喂量减少到1.5～2.0千克为宜。母猪配种后第4周至产前4周，喂中等偏低营养水平日粮（蛋白质≤14.55、消化能≤13.8兆焦/千克），日喂量可控制在1.8～2.2千克。

改变饲喂、运动和配种时间。进入炎热季节，猪场都应改变猪的

饲喂时间,早餐宜早,可在早上 6 时左右;晚餐要晚,宜在晚上 7 时左右;午餐可避过中午时间饲喂,以充分利用天气凉爽时猪有良好食欲、多采食饲料。湿拌料可以更湿一些并加喂青绿饲料来提高适口性,促进采食。对种公猪来说,合理运动是提高健康水平和配种能力必不可少的手段,在高温季节更应坚持不懈,但应随着饲喂时间的改变而改变,即每日在早饲后和晚饲前各进行 0.5～1 小时的驱赶运动。配种或采精的两次时间亦可安排在上、下午运动后 0.5 小时左右,尽可能使种公猪中午休息的时间长一些。

充分利用公猪效应(公猪的刺激对母猪繁殖机能的影响)弥补高温带来的性欲降低的不良影响。如同舍公母猪隔栏接触饲养;配种时将公猪赶到发情母猪栏内交配;种公猪驱赶运动时经过母猪舍人行道,通过种公猪对母猪嗅、听、看的刺激,特别是种公猪特有的"哼哼"声连同所产生的外激素来促进母猪发情。有条件的猪场每天早晨可在母猪舍播放公猪叫声录音并辅以公猪气味(尿液和精液)来增加母猪性欲,促进其发情,提高繁殖力。

8. 疫病防治工作

除按照免疫程序做好免疫注射外,针对高温季节多发病,如母猪子宫炎、乳腺炎、无乳综合征,仔猪黄白痢、球虫病、弓形虫病、附红细胞体病、衣原体等病,也要做好防治工作。

八、秋季养猪需要注意的问题

进入秋季以后,由于气温降低,气候干燥、多变,昼夜温差大,特别是深秋气候更为多变,对猪的生长、繁殖都带来了很大的影响,应特别注意加强猪的各项管理工作,为冬季的生产做好准备,提高养殖场的经济利益,因此一定要做好以下几个方面的工作:

1. 加强猪舍保温

进入秋季以后,气温降低是最主要的影响因素,所以应控制好猪舍内的温度,尤其是仔猪的保温工作尤为重要。猪本身的最适温度为 18～23℃,要对猪舍进行保温,首先要修好门窗,防止漏风。使用暖气、红外线灯泡、窗户封塑料布、挂门帘、生火炉等一些保温加温措施，使猪舍始终保持适宜的环境温度。

2. 加强猪舍通风

降低猪舍湿度、改善猪舍空气的最好办法是通风换气，而通风换气最有效的措施则是在天棚顶上开个通风孔，这样不用开门窗就能尽快将舍内的大量潮气和不良气体排出，并换入新鲜空气。但通风要有节制，晴天、暖天多通风，阴天、冷天少通风，做到通风与保温协调。时间上要选择气温较高时进行通风，一般在上午 10 时到下午 3 时这段时间都是通风的最佳时间。

3. 调整饲料的营养

随着秋冬季节的到来，要调整饲料配方，增加饲料营养，重点是增加能量饲料，提高猪的采食量。提高饲料中玉米的比例，提高到 60％以上，有条件的再加 1％ 植物油，这样就更适用于猪的生长需要。

4. 坚持定期消毒

养成无病也要坚持定期消毒的习惯，预防疾病的发生；同时做好驱蚊蝇的工作，防止疾病的传播。对猪舍的清扫、消毒工作，一般每天至少清扫 1 次圈舍，3 天进行 1 次消毒，以避免细菌滋生。

5. 做好猪场配种批次的管理

高温、疾病感染造成的母猪不发情和配种受胎率低等问题即将结束，入秋后将出现大批待配母猪，并出现明显的发情，如果不节制地配种，会出现春节期间产仔高峰。春节期间人员频繁流动，人心不稳，如加上产仔高峰的大量工作，就可能出现常见的疾病流行和死亡率高的现象，多配的猪并没有带来多出栏的结果。所以秋季配种不能过多，应按正常配种计划执行，以免出现不应有的损失。

6. 防病

集约化养猪场在冬季容易发生猪流行性感冒、猪流行性腹泻、猪传染性胃肠炎、猪伪狂犬病、口蹄疫等，秋季吸血昆虫（如蚊等）也较活跃，猪附红细胞体病也容易发生和流行。因此在深秋要给所有母猪注射猪流行性腹泻、猪传染性胃肠炎二联苗；母猪配种前要注射猪伪狂犬病灭活油乳剂苗和猪瘟等疫苗，其免疫接种方法与常规免疫方法相同。种公猪在深秋也应分别接种上述疫苗。全群注射口蹄疫疫苗。要经常喷洒灭虫药物，防止昆虫叮咬猪群。另外，猪气喘病、猪传染性胸膜肺炎等呼吸道疾病等在秋冬季也很容易发生，猪群可定期用土霉素按每1000千克饲料添加600克的比例饲喂。

秋季是驱虫的关键时期，寄生虫的危害是无形的、持续存在的，对养殖户造成的损失严重。这个时期进行驱虫是要清除猪体内外的寄生虫，为猪只的冬季饲养做有效准备和减少经济损失，全群统一使用伊维菌素拌料驱虫，要连续使用1周，间隔2～3周可以重复用药1次，更彻底地清除猪体内外的寄生虫。

九、冬季养猪需要注意的问题

1. 提高圈舍温度

温度对猪生长性能的影响很大，温度低，需要消耗能量来平衡机体与环境的温差，所以就会提高料肉比，降低养殖者的经济利益，同时猪体发冷，就会相互挤在一起，发生挤伤和压伤，甚至发生咬架的现象。低饲养温度也会导致猪易发生多种呼吸道疾病，如猪流感、喘气病、猪肺疫等。所以需要养殖者给猪群提供合适的饲养温度。同时个体体重越小的猪，在冬季越要重视保温，提高猪舍内温度的方法有很多，一是采用红外灯，根据保育猪在红外灯下的睡卧情况适当调节灯的高度，以手放在猪背上能感觉到适宜的温度为宜；二是产床上的乳猪，还可以同时使用加热电板；三是可以适当调节育肥猪猪群密度，一般比平时要增加1/3的猪，同时采用塑料薄膜覆盖门窗等多种方法，养殖者可以根据自己猪舍的情况采取不同措施。

2. 加强湿度控制

相对湿度应控制在65%～70%。潮湿的水泥地面可使舍内环境温度降低，并极易引起猪的皮肤病、呼吸道疾病、传染病及寄生虫病。一般在小中猪阶段不冲洗栏舍及猪身。中大猪阶段冲洗猪舍要选择晴天或温度相对较高的时候进行。

管理好猪饮水器，饮水器长流水和滴水是猪栏内地面湿滑的主要因素之一，所以要经常检修饮水器，保证饮水器完好。调教好猪，做到吃料、睡觉、排便三点定位。消毒应采取喷雾的方式以减少湿度。当猪舍湿度较大时，通过高温时段增大通风量、栏舍内撒木糠、炭渣、过道撒石灰等吸潮，但最好还是从产生潮湿的源头上解决。

3. 保持圈舍卫生

冬季猪舍封闭，猪舍内的有害气体主要有氨气（NH_3）、硫化氢（H_2S）、二氧化碳（CO_2）。氨气、硫化氢主要来自猪群排出的粪便和肠道臭气，粪便发酵也可产生大量氨气。氨气能刺激黏膜，引起黏膜充血、喉头水肿、气管和支气管炎症，严重时可导致肺水肿、肺出血等；硫化氢也能刺激黏膜，引起结膜炎，表现为流泪、怕光、角膜浑浊等症状，同时引起鼻炎、气管炎、咽喉灼伤，甚至引起肺水肿；二氧化碳虽然无毒，但会造成机体缺氧。如果猪舍内这些有害气体超过一定浓度，不但对猪体造成直接伤害，产生不良应激反应，更重要的是会降低猪的抵抗力，损伤猪的主动免疫功能，引发多种传染病，如猪瘟、猪肺疫、传染性萎缩性鼻炎、传染性胸膜肺炎等，导致严重的后果。

最佳猪舍内氨气浓度为≤25毫克/千克，如果达到50毫克/千克，人进入猪舍就会感觉到头痛、流泪等，此时，猪增重下降12％，饲料转化率降低9％。硫化氢的最大允许浓度是10毫克/千克，超过这个数值就会影响猪的健康和生长，解决的主要办法就是及时清除粪便，合理通风。二氧化碳的最大允许浓度是≤50毫克/千克，如果达到50～100毫克/千克会导致妊娠母猪产死胎和后期流产。可以通过及时清扫粪便来降低舍内的有害气体含量，但是这样会增加饲养员的劳动量。

4. 合理通风

为兼顾保温和通风，最有效的措施则是在天棚顶上开个通风孔。但通风要有节制，一般在中午1点钟左右比较适宜，晴天、暖天多通风，阴天、冷天少通风，做到通风与保温相协调。防止圈内的鼠洞、

裂缝、缺口、破顶等风口进"穿堂风"和"寒风"。

5. 坚持消毒

定期和不定期做好饲养过程中的全面消毒。消毒使用喷雾方式，减少湿度。产房产床和保育栏空栏后要彻底清洗，建议使用高压喷枪冲洗，然后用火焰消毒或冲洗干净后使用火碱水消毒。

冬季气温低，猪的消化道疾病、呼吸道疾病、传染性疾病等很容易发生。为保证猪健康生长，要定期或不定期地进行圈舍消毒。

6. 做好免疫保健

猪要进行科学免疫，猪场内要备有常用药物，以便猪有病时早隔离、早治疗。依据养殖场的免疫程序，做好疫苗的购买与正确保存使用，杜绝少打漏打，注射器须彻底消毒，并且每头猪换一个针头。养殖场应有详细的免疫档案，记录疫苗领用、保存与免疫情况。对体况不好或发病的肉猪适当推迟免疫时间，做好详细记录并及时补免。

7. 猪舍夜查

提倡养户养成查夜习惯，仔细检查夜晚猪舍的环境，防止贼风偷袭，及时发现疾病苗头。当呼吸道疾病与拉稀难以控制时，要检查晚上的饲养管理过程中可能存在的操作漏洞。

8. 注意饮水温度

当水温低且水加入过多时，会降低猪的采食量，因此建议在拌料时应控制水的量，采用温热水拌料，若有条件，最好给予水温在25℃左右的温热清洁饮水。猪对水的需求量比较大，如长期给予温度较低的水，势必会使猪发生消化道疾病或其他疾病。

9. 合群

将分散饲养的猪合群饲养，饲养密度比夏季增加30%～50%，猪的散热量增加，亦可提高舍温。

10. 巧喂

饲喂营养完善的高品质日粮。应尽量饲喂干粉料，白天增加喂食次数，夜间坚持喂一顿食，同时要让猪饮用温水。

十、用木桶理论指导猪场管理

木桶理论是由劳伦斯·彼得提出的，指一只木桶想盛满水，必须每块木板都一样平齐且无破损，如果这只桶的木板中有一块不齐或者某块木板下面有破洞，这只桶就无法盛满水。也就是说一只木桶能盛多少水，并不取决于最长的那块木板，而是取决于最短的那块木板。也称为短板效应。

通过这个理论，应该认识到任何工作都一样，都可能存在不足之处，如果对不足之处预防和处理不到位，就可能影响整个工作的结果。

每个猪场的管理，都可能面临一个共同的问题，即构成猪场的各个部分往往是优劣不齐的，而劣势部分往往决定整个猪场的饲养管理水平。因此每个猪场饲养管理者都应认真思考一下自己猪场的"短板"在哪里，并尽早补足它。

猪场容易出现"短板"的地方很多。猪舍管理上容易在温湿度控制、空气质量控制、粪便清理、饮水供应、设备维护等方面出现问题。常见的问题有猪舍潮湿，如猪舍内水管损坏或漏水修理不及时，猪舍内水流遍地，再加上猪尿，猪舍怎么能干燥。或者不按照天气变化冲洗猪舍，有的冬季天气很冷也照样冲洗不误，舍内的潮气出不去，猪舍内的地面始终处于潮湿状态。冬季来临前不做好门窗封堵，舍内又没有升温设备。猪吃的饲料只能用于维持身体需要，何谈快速生长。浪费了大量饲料，增加了养猪成本，得不偿失。夏季来临不重视防暑降温工作，致使母猪采食量严重下降，公猪精子质量下降，母猪不愿意发情。有的猪舍通风换气做得不到位，特别是冬季，致使猪舍内空气质量差，人进入舍内眼睛流泪和嗓子发痒、咳嗽，被舍内的有害气体刺激得难受，长时间生活在这样猪舍内的猪怎么能受得了，免疫力自然下降。有的卫生状况差，主要是粪便清理不及时，不能做到定时清理，猪舍地面粪污遍地，猪身上也都是粪便，猪生活在粪便中。有的图省事直接将粪便从猪舍窗户扔出，导致蚊蝇滋生，猪舍内臭味不断。

饮水上容易出现的问题有水质差、不达标，猪多而可供饮水的水

嘴少，特别是水管漏水或饮水嘴被猪咬坏后维修更换不及时，造成跑水或水嘴滴水，以及水中杂质多造成的水嘴堵塞等均可导致水压不足，满足不了猪饮水的需要。水管漏水会导致猪栏内水流遍地，潮湿泥泞，猪在这样的地面上极容易摔倒，甚至受伤。如果在冬季舍内温度低的时候出现这种情况，会严重影响猪的生长。同时漏水过多也影响猪的卫生，导致猪患病。而水管漏水还会导致水压不足及水的流量不够，同饮水嘴堵塞一样，均能导致猪的饮水不足，要知道饮水不足对猪的生长影响非常大，水是一切动物生命活动的重要物质。猪也不例外，猪体内营养物质的消化吸收、废弃物的排泄、血液循环、呼吸以及体温的调节等一切生命、生理活动都离不开水。猪体内一旦缺水，其生命、生理活动就会受到影响，导致猪饲料消化吸收不好，血液浓度变浓变稠，体温升高等，使饲料报酬降低，饲养成本提高，养殖效益降低。同时还会导致猪生长发育受阻和引发各种疾病。饮水不足会导致猪的肠道发病率升高，猪由于饮水不足口渴后，特别是炎热的夏季常出现喝脏水等现象，这种现象直接导致猪患多种肠道疾病。据统计，肠道疾病是近几年来猪的多发性疾病，一般占猪发病总数的76％左右，而在这些肠道疾病中，有不少就是由于猪缺水、喝脏水引起的。饮水不足也会导致猪消化率降低，饲养成本提高。特别是育肥猪，饲养户对育肥猪每天补饲大量热能饲料，而这些热能饲料需要吸收大量水分后才能被猪体消化吸收和输送，代谢物排出体外等一系列生理活动也需要充足的水。缺水使猪形成肠燥热，肠蠕动减弱，营养吸收不全，采食量逐渐减少，消化率降低，生长发育受到阻碍等。

猪栏损坏不能及时修理。如高床护栏损坏，高床上的小猪非常容易掉到地上，甚至会掉进排污孔或粪沟内而被淹死。如果是地面上的大猪栏损坏，猪很容易走出去或者互相串栏，走出去的猪在猪舍内乱走，见什么用嘴拱什么，弄得猪舍内"人仰马翻"，而串入别的猪栏内的猪则会出现相互咬架，严重影响猪只生长。

饲料使用上容易出现的问题一是不按猪用料。如公猪不用公猪的专门饲料，而是随便用育肥猪、母猪料代替，同样母猪也不按照生长繁殖阶段用料；如后备母猪用妊娠料、妊娠母猪用哺乳料等代替；如育肥猪用料也不能按照小猪料、中猪料和大猪料三个阶段相应用料。给公猪喂母猪料，会造成公猪精子活力降低。母猪哺乳期用妊娠料，会造成母猪奶水少，泌乳不足，及断奶后不发情或屡配不孕。二是使用质量差的饲料。如自配饲料的不能保证饲料原料质量，饲料原料发霉变质，导致生猪中毒死亡。购买饲料的贪图便宜购买信誉不好、质量不稳定的饲料厂家生产的饲料。三是饲料更换不实行过渡。如果突然变换料，猪遇到适口性好的饲料会过度采食，易造成前期采食量大而后期厌食。而遇到适口性差的饲料猪会采食减少或拒绝采食，导致猪胃肠功能紊乱和消化吸收障碍，影响猪的生长和生产。因此饲料更换必须实行过渡，应在换料前至少4天开始由多到少地逐渐减少原来饲料的饲喂数量，同时由少到多地逐渐增加新饲料的添加量，直至全部采用新饲料，这样才能将猪的换料应激减小到最低，以保证不因突然换料而影响猪的正常生长发育。四是无视国家相关规定，使用国家禁止使用的饲料添加剂等违规成分。五是饲料浪费。饲料浪费的原因很多，有看得见的浪费，如饲槽内一次添加饲料过多，猪采食的时候拱到料槽外面，落到泥泞的地面或者高床的下面，或者料槽不及时清理造成料槽角落里的饲料发霉变质。再比如饲料储存或保管不当，导致饲料生虫、老鼠污染、发霉或过期变质等。也有看不见的隐性浪费，猪患病是导致饲料隐性浪费的最大原因。在养猪生产中，每年均有相当数量的猪因患慢性疾病和寄生虫病而造成饲料隐性浪费。还有母猪分娩后，没有按产前减料、产后逐渐增料的投喂方法，而是盲目增加或减少饲喂量，既浪费了饲料，又影响了母猪的生产，也是饲料隐性浪费的表现。

疫病防治上容易出现的问题一是消毒不科学、不彻底。如一般能定期消毒，但是在消毒过程中一般随意性较大，不制定一个标准消毒程序或者执行不严格，消毒剂的配比随意性较大，消毒不到位，随意选择消毒剂，这些都会导致消毒不彻底或者失败，直接影响了消毒的效果。二是不重视平时的预防保健工作，不能制定适应本场的免疫接种计划或者不能严格按照免疫接种计划进行免疫接种。不能在一些传染病的多发季和流行期，进行药物保健工作。有些猪场打疫苗往往很随意，有时这个疫苗不打，有时那个不打。还有防疫的时候防疫档案

不健全，免疫用药等记录不完善，导致相似疾病再发生时无档案可查，最后猪场疾病不断。免疫要形成制度化、程序化，并要严格执行。只有这样才能确保规模化猪场传染性疾病的发生可能性降到最低，尽可能避免多病因的并发和继发症的发生。三是治疗不规范。对发病猪群处理方法不当，如有的猪场是发现一头，治疗一头，忽视对未发病的猪进行预防，往往使病情扩散。不能做到及时区分病因，做到传染性疾病一栏有病，全群预防。还有的有病乱投医，在治疗猪病上，听从一个兽医或专家的意见，进行治疗，几天不见好转，就又换人治疗，治疗方法也不按照疗程来，见好就收，致使病情出现反复，耽误了病情。要知道药物起作用需要一个过程，治疗要按疗程来，不能抱着一针见效的想法。还有的滥用抗生素，在一些猪场，尤其是中小型猪场表现得尤为突出，经常会出现滥用抗生素的现象，这样会导致该场存在的细菌产生抗药性，使一些细菌性疾病不能得到较好的治疗。还有一些养殖场存在超剂量使用抗生素、滥用违禁药物、不执行休药期等现象。这也给猪场本身及社会带来严重危害。四是尸体未进行无害化处理。发病死亡猪的尸体是最直接、最危险的污染源，很多猪场在尸体处理上大多没有设置合理的化制炉或采用严格规范处理办法来进行无害化处理，这也是造成疾病流行的重要原因之一。很多养殖户对猪尸体处理都是简单填埋，连最基本的消毒都没进行，更有甚者直接扔进江河内，造成恶劣影响与严重损失。

种公猪饲养管理上容易出现的问题是公猪体况不好、疾病较多、运动不足、肢蹄问题、繁殖性能较弱、使用不科学导致使用寿命短等问题。在生产中，一些养猪场对种公猪饲养经验不足或者不重视，饲养管理不科学、不精细。如长期营养不合理，会导致公猪的体况差，不是过肥就是过瘦。公猪过肥多数是由于日粮能量水平过高，喂量过大，缺乏运动，导致公猪体况过肥，配种时爬跨无力，或不能持久爬跨，无法完成配种任务。而公猪过瘦多数是由于日粮能量水平过低，喂量不足或过稀，导致公猪体况过瘦，也同样影响公猪的正常配种。

运动可以增强公猪的体质，提高新陈代谢水平。促进公猪各重要生命器官的发育与机能，对精液品质有良好的影响。因此对公猪的运动应有别于其他猪。要求保证公猪每天有 2 个小时以上 4~8 千米距离的充分运动，以降低膘情，保持旺盛的配种能力。长期圈养的公猪往往运动不足，使公猪过肥，性欲减弱，精液品质下降，甚至丧失配种能力。

使用不科学，一是初配体重和年龄偏小。后备种公猪参加配种的适宜年龄，一般应根据猪的品种、年龄和体重来确定配种年龄。本地培育品种一般为 9~10 月龄，体重在 100 千克左右。国外引进品种一般为 10~12 月龄，体重在 110 千克以上。如果公猪过早参加配种，影响公猪本身的生长发育，缩短公猪的利用年限；二是种公猪的配种强度不合理，如配种过度频繁，可造成精液品质显著降低，缩短利用年限，降低配种能力，最终影响受胎率。一般应根据种公猪的年龄和体质状况合理安排。如实行本交的公猪，1~2 岁的青年公猪每周配种 2~3 次，最多不超过 4 次；壮年公猪每天可配种 1~2 次，时间间隔 8~10 小时，连续配种 4~6 天，应休息 1 天。夏天配种时间应安排在早、晚凉爽时进行，避开炎热的中午。冬季安排在上午和下午天气暖和时进行，避开早、晚的寒冷。配种前、后 1 小时内不要喂饲料，不要饮冷水，以免危害猪体健康。实行人工授精采精的公猪，可在 8 月龄时开始采精，8~12 月龄每周采精 1 次，12~18 月龄每 2 周采精 3 次，18 月龄以后每周采精 2 次。通常建议采精频率为间隔 48~72 小时采 1 次精液。注意对于所有采精公猪即使不需要精液，每周也应采精 1 次，以保持公猪的性欲和精液质量。

肢蹄的健康对种公猪非常重要，但是如果饲养管理不精细，很容易出现肢蹄病问题。如不注意营养平衡，饲料中钙、磷不足或比例不当，易造成蹄底裂。缺硒时可引起足变形、脱毛、关节炎等。慢性氟中毒和缺锰时，能导致蹄异常变形，而且缺锰时多是横裂。缺锌则呈蹄裂或侧裂。缺维生素 D，影响骨骼的生长发育，发生软骨病、肢蹄不正和关节炎肿胀等，使种猪的肢蹄受力不均，导致裂蹄，特别是缺乏运动和阳光照射更易发生此病。生物素缺乏时，不能维持蹄的角质层强度和硬度，蹄壳龟裂，蹄横裂，脚垫裂缝并出血，有时有后脚痉

挛、脱毛和发炎等症状。再比如猪舍地表是粗糙的水泥地面，在干燥而寒冷的气候下，如不注意猪肢蹄的保护，就会发生肢蹄病。特别是秋冬天气由暖转凉，猪体表毛细血管收缩，导致正常脂类物质分泌减少，猪蹄壳薄嫩，加上粗糙地面等碰撞摩擦，极易造成蹄壳出现裂缝。

还有一个细节就是饲养管理人员对公猪态度要和蔼，要友好，不让猪受到惊吓。特别是在采精或配种过程中，不能有干扰。而这些小细节，就能决定公猪的配种质量。

母猪饲养管理上容易出现的问题主要有：一是不按照后备母猪的操作规程去照料后备母猪。将其视为育肥猪，任其自由采食，造成母猪体膘过大，影响繁殖性能；或者将后备母猪视同基础母猪，以最差饲料饲喂，造成母猪瘦弱。二是母猪饲喂得不精细。用配合饲料充分饲养，造成营养过剩，母猪肥胖。或者过分限饲，造成营养不足，母猪瘦弱。三是猪舍环境卫生差。母猪易患皮肤病等。由于母猪全身污水，很容易通过奶水、体表将病原体传递给仔猪。也可通过交配将病原体传递给公猪。四是母猪淘汰不及时。有的年龄较大，产仔明显减少。有的长期不发情，多次配种不孕。有的患生殖道炎症，久治不孕等仍不淘汰。五是母猪群体结构不合理。正常的母猪结构应该是第一胎和多胎比例较少，第二胎到第七胎所占比例较大，一般可达 70% 以上，才能有较好的繁殖指标。母猪数量应与公猪成比例，一般为 25：1，不至于产生公猪使用过频或过少，影响繁殖效果。六是不重视防疫工作。许多猪场对母猪繁殖影响危害大的几种病，如伪狂犬病、细小病毒病、乙型脑炎、猪瘟、布氏杆菌及链球菌病基本上没开展免疫工作，更不用说建立健全防疫监测制度。

以上列举的猪场管理上容易出现的问题，只是猪场管理上容易出现问题的很小一部分，没有列出的还有很多，而且生产中出现的问题也是千差万别，这就是猪场管理上的"短板"。特别需要注意的是，猪场出现的问题中，有的问题看似很小，如饮水嘴堵塞或水管漏水导致水压不足的问题。就是类似这些看似很小的问题，却能引起大问题。因此猪场管理上任何细节都不能忽视。

十一、管理好的标准是猪应激最小

应激是作用于动物机体的一切异常刺激，引起机体内部发生一系列非特异性反应或紧张状态的统称。对于猪来说，生产中营养不合适（转料）、水质差、卫生条件和设备不良（通风/保温）、高热高寒高湿（三高）、霉变饲料、疫苗接种、断奶、并群、转栏、运输、噪音、打骂等任何让猪只不舒服的动作都是应激。同时还要注意应激累加效应，要知道一项小应激对于处于应激严重的猪只影响甚大。

应激对猪只危害很大，可造成猪的机体免疫力和抗病力下降，抑制免疫，诱发疾病，条件性疾病如大肠杆菌病、支原体肺炎等就会发生。而这些平时就存在的病原菌，无应激因素一般是不会表现出来的。所以应激是百病之源。

集约化规模养殖过程中，许多管理工作是无法避免的，如剪齿、剪尾、去势、断奶、移动、疫苗施打、投药等。特别是水泥圈舍饲养条件下，猪的紧张和压抑造成的应激是最大的应激源。所以最多只能靠良好的管理模式将应激降到最低。

降低应激的办法很多，如避免或减少风机、电机、鞭炮、雷声、施工等噪声。再比如猪舍要做到风向和通风口能随意控制，特别是要防止贼风侵袭。除了考虑整个猪舍的通风情况外，还要考虑局部风的强度。猪身水平处的风速不应超过每秒 0.3 米。如近风口位置不当，门没关好，门窗破了或者墙和帘子上有洞，风速都会加强，这样猪只易发生呼吸系统疾病。

供给营养平衡的饲料，避免某些营养成分长期缺乏或过量。改变饲料品种、质量、数量、饲喂次数时要有合理的过渡期，切忌突然改变。在高温季节应给予较高营养浓度的日粮，以弥补因高温引起的能量摄入不足。

控制猪群的密度，合理的饲养密度不仅与猪发育状态有关，而且与猪的肺炎有密切关系。密度变化要依季节不同做相应的调整，夏季应尽可能小，冬天可稍大一些，但猪舍内应有 2/3 的干燥地面用于猪只躺卧和休息。无论是水泥地面，还是裸露地面，都要保证睡眠区的

清洁干燥和舒适，从而减少猪的应激。有关专家推荐每平方米断奶仔猪宜喂3头、生长肥猪宜喂0.75头。

随时供应清洁充足的饮水，以满足猪只生长的需要。在饮水中添加蔗糖、电解质等成分。气温超过34℃时，每吨饲料添加200～300克维生素C和150克维生素E，能提高猪的免疫力和抗应激能力。适当添加碳酸氢钠（250克/吨），可缓解应激对猪的不利影响。还可用开胃、健脾、清热、清暑的中药，如山楂、苍术、陈皮和黄芩等，配制成饲料添加剂喂猪，也可缓解炎热环境对猪的影响，提高日增重和饲料利用率。

疾病是最大的应激因素，投药、免疫同样会造成应激。因此要加强平时的饲养管理，为猪创造一个良好的生长环境，在防病、治病时采用最合理的治疗和预防方式，能饮水拌料的不打针。

十二、用结扎了的公猪做试情公猪效果好

由于公、母猪主要通过气味及声音进行交流，成年公猪的求偶声音、外激素气味、求偶及交配行为，通过听觉、视觉、嗅觉等能刺激成年母猪的脑垂体，很容易引发母猪排卵、发情、求偶、接受交配等行为发生。而成年公猪的这些条件任何人、设备、试剂都不具备。把猪赶进母猪栏，能对母猪提供最好的刺激。母猪在短时间内接触公猪后就可达到最佳的静立反射。有证据表明公猪试情能影响母猪促黄体生成素（LH）的释放、卵泡发育的启动和断奶后的定时发情。公猪与母猪接触的不同时机和频率对诱发母猪发情的效果有显著差异。

规模化养猪多数实行人工授精，母猪缺乏公猪刺激这一关键环节，影响了母猪发情及发情诊断。如果使用公猪进行试情，就会很好地解决这个问题。用公猪试情法也被国外很多大型猪场采用。可见，采用试情公猪的办法在规模化猪场是十分必要的。

试情公猪应具备一是行动稳重，气味重；口腔泡沫丰富，善于利用叫声吸引发情母猪，并容易靠气味引起发情母猪反应；二是性情温和，有忍让性，任何情况下不会攻击配种员；三是听从指挥，能够配合配种员按次序逐栏逐头进行检查，既能发现发情母猪，又不会不愿

离开这头发情母猪而无法继续试情。

选择试情的公猪要在断奶后体重 15 千克左右时进行输精管截断术。在 12 月龄以上使用，此月龄的公猪有情调，有成熟美，深受母猪欢迎，能很好地完成试情任务。

公猪试情最好采用两次试情的办法，试情的时间安排在每天早晚 2 次进行。如果采用每天 1 次试情的，要把试情的时间安排在清早，以便及时发现发情母猪。试情时，要让试情公猪与母猪近距离接近，使母猪既能看到公猪又能嗅到公猪的气味。同时采用在试情公猪前进行压背试验，如果在压背时母猪出现静立反射则可诊断该母猪已经进入发情期，结合母猪外阴部肿胀及松弛状况、黏液量及黏稠度、阴道黏膜充血状态，这样诊断的结果更为可靠。

采用限位栏饲养母猪的，建议每 8～10 个限位栏（每侧各 4～5 个栏），在过道两头各安 1 个栅门，以便将公猪隔在这几个栏内。群养母猪的，可将试情公猪赶入母猪栏内，让试情公猪在这个小区域内寻找发情的空怀母猪，也可以将公猪隔在走道两侧的 2 个栏间内，试情完毕后，再试情另外 2 个栏。

对诊断为发情的母猪，要及时做好标记和登记，并做好人工授精准备，做到实时输精。

十三、采用防御性饲养管理

防御，指防守抵御，多指被动型或做好准备的防守。猪场的饲养管理在很多方面需要防御性管理。猪场的防御性管理主要通过养殖人员自身掌握，以及外界输入的饲养管理知识，对猪场各项饲养管理工作的进展情况进行分析和判断，对将要面对的工作中可能出现的问题提前采取必需的行动加以规避。防御性饲养管理有系统地使养殖管理者在猪场的不同时期和不同饲养环境条件下，都能处于安全有利的位置，同时为自己创造良好的运用环境的技巧。降低发生问题的概率、降低日常维护费用、减少不必要的损耗、提高工作效率。所以防御性饲养管理是一种科学的管理方式。

通常猪场按照猪群免疫计划进行免疫工作，这就是最典型的防御性饲养管理做法。还有平时猪场的日常管理，如根据季节气候变化，及早采取保温或降温措施，冬季到来之前要对猪舍进行门窗封堵，检修或准备取暖加温设施、设备和加温燃料；夏季来临前提前检修降温设施和设备，如准备好遮阴网、检修通风扇和水帘等通风降温设备；母猪进产房前要对分娩舍进行彻底消毒，准备好接产用品，仔猪保温箱以及电热板和红外线灯等。

　　猪场的养殖人员要积极主动地根据猪场的各项饲养管理工作特点以及工作进展情况进行防御性管理，要未雨绸缪，也是俗话说的"水没来先叠坝"，而不是采取消极放任或者出现问题再去管理的被动式管理。要知道一旦出现不良后果再去管理，那时的管理只是尽量减少损失，而绝对不能避免损失的发生。

第章

科学防治猪病

养猪场出现的生产状况不良问题通常归因于猪舍简陋、传染性疾病和管理不良，而猪病的发生和传播与饲养管理的好坏有直接关系。数据显示，国外生猪养殖企业用药成本主要在消毒剂上，而国内生猪养殖企业大部分成本在治疗上，表明我国一些养殖企业只重视个体猪只治疗，忽视猪群整体的猪病防治与保健。疫病控制不只是狭隘的免疫和用药，也不是一个孤立的命题，它和品种选择、猪场建设、饲养管理、饲料营养、人员管理等是整体，共同构成生物安全体系。这就要求猪场坚持"预防为主、防治结合、防重于治"的原则，平时的预防工作做好了，猪的传染病可降低到最低水平或者不发生，一旦发生也能及时得到控制。

一、实行严格的生物安全制度

生物安全是近年来国外提出的有关集约化生产过程中保护和提高畜禽群体健康状况的新理论。生物安全的中心思想是隔离、消毒和防疫。关键控制点是对人和环境的控制，最后达到建立防止病原入侵的多层屏障的目的。因此每个猪场和饲养人员都必须认识到，做好生物安全是避免疾病发生的最佳方法。一个好的生物安全体系将发现并控制疾病侵入养殖场的各种最可能途径。

生物安全包括控制疫病在猪场中的传播、减少和消除疫病发生。因此对一个猪场而言，生物安全包括两个方面：一是外部生物安全，防止病原菌水平传入，将场外病原微生物带入场内的可能性降至最低。二是内部生物安全，防止病原菌水平传播，降低病原微生物在猪场内从病猪向易感猪传播的可能。

猪场生物安全要特别注重生物安全体系的建立和细节的落实到位。具体包括建立各项生物安全制度、猪场建筑及设施建设、引种、加强消毒净化环境、饲料管理、实施群体预防、防止应激、疫苗接种和抗体检测、紧急接种、病死猪无害化处理、灭蚊蝇、灭老鼠和防野鸟等。

1. 猪场建筑及设施建设

猪场场址不应位于中华人民共和国主席令 2005 年第 45 号规定的禁止区域，并符合相关法律法规及土地利用规划。距离生活饮用水源地、居民区、畜禽屠宰加工、交易场所和主要交通干线 500 米以上，其他畜禽养殖场 1000 米以上。应选择在地势高燥，通风良好，采光充足、排水良好、隔离条件好的区域。场址应位于居民区常年主导风向的下风向或侧风向。水源充足，水质符合 NY 5027—2008 的规定，供电稳定。

猪场在总体布局上应将生产区与生活管理区分开，健康猪与病猪分开，出猪台与生产区保持严格隔离。净道与污道分开，雨水与污水分离，污水应采用暗沟排入污水处理区，污水处理区应配备防雨设施。按夏季主导风向，生活管理区应置于生产区和饲料加工区的上风向或侧风向，隔离观察区、粪污处理区和病死猪处理区应置于生产区的下风向或侧风向，装猪台应设在猪场的下风向处。各区之间用隔离带隔开，并设置专用通道和消毒设施，保障生物安全。

猪场周围应建设防疫隔离带，可采用围墙、铁丝网等。大门口设置值班室、更衣消毒室和车辆消毒通道；生产人员进出生产区要走专用通道，该通道由更衣间、沐浴间和消毒间组成。

猪舍功能上可区分为配种妊娠舍、分娩舍、保育舍、生长育肥舍；或配种妊娠舍、分娩舍、保育-育肥一体舍。自繁自养猪场和仔猪繁育场宜配备独立的后备猪隔离适应舍。猪舍朝向应兼顾通风与采光，猪舍纵向轴线与常年主导风向呈 30°～60°。两排猪舍前后间距应大于 8 米，左右间距应大于 5 米。由上风向到下风向各类猪舍的顺序为：公猪舍、空怀妊娠母猪舍、哺乳猪舍、保育猪舍、生长育肥猪舍。

猪舍应配备相应的通风换气与降温保暖设备。配备猪只专用饮水系统，饲料输送宜安装自动输送设备。配备饲料、药物、疫苗等不同类型投入品的储藏场所或设施，符合相应的储藏条件。配备满足器械消毒、药品稀释、病死猪解剖等需要的兽医场所。应有预防鼠害、鸟害等设施，可采用碎石带、防鸟网等方式。

2. 引种要求

制订引种计划和留种计划，内容包括品种或品系、引种来源、引种时间、隔离方法与设施、疫病与性能检验等。

引进种猪和精液时，应从具有《种猪生产经营许可证》和《动物防疫合格证》的种猪场引进，种猪引进后应隔离观察30天以上，并按有关规定进行检疫。保留种畜禽生产经营许可证复印件、动物检疫合格证和车辆消毒证明。若从国外引种，应按照国家相关规定执行。不得从疫区或可疑疫区引种。引进的种猪，隔离观察15～30天，经兽医检查确定为健康合格后，方可供繁殖使用。

3. 加强消毒，净化环境

猪场应备有健全的清洗消毒设施和设备，以及制定和执行严格的消毒制度，防止疫病传播。猪场采用人工清扫、冲洗、交替使用化学消毒药物消毒。消毒剂要选择对人和猪安全、没有残留毒性、对设备没有破坏、不会在猪体内产生有害积累的消毒剂。选用的消毒剂应符合《无公害食品 畜禽饲养兽药使用准则》（NY 5030—2016）的规定。在猪场入口、生产区入口、猪舍入口设置防疫规定的长度和深度的消毒池。对养猪场及相应设施进行定期清洗消毒，并为了有效消灭病原，必须定期实施以下消毒程序：每次进场消毒、猪舍消毒、饲养管理用具消毒、车辆等运输工具消毒、场区环境消毒、带猪消毒、饮水消毒。

用一定浓度次氯酸盐、有机碘混合物、过氧乙酸、新洁尔灭等，用喷雾装置进行喷雾消毒，主要用于猪舍清洗完毕后的喷洒消毒。用一定浓度新洁尔灭、有机碘混合物或煤酚的水溶液，洗手、洗工作服或胶靴。每立方米用福尔马林（40%甲醛溶液）42毫升、高锰酸钾21克，21℃以上温度、70%以上相对湿度封闭熏蒸24小时。甲醛熏蒸猪舍应在进猪前进行。在猪场入口、更衣室，用紫外线灯照射，可以起到杀菌效果。在猪舍周围、入口、产床和培育床下面撒生石灰或火碱可以杀死大量细菌或病毒。用酒精、汽油、柴油、液化气喷灯在猪栏、猪床猪只经常接触的地方，用火焰依次瞬间喷射，对产房、培育舍使用效果更好。

猪舍周围环境每2~3周用2%火碱消毒或撒生石灰1次；场周围及场内污水池、排粪坑、下水道出口，每月用漂白粉消毒1次。在大门口、猪舍入口设消毒池，注意定期更换消毒液。工作人员进入生产区净道和猪舍要经过洗澡、更衣、紫外线消毒。严格控制外来人员，必须进生产区时要洗澡、更换场区工作服和工作鞋，并遵守场内防疫制度，按指定路线行走。每批猪只调出后，要彻底清扫干净，用高压水枪冲洗，然后进行喷雾消毒或熏蒸消毒。定期对保温箱、补料槽、饲料车、料箱、针管等进行消毒，可用0.1%新洁尔灭或0.2%~0.5%过氧乙酸消毒，然后在密闭的室内进行熏蒸。定期进行带猪消毒，有利于减少环境中的病原微生物。可用于带猪消毒的消毒药有：0.1%新洁尔灭、0.3%过氧乙酸、0.1%次氯酸钠。

4. 饲料管理

饲料原料和添加剂的感官应符合要求。即具有该饲料应有的色泽、味及组织形态特征，质地均匀。无发霉、变质、结块、虫蛀及异味、异物。饲料和饲料添加剂的生产、使用，应是安全、有效、不污染环境的。符合单一饲料、饲料添加剂、配合饲料、浓缩饲料和添加剂预混合产品的饲料质量标准规定。所有饲料和饲料添加剂的卫生指标应符合《饲料卫生标准》（GB 13078—2017）。

饲料原料和添加剂应符合NY 5032—2006的要求，并在稳定的条件下取得或保存，确保饲料和饲料添加剂在生产加工、储存和运输过程中免受害虫、化学、物理、微生物或其他不期望物质的污染。

在猪的不同生长时期和生理阶段，根据营养需求配制不同的全价配合饲料。营养水平不低于标准的要求，不应给育肥猪使用高铜、高锌日粮，建议参考使用饲养品种的饲养手册标准，配制营养全面的全价配合饲料。禁止在饲料中添加违禁药品及药品添加剂。使用含有抗生素的添加剂时，在商品猪出栏前，按有关准则执行休药期。不使用变质、霉败、生虫或被污染的饲料。不应使用未经无害化处理的泔水、其他畜禽副产品。

5. 病死猪无害化处理

病死猪无害化处理是指用物理、化学等方法处理病死猪尸体及相关产品，消灭其所携带的病原体，消除猪尸体危害的过程。无害化处理方法包括焚烧法、化制法、掩埋法和发酵法。注意因重大动物疫病及人畜共患病死亡的猪尸体和相关产品不得使用发酵法进行处理。

猪场不得出售病猪、死猪。有治疗价值的病猪应隔离饲养，由兽医进行诊治。需要淘汰、处死的可疑病猪，应采取不会把血液和浸出物散播的方法进行扑杀，传染病猪尸体应按标准进行处理。病死猪采取焚烧、化尸池生物处理等方式进行无害化处理，病死猪不应随处露天堆放或抛弃。

6. 实施群体预防

养猪场应根据《中华人民共和国动物防疫法》及其配套法规的要求，结合当地疫病流行的实际情况，制订免疫计划、有选择地进行疫病的预防接种工作；对国家兽医行政管理部门不同时期规定需强制免疫的疫病，疫苗的免疫密度应达到100％，选用的疫苗应符合《中华人民共和国兽用生物制品质量标准》，并注意选择科学的免疫程序和免疫方法。

进行预防、治疗和诊断疾病所用的兽药应是来自具有《兽药生产许可证》，并获得农业部颁发《中华人民共和国兽药GMP证书》的兽药生产企业，或农业部批准注册进口的兽药，其质量均应符合相关的兽药国家质量标准。使用拟肾上腺素药、平喘药、抗胆碱药与拟胆碱药、糖肾上腺皮质激素类药和解热镇痛药，应严格按国务院兽医行政管理部门规定的作用用途和用法用量使用。使用饲料药物添加剂应符合农业部《饲料药物添加剂使用规范》的规定。禁止将原料药直接添加到饲料及饮用水中或直接饲喂。应慎用经农业部批准的拟肾上腺

素药、平喘药、抗胆碱药与拟胆碱药、糖肾上腺皮质激素类药和解热镇痛药。猪场要认真做好用药记录。

7. 防止应激

应激是作用于动物机体的一切异常刺激，引起机体内部发生一系列非特异性反应或紧张状态的统称。对于猪来说，任何让猪只不舒服的动作都是应激。应激对猪有很大危害，造成猪只机体免疫力、抗病力下降，抑制免疫，诱发疾病。可以说，应激是百病之源。

防止和减少应激的办法很多，在饲养管理上要做到"以猪为本"精心饲喂，供应营养平衡的饲料，控制猪群的密度，做好通风换气、控制好温度、湿度和噪声，随时供应清洁充足的饮水等。

8. 抗体检测

养猪场应依照《中华人民共和国动物防疫法》及其配套法规，以及当地兽医行政管理部门的有关要求，并结合当地疫病流行的实际情况，制定疫病监测方案并实施，并应及时将监测结果报告当地兽医行政管理部门。

养猪场常规监测疫病的种类至少应包括：口蹄疫、猪水泡病、猪瘟、猪繁殖与呼吸综合征、伪狂犬病、乙型脑炎、猪丹毒、布鲁氏菌病、结核病、猪囊尾蚴病、旋毛虫病和弓形虫病。除上述疫病外，还应根据当地实际情况，选择其他一些必要的疫病进行监测。

养猪场应接受并配合当地动物防疫监督机构进行定期或不定期的疫病监督抽查、普查、监测等工作。

9. 疫病扑灭与净化

养猪场发生疫病或怀疑发生疫病时，应依据《中华人民共和国动物防疫法》的规定，驻场兽医及时进行诊断，并尽快向当地畜牧兽医行政管理部门报告疫情。

确诊发生口蹄疫、猪水泡病时，养猪场应配合当地畜牧兽医管理部门，对猪群实施严格的隔离、扑杀措施；发生猪瘟、伪狂犬病、结核病、布鲁氏菌病、猪繁殖与呼吸综合征等疫病时，应对猪群实施清群和净化措施；全场进行彻底清洗消毒，病死或淘汰猪的尸体无害化处理、消毒按相应国标进行。

10. 建立各项生物安全制度

建立生物安全制度就是将有关猪场生物安全方面的要求、技术操作规程加以制度化，以便全体员工共同遵守和执行。

如在员工管理方面要求对新参加工作及临时参加工作的人员进行上岗卫生安全培训。定期对全体职工进行各种卫生规范、操作规程的培训。

生产人员和生产相关管理人员至少每年进行一次健康检查，新参加工作和临时参加工作的人员，应进行身体检查取得健康合格证后方可上岗，并建立职工健康档案。

进生产区必须穿工作服、工作鞋，戴工作帽，工作服必须定期清洗和消毒。每次猪群周转完毕，所有参加周转人员的工作服应进行清洗和消毒。各猪舍专人专职管理，禁止各猪舍间人员随意走动。

严格执行换衣消毒制度，员工外出回场时（休假或外出超过 4 小时回场者要在隔离区隔离 24 小时），要经严格消毒、洗澡，更换场内工作服才能进入生产区，换下的场外衣物存放在生活区的更衣室内，行李、箱包等大件物品需打开用红外灯照射 30 分钟以上，衣物、行李、箱包等均不得带入生产区。

外来人员管理方面规定禁止外来人员随便进入猪场。如发现外人入场，所有员工有义务及时制止，请出防疫区。本场员工不得将外人带入猪场。外来参观人员必须严格遵守本场防疫、消毒制度。

工具管理方面做到专舍专用工具，各舍设备和工具不得串用，工具严禁借给场外人员使用。

还有每栋猪舍门口设消毒池、盆，并定期更换消毒液，保持有效浓度。员工每次进入猪舍都必须用消毒液洗手和踩踏消毒池，以及严禁在防疫区内饲养猫、狗等，养猪场应配备对害虫和啮齿动物等的生物防护设施，杜绝使用发霉变质饲料等。

每群猪都应有相关的资料记录，其内容包括：猪品种及来源、生产性能、饲料来源及消耗情况、兽药使用及免疫接种情况、日常消毒措施、发病情况、实验室检查及结果、死亡率及死亡原因、无害化处理情况等。所有记录应有相关负责人员签字并妥善保存 2 年以上。

二、扎实做好猪场消毒

消毒是猪场最常见的工作之一。保证猪场消毒效果可以节省大量用于疾病免疫、治疗方面的费用。随着养猪业发展趋于集约化、规模化，养猪人必须充分认识到猪场消毒的重要性。

但是很多猪场经营者，还对此认识不足，主要存在以下几个方面的问题：一是认为消毒可有可无。有的做消毒时应付了事，猪舍没有彻底清扫、冲洗干净，就急忙喷洒消毒药液，使消毒剂先与环境中存在的有机物结合，以致对微生物的杀灭作用大为降低，很难达到消毒效果。有的嫌麻烦不愿意做，有的隔三岔五做一次。听说周围猪场有疫情了，就做一做，没有疫情就不做。本场发生传染病了，就集中做几次，时间一长又不坚持做了。有的干脆就不做，拿点石灰粉往猪圈里撒一撒完事。有的虽然做了消毒，但结果猪还是得病，所以就认为没什么作用。二是不知道消毒方法。不懂得消毒程序，不知道怎样消毒，以为水冲干净、粪清干净就是消毒。有的养猪场配制消毒剂时任意增减浓度。消毒剂的配比浓度过小，不能杀灭病原微生物。虽然浓度越大对病原微生物杀灭作用越强，但是浓度增大的范围是有限的，不是所有的消毒剂超出限度就能提高消毒效力。因为各种化学消毒剂的化学特性和化学结构不同，对病原微生物的作用也是各不相同。三是不会选择消毒药品。消毒药品单一，不知道根据消毒对象选择合适的消毒药品。有的养猪场长期使用1～2种消毒剂，没有定期更换，致使病原体产生耐药性，影响消毒效果。有的贪图便宜，哪个便宜买哪个，从市场上购进无生产批号、无生产厂家、无生产日期的"三无消毒药"，使用后不但没达到消毒目的，反而影响生产，造成经济损失。

消毒的目的是消灭病原微生物，如果存在病原微生物就有传播的可能，最常见的疾病传播方式是猪与猪直接接触，引入疾病的最大风险总是来自于感染的家畜。其他能够传播疾病的方式包括：空气传播，例如来自相邻猪场的风媒传播；机械传播，例如通过车辆、机械和设备传播；人员传播，通过鞋和衣物；鸟、鼠、昆虫以及其他动物（家养、农场和野生）；污染的饲料、水、精液、垫料等。

疾病要想传播，首先必须有足够的活体病原微生物接触到猪只。生物安全就是要尽可能减少或稀释这种风险。因此清洗消毒就成了生物安全计划不可分割的部分。

因此一贯的、高水准的清洗消毒是打破某些传染性疾病在场内再度感染的循环周期的有效方式。猪场必须高度重视消毒工作。

三、执行严格的隔离制度

隔离是最有效控制疾病传播的手段。如新引进猪并不表现疫病症状，但是若将它们留置观察数周就可能开始表现症状，养殖场若能对可疑猪只进行观察，其传染病就能被快速而有效地控制。

良好的生物安全对所有猪场都很重要。有些养猪生产者可能感觉自己的猪已经感染到了所有可能感染的疾病，所以已经没什么好担心的了，这是极其错误的想法，也是一种非常危险的想法，如果新引进的猪携带病毒，可能与本场的病毒不是同一种类型或者同一种类型但不是同一种毒株，不隔离只能使病毒种类和毒株越来越多，越来越复杂，所以隔离制度必须坚决执行好。

外来后备公母猪的隔离适应关系着一个猪场的安危，也是对本场病原复合体和饲养管理等产生和提高免疫力、抵抗力和适应力等的必经阶段。

在选择引进的种猪时，尽可能减少供应单位的数量；最理想的是只用一个供应单位，而且尽可能选择生物安全措施严格的供应单位，这是引种的前提。

隔离设施与大群之间距离的最好是 4.8 千米，如果条件不允许，至少也要达到 400 米。隔离设施与大群之间要有足够的距离间隔，以便于员工在进行例行工作的时候无法轻易地在两者之间穿梭。隔离设施应配备单独的卸载设施，而且布局上应考虑主流风向和表水径流，不会把污染从隔离设施带到大群。

引进种猪装车前应该已经完成免疫接种（至少 3 周前），以便到场时免疫力能够形成，而且购买者也能够进行再次免疫。

所有引进种猪都应与大群隔离 8 周，其中 4 周完全隔离，4 周与"哨兵"动物（例如一头本场原有的淘汰的健康母猪）一起。因为不同疾病的潜伏期不同，疾病的症状可能几周之后才能显现，因此隔离期的长度很重要。增加"哨兵"动物可以让新猪能够接触本场已有的疾病，从而起到本地驯化的作用。应该在第4周由兽医对猪进行采血检测，检测结果出来之前不应把种猪转出隔离场。

对引进种猪进行合理分群。如有损伤、脱肛等情况，应立即隔开单栏饲养，并及时治疗处理。新引进母猪一般为群养，每栏4~6头，饲养密度适当。公猪要尽可能做到单栏饲养。为繁殖母猪饲养管理上的方便，引进的猪应及时进行调教，建立人与猪的亲和关系，使猪不惧怕人对它们的管理，管理人员要经常接触猪只，抚摸其敏感部位，如耳根、腹侧、乳房等处，促使人畜亲和，为以后的采精、配种、接产打下良好的基础。

可以对新引进的种猪进行预防性治疗，例如驱虫和免疫接种，为转入大群做准备。另外，种猪经过长途运输往往会出现轻度腹泻、便秘、咳嗽、发热等症状，这些一般属于正常的应激反应，可在饲料中添加抗生素（用泰妙菌素500毫克/千克、金霉素150毫克/千克）和多种维生素，使种猪尽快恢复正常状态。

隔离设施的运营应该遵循全进/全出的原则。隔离设施中使用的料槽、铁锹、刮粪器、手工工具等以及饲养员和兽医所穿的衣物（靴子、连体服、帽子）应为隔离设施专用。不得拿到猪场其他地方使用。直到最后转入的动物已经完成了所有检测规程并且度过隔离期之前，种猪都不得从隔离设施转出。

隔离期间应对种猪进行细致观察，至少每天观察一次隔离阶段的种猪有无疾病，观察种猪的行动能力、粪便情况、精神状态、吃料情况、呼吸情况等。还要看种猪有无咳嗽、喷嚏、腹泻、粪尿中含有血或黏膜、异常或严重的皮肤损伤和跛行等症状。一旦发现种猪表现任何症状，应该立即与其他种猪分离，并马上由兽医进行检查处理。

执行隔离饲养工作的人员要求专人，绝对不允许与未实行隔离的其他舍猪接触。

四、做好猪群药物保健

中国畜牧兽医学会动物传染病学分会万遂如教授在《猪场的药物

保健措施》一文中指出：当前猪群中发生的疫病种类越来越多，病情越来越复杂，造成重大的经济损失，严重影响了养猪业的持续发展。在防控这些疫病的发生与传播中，除了做好疫苗免疫预防，提高特异性免疫力，搞好疫病检疫与检测，加强科学的饲养管理，落实好各项生物安全措施和控制好养猪的生态环境等工作之外，还应根据猪只不同生长阶段疫病流行的特点，有针对性地选用药物进行保健（预防），全面提高猪只的非特异性免疫力，这也是动物疫病防控中贯彻"预防为主"方针的一项重要具体措施，应予以重视。当前在兽医临床上为提高动物的非特异性免疫力，应大力提倡使用细胞因子产品、中药制剂、微生态制剂及酶类制剂等，尽可能少用抗生素类药物，以避免出现耐药性、药物残留及不良反应的发生，影响动物性食品的质量，危害公共卫生的安全。因此猪场有必要做好药物保健。但要注意以下几点：

一是要根据当地与本场猪病发生流行的规律、特点及季节性，有针对性地选择高效、安全性好，能提高免疫力、抗病毒与抗菌谱广的药物用于药物保健，才能收到良好的保健效果。并要定期更换用药，不要长期使用一个方案，以免细菌对药物产生耐药性，影响药物保健的效果。

二是要按药物规定的有效剂量添加药物，严禁盲目随意地加大用药剂量。用药剂量过大，造成药物浪费，增加成本支出，而且会引起毒副作用，引发猪只意外死亡；用药剂量不够，诱发细菌对药物产生耐药性，降低药物的保健作用。

三是要科学地联合用药，注意药物配伍。

药物配伍既有药物之间的协同作用，又有拮抗作用。用药之前，要根据药品的理化性质及配伍禁忌，科学合理地搭配，这样不仅能增强药物的预防效果，扩大抗菌谱，而且可减少药物的毒副作用。如青霉素类药物不要与磺胺类和四环素类药物合用；酸性药物不要与碱性药物合用等。

四是要按国家规定的兽用药品休药期停止用药。

目前国家对兽用药品都规定了休药期，如用于猪的青霉素休药期为6～15天；氨基糖苷类抗生素为7～40天；四环素类为28天；氯

霉素类为 30 天；大环丙酯类为 7～14 天；林可胺类为 7 天；多肽类为 7 天；喹诺酮类为 14～28 天；抗寄生虫药物为 14～28 天。一般猪场可于猪只出栏上市前一个月停止实施药物保健，以免影响公共卫生安全。

五、养猪场要坚持驱虫

寄生虫损害机体免疫系统，不仅造成营养浪费，而且使猪只免疫应答迟钝、抗病力下降。可见，坚持定期驱虫对猪群的健康生产十分重要。因此确定猪群科学合理的驱虫程序、选择理想的药物，同时做好饲养管理工作，猪场寄生虫的控制才能达到预期的效果，从而取得良好的经济效益。

1. 常用的驱虫方法及优缺点

在养殖过程中，猪只驱虫主要有以下几种方法：

（1）不定期驱虫方法　将发现猪群寄生虫感染病症的时间确定为驱虫时期，针对所发现的寄生虫种类选择驱虫药物进行驱虫。采用这种驱虫方法的猪场比例较高。在中小型养猪场（户）使用较常见。该方法便于操作，但驱虫效果不明显。

（2）一年两次驱虫方法　即在每年春季（3～4 月份）进行第 1次驱虫，秋冬季（10～12 月份）进行第 2 次驱虫，每次都对全场所有存栏猪进行全面用药驱虫。该模式在较大规模猪场使用较多，操作简便，易于实施。但是，由于驱虫的时间间隔达半年之久，连生活周期长达 2.5～3 个月的蛔虫，在理论上也能完成 2 个世代的繁殖，容易出现重复感染。

（3）阶段性驱虫方法　指在猪的某个特定阶段进行定期用药驱虫。种母猪产前 15 天左右驱虫 1 次、保育仔猪阶段驱虫 1 次；后备种猪转入种猪舍前 15 天左右驱虫 1 次；种公猪每年驱虫 2～3 次。

（4）"四加一"驱虫方法　是当前最流行的驱虫方法。即种公猪、种母猪每季度驱虫 1 次（即 1 年 4 次），每次用药拌料连喂 7 天；后备种猪转入种猪舍前驱虫 1 次，拌料用药连喂 7 天，初生仔猪在保育阶段约 50～60 日龄驱虫 1 次，拌料用药连喂 7 天，引进猪混群前驱虫1次，每次拌料用药连喂7天。这种模式直接针对寄生虫的生活史、在猪场中的感染分布情况及主要散播方式等重要内容，重新构建了猪场驱虫方案。其特点是：加强对猪场种猪的驱虫强度，从源头上杜绝了寄生虫的传播，起到了全场逐渐净化的效果，考虑了仔猪对寄生虫最易感染这一情况。在保育阶段后期或进入生长舍时驱虫1次，能帮助仔猪安全渡过易感期；依据猪场各种常见寄生虫的生活史与发育期所需的时间，种猪每隔3个月驱虫1次。如果选用药物得当，可对蛔虫、毛首线虫起到在其成熟前驱杀的作用，从而避免虫卵排出而污染猪舍，减少重复感染的机会。故该模式是当前比较理想的猪场驱虫模式。

2. 驱虫药物的选择

由于不同种类的寄生虫在猪体内存在交叉感染和混合感染的情况，而且不同药物对不同寄生虫的驱杀效果也不尽相同，因此选择合适的驱虫方法和药物来控制寄生虫就显得非常重要了。选用合适的驱虫药物是一个非常重要的关键性环节，选择药物要坚持"操作方便、高效、低毒、广谱、安全"的原则。

目前驱虫药的种类主要有敌百虫、左旋咪唑、伊维菌素、阿维菌素、阿苯达唑及芬苯达唑等。单纯的伊维菌素、阿维菌素对驱除疥螨等寄生虫效果较好，而对猪体内移行期的蛔虫幼虫、毛首线虫效果较差。阿苯达唑、芬苯达唑则对线虫、吸虫、鞭虫及其移行期的幼虫、绦虫等均有较强的驱杀作用。猪一般为多种寄生虫混合感染，因此在选择药物时应选用广谱复方药物，才能达到同时驱除体内外各种寄生虫的目的。

3. 驱虫药使用方法

群养猪用药，应先计算好用药量，将驱虫药粉剂（片剂要先研碎）均匀拌入饲料中。驱虫期一般为6天，就是驱虫药要连续喂6天。

驱虫宜在晚上进行。为便于驱虫药物的吸收，喂给驱虫药前，猪停喂一顿。傍晚6～8时将药物与少量精料拌匀，让猪一次吃完。若猪不吃，可在饲料中加入少量盐水或糖精。

4. 使用注意事项

（1）要在固定地点圈养饲喂，以便对场地进行清理和消毒。

（2）及时将粪便清除出去，并集中堆积发酵或焚烧、深埋。圈舍要清洗消毒。以防止排出的虫体和虫卵又被猪食入，导致再次感染。

（3）给药后应仔细观察猪对药物的反应。若出现呕吐、腹泻等症状，应立即将猪赶出栏舍，让其自由活动，缓解中毒症状。严重的猪可饮服煮六成熟的绿豆汤。拉稀的猪，取木炭或锅底灰 50 克，拌入饲料中喂服，连服 2～3 天。

（4）为了防止交叉感染和重复感染，达到彻底驱虫的目的，猪场必须采用全群覆盖驱虫，对猪场里所有的猪只进行全场同步驱虫。所以药物必须满足同时适用于公猪、怀孕母猪、育肥猪及断奶仔猪等各个生长阶段猪的安全需要，才不会引起流产及中毒。

无论采用哪种驱虫模式，都要求定期进行，形成一种制度。不能随意想象或者明显看见猪体有寄生虫感染后才进行驱虫，或者是抱着一劳永逸的想法，认为驱虫一次就可高枕无忧。同时，猪场应做好寄生虫的监测，采用全进全出的饲养方式，搞好猪场的清洁卫生和消毒工作，严禁饲养猫、狗等宠物。

六、科学的防疫制度

制定适合本场的免疫程序，需要根据本场疫病实际发生情况，考虑当地疫病流行特点，结合猪群种类、年龄、饲养管理、母源抗体干扰及疫苗类型、免疫途径等各方面的因素和免疫监测结果等。免疫程序是由疫苗的免疫学特性决定的，疫苗的种类、接种途径、产生免疫力需要的时间、免疫力的持续期等差异是影响免疫效果的重要因素，因此在制定免疫程序时要根据这些特性的变化进行充分调查、分析和研究。

1. 根据本猪场情况确定疫苗

根据本猪场以及周边猪场已发生过的病、发病日龄、发病频率及发病批次，并结合本场猪群抗体检测结果，确定哪些传染病需要免疫或终生免疫，哪些传染病需要根据季节或猪的年龄进行免疫防治。对于本地区尚未证实发病的新流行疾病，建议不做相应疫苗免疫。而对猪场影响重大的传染病，如猪瘟和蓝耳病则必须做疫苗免疫。猪瘟和猪繁殖与呼吸综合征病毒是猪场的万病之源，做好猪群这两项疾病的防控工作，基本可以保证猪场的安全生产。实践证明：凡是猪瘟、蓝耳疫苗接种科学的猪场，其猪群发生混合感染、继发感染也轻微，疫情对生产损失也不大。所以在确定免疫程序时，要考虑做好猪瘟、蓝耳病疫苗的接种。

2. 充分考虑母源抗体水平的影响

母源抗体水平是制定免疫程序的重要参数。在仔猪母源抗体水平合格的情况下，盲目注射疫苗不仅造成浪费，而且不能刺激猪机体产生抗体，反而中和了具有保护力的母源抗体，使得仔猪面临更大的染病危机。根据猪瘟母源抗体下降的规律，建议一般猪场对20～25日龄的猪实施首免。对于猪瘟发病严重的猪场，这种免疫程序显然不能有效防病。因此建议超前免疫，仔猪刚出生时就接种猪瘟疫苗，2小时后吃初乳，50～60日龄二免。

3. 避免疫苗之间的干扰

短期内免疫不同种类的疫苗，会产生干扰作用。比如免疫猪伪狂犬弱毒疫苗时必须与猪瘟疫苗免疫间隔1周以上。蓝耳活疫苗对猪瘟的免疫也有干扰作用。因此需要间隔一段时间进行另一种疫苗的免疫，以保证免疫效果，当然多联苗则不用。

4. 根据疾病的季节性流行特点免疫

有些疾病的流行具有一定季节性。比如夏季流行乙型脑炎，秋冬季流行传染性胃肠炎和流行性腹泻，因此要把握适宜的免疫时机。需要特别指出的是，在免疫接种后，如果猪场短期内感染了病毒，由于抗原（疫苗）竞争，机体对感染病毒不产生免疫应答，这时的发病情况有可能比不接种疫苗时还要严重。还要注意由于猪病的混合感染和继发感染，猪病有愈演愈烈之势，有些季节性的猪病也变得季节性不明显了，如生产中口蹄疫的季节性已不明显。

5. 注意生产管理因素的影响

在猪场生产管理中，有一部分养猪户在运输、转群、换料等动物

处于应激状态下，进行疫苗的接种，导致免疫抗体产生受到影响。在使用多种类、大剂量药物的今天，有些药物对接种的疫苗影响比较大，特别是接种的活菌苗，一般抗生素都会对接种疫苗产生不利影响。这些都需要注意随时进行调整。特别是注意引进猪群的免疫种类、免疫时机、免疫方法等。

6. 选择恰当的免疫途径和方法

同种疫苗采用不同的免疫途径所获得的免疫效果不同。合理的免疫途径能刺激机体快速产生免疫应答，而不合适的免疫途径可能导致免疫失败和造成不良反应。根据疫苗的类型、疫病特点来选择免疫途径。例如，灭活苗类毒素和亚单位疫苗一般采用肌肉注射。有的猪气喘病不是很重，毒冻干苗采用胸腔接种。伪狂犬病基因缺失疫苗对仔猪采用滴鼻效果更好，既可建立免疫屏障，又可避免母源抗体的干扰。

总之，制定猪场的免疫程序时，应充分考虑本地区常发多见或威胁大的传染病分布特点、疫苗类型及其免疫效能和母源抗体水平等因素。同时，由于病原微生物的致病力常常受到环境的影响而改变其传染规律，制定的免疫程序在实际生产中需要不断变化和改进。因此对于已制订的免疫接种计划，也要根据防疫效果和当地疫病流行情况的变化定期进行修订。最适合生产需要的免疫程序就是最好的免疫程序，才能对猪群提供较好的保护力，这样才能使免疫程序具有科学性和合理性。

七、猪传染性疾病的防治

1. 猪瘟病的防治

猪瘟俗称"烂肠瘟"是一种高度传染性疫病，是由黄病毒科瘟病毒属猪瘟病毒引起的一种高度接触性、出血性和致死性传染病。世界动物卫生组织（OIE）将其列为必须报告的动物疫病，我国将其列为一类动物疫病。是威胁养猪业的主要传染病之一，一年四季都可发生。

（1）流行病学 猪是本病唯一的自然宿主，发病猪和带毒猪是本病的传染源，不同年龄、性别、品种的猪均易感。一年四季均可发生。感染猪在发病前即能通过分泌物和排泄物排毒，并持续整个病程。与感染猪直接接触是本病传播的主要方式，病毒也可通过精液、胚胎、猪肉和泔水等传播，人、其他动物如鼠类和昆虫等均可成为重要传播媒介。

感染和带毒母猪在怀孕期可通过胎盘将病毒传播给胎儿，导致新生仔猪发病或产生免疫耐受。

（2）临床症状　潜伏期为 3～10 天，隐性感染可长期带毒。根据临床症状可将本病分为急性、亚急性、慢性和隐性感染四种类型。

典型症状：发病急、死亡率高；体温通常升至 41℃以上、厌食、畏寒；先便秘后腹泻，或便秘和腹泻交替出现；腹部皮下、鼻镜、耳尖、四肢内侧均可出现紫色出血斑点，指压不褪色，眼结膜和口腔黏膜可见出血点。

（3）病理变化　淋巴结水肿、出血，呈现大理石样变；肾脏呈土黄色，表面可见针尖状出血点；全身浆膜、黏膜和心脏、膀胱、胆囊、扁桃体均可见出血点和出血斑，脾脏边缘出现梗死灶；脾不肿大，边缘有暗紫色突出表面的出血性梗死；慢性猪瘟在回肠末端、盲肠和结肠常见"纽扣状"溃疡。

（4）诊断　根据流行病学、临诊症状和病理变化可做出初诊。实验室诊断手段多采用免疫荧光技术、酶联免疫吸附测定法、血清中和试验、琼脂凝胶沉淀试验等，比较灵敏迅速，且特异性高。中国现推广应用免疫荧光技术和酶联免疫吸附测定法。采用抗猪瘟血清在病初可有一定疗效，此外尚无其他特效药物。

中国的猪瘟兔化弱毒疫苗免疫期可达 1 年以上，已被公认为一种安全性良好、免疫原性优越、遗传性稳定的弱毒疫苗。

本病与非洲猪瘟不同。

（5）防治措施　猪瘟是一种传染性非常强的传染病，常给养猪业造成毁灭性损失。目前在我国的养猪业生产中，猪瘟严重威胁着整个养猪业的生产和发展，也是导致和引起与其他疾病混合感染的重要原因之一。全国每年在死亡猪的总数中，仅猪瘟导致死亡就占 1/3。

目前尚无有效治疗药物，合理选择和使用疫苗是防治猪瘟唯一有效的方法。同时，要改变养殖观念、加强饲养管理为猪群创造适宜的

生存环境，从而减少应激，提高机体的抗病能力。

一是做好免疫，制定科学合理的免疫程序，以提高群体的免疫力，并做好免疫抗体的跟踪监测。种猪 20 日龄首免，60 日龄二免，以后每半年免疫 1 次（母猪可按胎次免疫，在仔猪断奶时免疫 1 次，但要注意其空怀母猪不能漏免）。商品猪 20 日龄首免，60 日龄二免。发生猪瘟时，在猪瘟疫区或受威胁区应用大剂量猪瘟疫苗 10～15 头剂/头，进行紧急预防接种。加大疫苗接种剂量，是排除母源抗体的最好方法，也是防治非典型猪瘟发生的有效措施。

二是加强净化种猪群，及时淘汰带毒种猪，铲除持续感染的根源，建立健康种群，繁育健康后代。

三是猪场的科学管理，实施定期消毒。

四是采用全进全出计划生产，防止交叉感染。

五是加强对其他疫病的协同防治，如确诊有其他疫病存在，则还需同时采取其他疫病的综合防治措施。

2. 猪繁殖与呼吸综合征的防治

猪繁殖与呼吸综合征（porcine reproductive and respiratory syndrome，PRRS）自 20 世纪 80 年代末期开始流行，1992 年国际兽医局正式命名，主要感染猪，尤其是母猪，该病严重影响其生殖功能，临床主要特征为流产、产死胎、木乃伊胎、弱胎，呼吸困难，在发病过程中会出现短暂性的两耳皮肤紫绀，故又称为蓝耳病。

（1）流行病学　自然流行，感染谱很窄，仅见于猪。各种年龄、品种、性别的猪均可感染，但以妊娠母猪和 1 月龄内的仔猪最易感，患病的仔猪临床症状典型。主要传染源是本病患猪和死猪。哺乳仔猪和断奶仔猪是本病毒的主要宿主。该病的传染性强，主要传染途径是呼吸道。除了直接接触传染外，空气传播是主要方式。该病流行期间，即使严格的封闭式管理的猪群也同样感染，感染猪的转移也可传播。该病流行没有明显的季节性，但饲养管理差的猪场发病率高和损失大，饲养管理好的发病率低和损失小。

（2）临床症状　潜伏期表现不定。自然感染条件下，健康猪与感染猪接触后约 2 周表现临床症状。人工感染的潜伏期为 1～7 天。本病初期表现与流行性感冒相似，发热、嗜睡、食欲不振、呼吸困难、喷鼻、咳嗽、倦怠等。症状随感染的猪群不同个体有很大的差异。

母猪：精神沉郁、食欲减退，可持续 7～10 天，尤以怀孕后期为重，如果群内大批发生厌食现象，是很有特异性的，一些母猪有呼吸症状，体温稍升高（40℃以上），有 1％～2％感染耳朵，猪耳变为蓝紫色，腹部、尾部、四肢发绀。感染的母猪表现明显的繁殖障碍症状，母猪妊娠后期发生流产、死亡、产木乃伊胎或弱仔，泌乳停止，断奶母猪不发情，受胎率下降。

仔猪：断奶前的高发病率和死亡率是本病的主要特征之一。断奶前后仔猪感染后死亡率高，部分新生仔猪表现呼吸加快为主的呼吸变化，运动失调及轻瘫，多数是通过患病母猪的胎盘感染。患病仔猪虚弱，精神不振，少数感染猪口鼻奇痒，常用鼻盘、口端摩擦圈栏、墙壁，鼻流水样或面糊状分泌物。体温 39.6～40℃，呼吸快，腹式呼吸，张口呼吸，昏睡。食欲减退或废绝，丧失吃奶能力。腹泻，排土黄、暗色稀粪。离群独处或扎堆。病猪易引起二重感染，多发关节炎、脑膜炎、肺炎、慢性下痢，久治不愈，且易反复，导致脱水。生长缓慢，常常由于二次感染而症状恶化。

育肥猪：沉郁，体温 40～41℃，嗜睡、厌食、咳嗽、呼吸加快等轻度流感症状，病后继发呼吸和消化道疾病（肺炎、拉稀），饲料利用率降低，生长迟缓，出现死亡。少数病猪双耳、背面或边缘及尾部，母猪外阴、后肢内侧出现蓝紫色斑。

（3）病理变化　可见，脾脏边缘或表面出现梗死灶，显微镜下见出血性梗死；肾脏呈土黄色，表面可见针尖至小米粒大出血点斑，皮下、扁桃体、心脏、膀胱、肝脏和肠道均可见出血点和出血斑。显微镜下见肾间质性炎，心脏、肝脏和膀胱出血性、渗出性炎等病变；部分病例可见胃肠道出血、溃疡、坏死。

（4）诊断　目前主要根据流行病学、临床症状、病毒分离鉴定及血清抗体检测，进行综合判断。

（5）防治措施　该病在 20 世纪 80 年代末、90 年代初，曾经迅速传遍世界各个养猪国家，在猪群密集、流动频繁的地区更易流行，常造成严重的经济损失。近几年，该病在国内呈现明显的高发趋势，对养猪业造成了重大损失，已成为严重威胁我国养猪业发展的重要传染病之一。

　　猪繁殖与呼吸综合征的主要感染途径为呼吸道，空气传播、接触传播、精液传播和垂直传播为主要传播方式，病猪、带毒猪和患病母猪所产的仔猪以及被污染的环境、用具都是重要的传染源。此病在仔猪中传播比在成猪中传播更容易。当健康猪与病猪接触，如同圈饲养、频繁调运、高度集中，都容易导致本病发生和流行。猪场卫生条件差，气候恶劣，饲养密度大，可促进猪繁殖与呼吸综合征的流行。老鼠可能是猪繁殖与呼吸综合征病原的携带者和传播者。

　　目前尚无有效治疗药物，也没有切实可行的防治办法，应以综合防治为主。一旦发病，对发病场（户）实施隔离、监控，禁止生猪及其产品和有关物品移动，并对其内外环境实施严格的消毒措施。对病死猪、污染物或可疑污染物进行无害化处理。必要时，对发病猪和同群猪进行扑杀并做无害化处理。治疗采用应急对症疗法，缓解症状，防止继发感染，用抗生素、维生素 E 等进行解热、消炎，给拉稀严重的仔猪灌服肠道抗生素药、口服补液盐溶液以补充电解质，也可用复方黄芪多糖或干扰素进行治疗。

　　预防上采取以下措施：

　　一是加强饲养管理。减少环境应激，猪群实行定期药物保健，加强营养，增强机体的免疫和抗病力。

　　二是加强卫生管理。搞好环境卫生和消毒工作，严格防疫制度。

　　三是免疫接种，用高致病性猪蓝耳病灭活疫苗免疫。推荐的免疫程序：种猪和后备母猪，使用灭活苗免疫，后备母猪在配种前使用 2 次，间隔 20～30 天，种公猪每年 2 次免疫，间隔 20～30 天。在本病发生过的猪场，仔猪可用弱毒苗免疫。仔猪应在猪瘟首免（20～25 日龄）7 天后进行，避免疫苗之间的干扰。确诊蓝耳病的病猪，无论母猪、仔猪，只要猪瘟疫苗免疫确切，应立即进行蓝耳病疫苗的紧急预防接种，在减缓临床症状、保护猪只，减少死亡方面有明显的优势。健康猪群，使用弱毒苗应慎重。

3. 猪圆环病毒 2 型的防治

　　猪圆环病毒病（PCVD）是由猪圆环病毒 2 型（PCV2）感染引起的一系列疾病的总称，包括断奶仔猪多系统衰竭综合征

（PMWS）、肠炎、肺炎、繁殖障碍、新生仔猪先天性震颤、猪皮炎和肾病综合征（PDNS）等。本病已经遍及世界各养猪国家和地区，目前在我国养猪业中造成的损失不可忽视，已经成为养猪生产中突出的问题之一。

（1）流行病学 猪圆环病毒 2 型的宿主范围局限于猪（家养、野生）。因此病源是 PCV2 感染猪。猪圆环病毒 2 型对温度、过度潮湿和许多消毒药具有很强的抵抗力。

猪圆环病毒 2 型感染的血清学调查发现该病毒实际上存在于有猪生长的任何地方。猪圆环病毒 2 型病毒存在于几乎所有猪体内，表现持续的亚临床感染，经常无症状。病猪和带毒猪是主要传染源，该病可水平传播，传播途径为口鼻传播，已有证据表明猪圆环病毒 2 型可通过胎盘垂直传播。

（2）临床症状 新生仔猪先天性震颤程度可由中度至重度，震颤可致 1 周龄内初生仔猪无法吸乳，饥饿死亡。生存超过 1 周龄者可存活，大多数于 3 周内康复。

断奶仔猪表现多系统衰竭综合征（PMWS），多发于 5～12 周龄断奶猪，哺乳猪少发，是一种高死亡率的疾病综合征。临床症状包括消瘦和生长缓慢，还可见呼吸困难，发烧，毛松，苍白，腹泻，贫血和黄疸。急性发病猪群死亡率高于 10%，环境恶化可加重病情。

猪皮炎和肾病综合征（PDNS）最常见的临床症状是猪皮肤上形成圆形或形状不规则、呈红色到紫色的病变，病变中央呈黑色，病变常融合成大斑块。通常先由后腿开始向腹部、体侧、耳发展，感染轻的猪可自行康复，严重的可表现出跛行、发热、厌食、体重下降。

感染猪圆环病毒 2 型的母猪临床表现包括流产、产死胎和木乃伊胎、产弱仔、仔猪断奶前死亡率高等繁殖障碍。

猪圆环病毒 2 型感染的猪只可以引起肺炎。表现为腹泻、消瘦。

断奶仔猪多系统衰竭综合征（PMWS）是猪圆环病毒病（PCVD）的重要表现，其确诊尤为重要，它必须符合 3 个指标：一是临床症状与 PMWS 符合；二是淋巴组织有病变，并且与 PMWS 一致；三是 PMWS 病变部位可检测到病毒蛋白或病毒 DNA。如只有 1～2 个指标不能诊断为 PMWS。而与 PCV2 感染有关的繁殖障碍、

肺炎、肠炎等，需要实验室做病毒检测。

（3）防治措施 目前我国尚无注册的圆环病毒疫苗。世界上研发的圆环病毒疫苗主要种类有 PCV2 全病毒灭活疫苗、PCV1-PCV2 嵌合病毒灭活疫苗、杆状病毒表达多肽 PCV2 基因工程疫苗，有的已在发达国家注册。目前，可通过综合性的防治控制措施进行预防。

一是建立、完善生物安全体系。新建猪场考虑选址建场问题、引种、检疫、隔离疑似病猪，隔离圈要远离保育猪舍和育肥猪舍；猪场灭虫、灭鼠；卫生消毒包括良好的卫生实践，减少污染源、使用有效消毒药；适当淘汰病猪；病死猪无公害化处理等。

二是加强饲养管理，降低应激因素，提高仔猪营养水平；关注饲料霉菌问题；改善舍内空气质量，尤其在断奶和生长期；采用适当的饲养密度；对阉割猪要特殊照顾；减少混群，尽量做到全进全出；关注其他疫苗如气喘病疫苗矿物油佐剂的免疫刺激问题。

三是做好原发病的控制，预防猪瘟、气喘病、伪狂犬病、蓝耳病、猪细小病毒病发生。

四是做好药物保健工作，母猪在产前、产后 1 周在饲料中添加支原净 100 克/吨＋金霉素或土霉素 300 克/吨。小猪断奶后 1～2 周在 3、7、21 日龄注射长效土霉素 200 毫克/毫升。

五是对细菌性感染的病猪对症治疗，采用注射途径给有效抗生素，至少连续 3～5 天。

六是平时对猪场猪病做监测。当前猪的疫病种类多，病情复杂，常见混合感染、亚临床感染，诊防困难，需采用实验室手段进行检测（监测），并对检测项目合理设计，对检测结果正确理解、运用。

4. 猪伪狂犬病的防治

猪伪狂犬病（狂痒症），是引起家畜和野生动物的一种急性、高致死性传染病。是世界养猪业最重要的一种疾病。具有隐性带毒、亚临床型、持续感染和垂直传播四大特点。一般认为，此病的发展与严重程度是由封闭式集约化饲养或中断猪霍乱（古典猪瘟）预防接种造成的。

（1）病原 病原体是疱疹病毒科的伪狂犬病病毒，常存在于脑脊髓组织中，病猪发热期间，其鼻液、唾液、乳汁、阴道分泌物及血液、实质器官中含有病毒。本病毒的抵抗力较强，病毒对低温、干燥有较强抵抗力，在污染的猪圈或干草上能存活 30 天以上，在肉中能存活 5 周以上，55～60℃经 30～50 分钟才能灭活。一般消毒药都可将其杀灭，如 2％火碱液和 3％来苏水能很快杀死病毒。

（2）流行病学　　对伪狂犬病病毒有易感性的动物甚多，有猪、牛、羊、犬、猫及某些野生动物等，而发病最多的是哺乳仔猪，且病死率极高，成年猪多为隐性感染。这些病猪和隐性感染猪可较长期带毒排毒，是本病的主要传染源。鼠类粪尿中含大量病毒，也能传播本病。本病的传播途径较多，经消化道、呼吸道、损伤的皮肤以及生殖道均可感染，但主要传播方式是通过鼻与鼻直接接触传染病毒。仔猪常因吃了感染母猪的奶汁而发病。怀孕母猪感染本病后，病毒可经胎盘使胎儿感染，以致引起流产、死产。一般呈地方流行性发生，一年四季均可发生，但多发生于冬、春两季。

（3）临床症状　　猪的临床症状随着年龄的不同有很大的差异。但是，都无明显的局部瘙痒现象。哺乳仔猪及断奶仔猪症状最严重。

①　妊娠母猪发生流产、死胎、木乃伊胎，以死胎为主。母猪导致不育症。

②　伪狂犬病引起新生仔猪大量死亡，主要表现在刚生下第 2 天开始发病，3～5 天是死亡高峰，发病仔猪表现出明显的神经症状、昏睡、鸣叫、呕吐、拉稀，发病后 1～2 天死亡。

③　引起断奶仔猪发病死亡，发病率为 20％～40％，死亡率为 10％～20％，主要表现为神经症状、拉稀、呕吐等。

④　成年猪无明显症状，常见微热、食欲下降、分泌大量唾液、咳嗽、打喷嚏、腹泻、便秘、中耳感染和失明等。

（4）病理变化　　临床上呈现严重神经症状的病猪，死后常见明显的脑膜充血、出血，脑脊髓液增加；扁桃体肿胀、出血；喉头黏膜出血，肝和胆囊肿大，心包液增加，肺可见水肿和出血点。

（5）诊断　　依据流行特点和临床症状，可以初步诊断。确诊需要实验室做血清学检测或动物接种试验。

（6）防治措施　　导致猪伪狂犬病猖獗的原因有以下几方面：其一，圆环病毒、蓝耳病病毒广泛存在造成猪免疫抑制。其二，伪狂犬

病毒可在多种组织细胞和鼻咽黏膜、扁桃体局部淋巴结、肺等组织器官中增殖。所有疫苗只抑制出现临床症状，不能控制感染和排毒，隐性潜伏和随后激化的弱毒株可向未注疫苗猪散毒。不同毒株（包括弱毒疫苗株）感染同一动物时，病毒可以重组，产生强毒力毒株，引起新的疫情暴发。其三，应激因素，如饲料霉变、环境恶劣等，可以诱发本病。

本病目前没有特效治疗药物。预防猪伪狂犬病最有效的方法是采取免疫、消毒、隔离和淘汰病猪及净化猪群等综合性防治措施。

一是猪场实行伪狂犬病净化。

二是从没有疫病的猪场购猪。引进猪隔离饲养30天。经检验确认无病毒携带后方可解除隔离。

三是加强饲养管理，做好消毒工作。同时，猪场应坚持做好灭鼠工作，因为鼠是猪伪狂犬病的重要传播媒介。猪场不要有犬、猫和野生动物。

四是发病猪舍严格消毒。暴发本病时，猪舍的地面、墙壁、设施及用具等用百毒杀隔日喷雾消毒1次，粪尿要发酵处理，分娩栏和病猪栏用2%烧碱溶液消毒，每隔5～6天消毒1次，哺乳母猪乳头用2%高锰酸钾溶液清洗后，才允许仔猪吃初乳。采取焚烧或深埋的方式处理病死猪。

五是免疫接种。免疫接种是预防伪狂犬病的重要手段，使用基因缺失弱毒苗免疫。建议免疫程序：种猪（包括公猪），第1次注射后，间隔4～6周加强免疫1次，以后每次产前1个月左右加强免疫1次，可获得非常好的免疫效果。留作后备种猪的仔猪，断奶时注射1次，间隔4～6周加强免疫1次，以后按种猪免疫程序进行。商品猪断奶时注射1次，直到出栏。

六是猪群发生疫情时，通常的做法是对未发病猪只（尤其是母猪）进行紧急免疫接种。全场未发病的猪均用伪狂犬病基因缺失弱毒苗进行紧急免疫注射，一般可有效控制疫情；对刚刚发生流行的猪场，用高滴度的基因缺失弱毒苗进行鼻内接种，可以达到很快控制病情的作用；对于仔猪，在病的初期可使用抗伪狂犬病高免血清，或此制备的丙种免疫球蛋白治疗，有一定效果。

5. 猪流感病的防治

猪流感是由正黏病毒科 A 型流感病毒属的猪流感病毒（一种 RNA 病毒）引起的猪的一种急性、高度接触传染性疾病。家畜传染病将其归类为呼吸道疾病。猪流感病毒是呼吸道综合征（PRDC）的主要病因之一，容易使患病猪只继发和并发感染，导致猪只病情加重，生产性能下降，发生肺炎而死亡，死亡率上升，如不及时控制，猪场损失将极为严重。

（1）流行病学　本病一年四季均可发生，尤其以晚秋、初冬、早春时期多发；发病猪不分品种和年龄均易感染，一般发病急，病程短，传播速度快，发病率可达 100%，但死亡率较低；病原主要存在于病猪的鼻液、痰液、口涎等分泌物中，多由飞沫经呼吸道感染。

（2）临床症状　猪流感发病猪的主要表现为发病突然，几小时至几天达全群感染，病猪体温升高，可达 41～42℃，呼吸急促、腹式呼吸、精神委顿、食欲减退，伴发有肌肉、关节疼痛和呼吸道症状；粪便干硬，结膜充血；重症者眼鼻分泌物增多，无并发或继发感染时死亡率低；个别病猪可转为慢性，表现长期咳嗽、消化不良、发育缓慢、消瘦等，病程可达 1 个月以上，最终常以死亡告终。

临床多见混合感染，主要是因为发病多集中在冬春季节，昼夜温差较大，空气流通差，湿度大，为部分致病病毒和细菌提供了有利条件，如在发病初期未能及时治疗，及时将体温控制住，使猪群的免疫系统紊乱，其他各种体内、体外的致病菌乘虚而入，造成混合感染，使治愈难度加大，死亡率提高。容易继发的疾病主要有：猪瘟、高热病、猪链球菌病、附红细胞体和弓形虫病等。

（3）病理变化　猪流感的剖解病变表现为颈部、肺部及膈淋巴结明显增大、水肿，呼吸道黏膜充血、肿胀并覆有黏液，有的气管由于渗出物堵塞而使相应的肺组织萎缩，重症猪有明显的支气管肺炎和胸膜病灶，肺水肿、脾肿大。

（4）防治措施　一是提高猪体抗病能力。主要通过对猪进行科学饲养来达到，做到精心养、科学喂。饲料要干净、多样化、合理搭配，保证猪生长发育和繁殖所需的能量、蛋白质、维生素和钙、磷等的需要，以增强猪的体质，从而提高其抗病能力。

二是加强栏舍的卫生消毒工作，流感病毒对碘类消毒剂、过硫酸氢钾复合物特别敏感。可用消毒剂消毒被污染的栏舍、工具和食槽，防止本病扩散蔓延。同时用无刺激性的消毒剂定期对猪群进行带猪喷雾消毒，以减少病原微生物的数量。

三是在疫病多发季节，应尽量避免从外地引进种猪，引种时应加强隔离检疫工作，猪场范围内不得饲养禽类，特别是水禽。

四是防止易感染猪和感染流感的动物接触，如禽类、鸟类及患流感的人员。本病一旦暴发，几乎没有任何措施能防止病猪传染其他猪。

五是尽量为猪群创造良好的生长环境，保持栏舍清洁、干燥，特别注意冬春、秋冬交替季节和气候骤变，在天气突变或潮湿寒冷时，要注意做好防寒保暖工作。猪是恒温动物，正常体温为 38.9℃ 左右。如猪舍不能做到保温，猪遇阴冷潮湿、气温多变、受贼风侵袭受凉，就会打破猪体内外温度的平衡，降低猪的抵抗力而发生流感。为此，必须注意猪舍的保温、干燥和通风。

六是本病重在预防，可在多发季节进行针对性预防用药，如在初冬、初春气温变化比较明显的时期，在饲料中添加（300～500克 70% 阿莫西林＋1 千克扶正解毒散）/吨，连续使用 7 天，可有效预防猪流感的发生。猪流感危害严重的地区，应及时进行疫苗接种。

七是临床上治疗要做到对症治疗。采用提高机体免疫力、抗病毒、抗混合与继发感染，抗应激及对症治疗相结合的综合方法进行治疗，可起到良好的效果。常采用以下治疗方法：

① 可选用柴胡注射剂（小猪每头每次 3～5 毫升，大猪 5～10 毫升），或用 30% 安乃近 3～5 毫升（50～60 千克体重）、复方氨基比林 5～10 毫升（50～60 千克体重）、青霉素（或氨苄西林、阿莫西林、先锋霉素等）。

② 对于重症病猪每头选用青霉素 600 万 IU＋链霉素 300 万 IU＋安乃近 50 毫升，再添加适量地塞米松，一次性肌内注射，每天 2 次。

③ 对严重气喘病猪，需加用对症治疗药物，如平喘药氨茶碱，改善呼吸的尼可刹米，改善精神状况和支持心脏的苯甲酸钠咖啡因、

解热镇痛药复方氨基比林、安乃近等。

④ 治疗过程中使用电解质多维饮水，可促进病猪康复。对隔离后的病猪要优化护理，病猪舍要卫生、干燥、保温性能好，猪床铺垫草，让猪充分休息，保证有足够的睡眠时间。

6. 猪流行性腹泻病的防治

猪流行性腹泻，英文缩写为 PED（porcine epidemic diarrhea），是由猪流行性腹泻病毒引起的一种接触性肠道传染病，其特征为呕吐、腹泻、脱水。临床变化和症状与猪传染性胃肠炎极为相似。1971年首发于英国，20 世纪 80 年代初我国陆续发生本病。猪流行性腹泻现已成为世界范围内的猪病之一。

据路透社，明尼苏达州生猪营养师 John Goihl 得知一位农户的7500 只仔猪刚出生没多久就死了。在北卡罗来纳州的 Sampson 县，农户 Henry Moore 的 1.2 万只 3 个星期大的仔猪相继死去。2013 年秋天，Goihl 在俄克拉荷马州目睹了 3 万只仔猪死亡。

美国仔猪频频死亡背后的元凶正是猪流行性腹泻病毒（PEDv）。在不到 1 年的时间里，该病毒不仅荼毒了美国 10％以上的生猪，而且推动美国猪肉零售价格创下历史新高。科学家正在不遗余力地追寻这一高度传染性疾病的起源和治疗方法。美国（养猪）的农户们也在疾病的打击之下显得狼狈不堪。

美国猪肉委员会顾问、Paragon Economics 公司主席 Steve Meyer称，自 2013 年 6 月以来，已经有多达 700 万头猪死于该病毒了。

美国农业部数据显示，截至 2014 年 3 月 1 日，全国共有生猪约6300 万头。华尔街见闻网站介绍过，虽然中国需求放缓，但是抵不上美国"猪瘟"带来的影响。2014 年年初以来，标普高盛商品指数（S&PGSCI）瘦肉猪指数大涨 42.4％。

PEDv 最早于 2013 年 5 月在美国俄亥俄州确诊，并在 1 年之内蔓延至 30 个州。该病毒对于 21 天以下的仔猪几乎是致命的，眼下尚无可靠的治疗方法。美国农业部经济学家 Ken Mathews 表示，2014年美国包装供应的猪肉将减少近 2％。

可见，美国养猪业这么发达的国家都受到猪流行性腹泻病毒的侵害，我们就更要加倍重视猪流行性腹泻病的防治。

(1) 流行病学　本病与传染性胃肠炎很相似，在我国多发生在每年 12 月份至翌年 1～2 月份，夏季也有发病的报道。可发生于任何年龄的猪，年龄越小，症状越重，死亡率越高。

各种年龄的猪都能感染。哺乳仔猪、架子猪或育肥猪的发病率有时可达 100%，尤以哺乳仔猪受害最严重，母猪发病率为 15%～90%。口服人工感染的潜伏期为 1～2 天，自然发病的潜伏期较长，消化道感染是主要传播方式，但也有经呼吸道传播的报道。病猪是主要传染源，通过被感染猪排出的粪便或病毒污染周围环境，经消化道自然感染。有明显的季节性，主要在冬季发生，也能发生于夏季或秋冬季节，我国以 12 月份到翌年 2 月份发生较多。传播迅速，数日之内可波及全群。一般流行过程延续 4～5 周，可自然平息。

(2) 临床症状　病猪表现为呕吐、腹泻和脱水。病猪开始体温稍升高或仍正常，精神沉郁，食欲减退，继而排水样粪便，呈灰黄色或灰色，吃食或吮乳后部分仔猪发生呕吐。感染猪只在腹泻初期或在腹泻出现前，会发生急性死亡，应激性高的猪死亡率更高。猪只年龄越小，症状越严重。1 周以内仔猪，发生腹泻后 2～4 天脱水死亡，死亡率平均为 50%；1 周龄以上仔猪持续 3～4 天腹泻后可能会死于脱水，平均死亡率为 50%～90%，部分康复猪会发育受阻成僵猪，育肥猪的死亡率为 1%～3%。成年猪感染可表现为精神沉郁、厌食、呕吐，一般 4～5 天即可康复。

(3) 病理变化　主要病变在小肠。可见小肠扩张，内充满大量黄色液体，小肠黏膜、肠系膜充血，肠壁变薄，肠系膜淋巴结水肿。个别猪小肠黏膜有轻度出血。

(4) 诊断　依据流行特点和临床症状可以做出初步诊断，但不能与猪传染性胃肠炎区别。确诊需要实验室检查。

(5) 防治措施　病猪和带毒病猪是猪流行性腹泻病的主要传染源，病毒存在于肠绒毛上皮和肠系膜淋巴结中，它们从粪便、呕吐物、乳汁、鼻分泌物以及呼出气体排泄病毒，污染周围环境、饲料、饮水及用具等，通过消化道和呼吸道传染给易感猪。目前并无特效治疗药物，只能采用预防措施对其进行控制，以减少猪流行性腹泻造成的损失。猪只发病期间也可用抗生素或磺胺类药物，防止继发感染。

猪流行腹泻病毒（PEDv），属于冠状病毒科的冠状病毒，主要存在于小肠上皮细胞及粪便中，对外界因素的抵抗力不强，一般碱性消毒药都有良好的消毒作用。

一是加强饲养管理，特别是哺乳仔猪、保育猪必须做好保温，给仔猪提供一个干净卫生、舒适（没有应激）的环境。

二是预防和控制青年猪感染的最佳方法是确保仔猪出生时及早吃到足够初乳。

三是实行全进全出的饲养管理方式，并搞好群与群之间的环境卫生和消毒工作。应缩短同一舍内母猪间的产仔间隔期，以防止较大的仔猪感染给较小的仔猪。

四是加强环境消毒，特别是除对粪便进行消毒无害处理外，呼吸道分泌物消毒也是不容忽视的重要环节。

五是疫苗免疫。可用猪传染性胃肠炎、猪流行性腹泻二联灭活疫苗，妊娠母猪于产仔前 20～30 日 4 毫升；仔猪于断奶后 7 日内 1 毫升。

六是发病时的治疗。包括提供充足饮水、饥饿疗法、对症疗法和隔离消毒等防治措施。防止病猪脱水死亡是提高该病治愈率的重要环节。发病后对发病猪提供充足的饮水，及时补充电解质和水分，可在饮水中补充液盐。处方：氯化钠 3.5 克、氯化钾 1.5 克、碳酸氢钠 2.5 克、葡萄糖 20 克，加水至 1000 毫升。

饥饿疗法是中大猪或保育猪发生该病时，要采取停食或大幅度限食措施。具体做法是先清理猪舍内剩余的饲料，做好猪舍内环境卫生，停食时间持续 2～3 天，停食过程中为防止猪腹泻脱水，要在食槽内放入一些干净的淡盐水或补充液盐，这样有助于缩短病程，降低死亡率。可添加一些广谱抗生素（如黏杆菌素、四环素、庆大霉素），控制继发感染，提高治愈。应对进入猪场的猪、饲料、工作人员等采取严格的检疫防范措施。

7. 猪传染性胃肠炎病的防治

猪传染性胃肠炎（transmissible gastroenteritis of swine，TGs）又称幼猪胃肠炎，是一种具有高度接触传染性，以呕吐、严重腹泻、脱水，致 2 周龄内仔猪高死亡率为特征的病毒性传染病。属于世界动物

卫生组织（OIE）法典 B 类疫病中必须检疫的猪传染病。1946 年美国首次报道该病发生，然后逐渐传播到欧洲、日本和我国的台湾。我国大陆于 1956 年在广东省的猪场发现该病。目前，该病广泛存在于许多养猪国家和地区，能造成较大经济损失。

（1）流行病学　各种年龄的猪均有易感性，5 周龄以上的病猪死亡率很低，10 日龄以内的仔猪发病率和死亡率均很高。断奶猪、育肥猪和成年猪的症状较轻，大多数能自然恢复。病猪和带毒猪是主要传染源，它们从粪便、乳汁、鼻汁中排出病毒，污染饲料、饮水、空气及用具等，由消化道和呼吸道侵入易感猪体内。本病多发生于深秋、冬季、早春寒冷季节。一旦发生本病便迅速传播，在 1 周内可散播到各年龄组的猪群。

（2）临床症状　潜伏期随感染猪的年龄而有差别，仔猪 12～24 小时，大猪 2～4 天。各类猪的主要症状是：

哺乳仔猪发病时，先突然发生呕吐（吐出物呈白色凝乳块，混有少量黄水），多发生在哺乳之后，接着发生剧烈水样腹泻，下痢为乳白色或黄绿色，带有小块未消化的凝固乳块，有恶臭。发病末期，由于脱水，粪稍黏稠，体重迅速减轻，体温下降，常于发病后 2～7 天死亡，耐过的仔猪，严重消瘦，被毛粗乱，生长缓慢，体重下降。出生后 5 天以内仔猪的病死率常为 100%。

育肥猪发病率接近 100%。表现为突然发生水样腹泻，食欲不振，下痢，粪便呈灰色或茶褐色，含有少量未消化的食物。腹泻初期，偶有呕吐。病程约 1 周。发病期间，增重明显减慢。

成年猪感染后常不发病。部分猪表现轻度水样腹泻，或一时性软便，对体重无明显影响。

母猪常与仔猪一起发病。有些哺乳中的母猪发病后，表现高度衰弱，体温升高，泌乳停止，呕吐，食欲不振，严重腹泻。妊娠母猪的症状往往不明显，或仅有轻微的症状。

（3）病理变化　主要病变在胃和小肠，哺乳仔猪的胃常膨满，滞留有未消化的凝固乳块。3 日龄小猪中，约 50% 在胃横隔膜面的憩室部黏膜下有出血斑。小肠膨大，有泡沫状液体和未消化的凝固乳块，小肠绒毛萎缩，小肠壁变薄，在肠系膜淋巴管内见不到乳白色乳糜。

（4）诊断 依据流行特点和临床症状，可做出初步诊断。与猪流行性腹泻区别时，需进行实验室检查。

（5）防治措施 为防止本病传入，严格消毒，避免各种应激因素。在寒冷季节注意仔猪的保温防湿，勤换垫草，使猪不受潮。一旦发病，限制人员往来，粪便须严格控制，进行发酵处理，地面可用生石灰消毒。

本病对哺乳仔猪危害较大，致死的主要原因是脱水酸中毒和细菌性疾病的继发感染。对于病仔猪应加强饲养管理，防寒保暖和进行对症治疗，减少死亡，促进早日康复。

采取对症治疗，包括补液、收敛、止泻等。让仔猪自由饮服电解多维或口服补液盐。为防止继发感染，对 2 周龄以下的仔猪，可适当应用抗生素及其他抗菌药物。最重要的是补液和防止酸中毒，可静脉注射葡萄糖生理盐水或 5％碳酸氢钠溶液。同时还可酌情使用黏膜保护药如淀粉（玉米粉等）、吸附药如木炭末、收敛药如鞣酸蛋白等药物。

在免疫方面，按免疫计划定期进行接种。目前预防本病的疫苗有活疫苗和油剂灭活苗两种，活疫苗可在本病流行季节前对猪开展防疫注射，而油剂灭活苗主要接种怀孕母猪，使其产生母源抗体，让仔猪从乳汁中获得被动免疫由于该病多发于寒冷季节，可于每年 10～11 月份对猪群进行免疫注射；对妊娠母猪可于产前 45 天及 15 天左右用猪传染性胃肠炎弱毒疫苗免疫 2 次，并保证哺乳仔猪吃足初乳；哺乳仔猪应于 20 日龄用传染性胃肠炎弱毒疫苗免疫。

8. 猪细小病毒病的防治

猪细小病毒病（porcine parvovirus infection，PPI）。是由猪细小病毒引起的一种猪的繁殖障碍病。以怀孕母猪发生流产、死产、产木乃伊为特征。猪细小病毒病可引起猪的繁殖障碍，故又称猪繁殖障碍病，最常见的繁殖障碍病之一。早期不易发现，因为感染的初产母猪或经产母猪在怀孕期间表现典型的健康状态。

（1）流行病学 猪是唯一已知的易感动物。各种不同年龄、性别的家猪和野猪均易感。病猪、带毒猪及带毒公猪的精液是本病的主要传染源。一般经口、鼻和交配感染，出生前经胎盘感染。污染的猪舍

和带毒猪是细小病毒的主要储存所。本病主要发生于初产母猪，呈地方性或散发性流行。发生本病的猪群，1岁以上大猪的阳性率可高达80%～100%，传播相当广泛。易感猪群一旦传入，几乎在2～3个月可导致母猪100%流产。多数初产母猪受感染后可获得坚强的免疫力，甚至可持续终生。细小病毒感染对公猪的性欲和受精率没有明显影响。

（2）临床症状　怀孕母猪被感染时，主要临床表现为繁殖障碍，如多次发情而不受孕，或产死胎、木乃伊胎或只产少数仔猪。在怀孕早期感染时，则因胚胎死亡而被吸收，使母猪不孕和不规则地反复发情。怀孕中期感染时，则胎儿死亡后，逐渐木乃伊化，产出木乃伊化程度不同的胎儿和虚弱的活胎儿。在一窝仔猪中有木乃伊胎儿时，可使怀孕期或胎儿娩出间隔时间延长，这样就易造成外表正常的同窝仔猪的死产。怀孕后期（70天后）感染时，大多数胎儿存活下来，并且外观正常，但可长期带毒排毒，若将这些猪作为繁殖用种猪，则可使本病在猪群中长期扎根，难以清除。

（3）病理变化　怀孕母猪感染后未见病变。胚胎的病变是死后液体被吸收，组织软化。受感染而死亡的胎儿可见充血、水肿、出血、体腔积液、脱水（木乃伊化）等病变。

（4）诊断　母猪发生流产和产死胎、木乃伊胎，胎儿发育异常等情况，而母猪本身没有明显症状，结合流行情况，应考虑本病的可能性。若要确诊则须实验室对流产、死产或木乃伊胎儿进行荧光抗体技术检测。

（5）防治措施　目前对本病尚无有效方法。防治措施如下：

一是坚持自繁自养，防止带毒猪传入。

二是免疫接种，重点是母猪在配种前进行猪细小病毒灭活疫苗预防注射，产生对此病的免疫力。

三是自然感染，采用后备母猪与阳性经产母猪接触或将后备母猪赶到可能受到污染的地区促进自然感染而获得主动免疫。

9. 猪流行性乙型脑炎的防治

猪流行性乙型脑炎因首先在日本发现并分离出乙脑病毒，又称日本乙型脑炎，是一种人畜共患的传染病。猪的主要特征为高热、流产、死胎和公猪睾丸炎。分布很广，被世界卫生组织列为需要重点控制的传染病。也是我国重点防治的传染病之一。

（1）流行病学　本病主要由带毒媒介蚊子等吸血昆虫的叮咬传播，常于夏末秋初流行，有明显的季节性。本病多发生在生后6月龄左右的猪，天气炎热的月份、蚊子滋生季节发生最多，我国南方（华南）6～7月份，华北和东北8～9月份达到高峰。以蚊为媒介传播居多。本病呈散发，而隐性感染者甚多。感染初期有传染性。

（2）临床症状　人工感染的潜伏期为3～4天。猪突然发病，体温升高至40～41℃，持续数日不退，精神委顿、嗜睡，食欲减退或废绝，饮水增加，结膜潮红，粪便干燥。少数后肢轻度麻痹，关节肿大，跛行。公猪睾丸一侧或两侧肿胀。

妊娠母猪感染后发生不同程度地流产，流产前只有轻度减食或发热，常不被饲养员发现。流产后体温、食欲恢复正常。可产出死胎、木乃伊胎或弱仔，也有发育正常的胎儿。本病的特征之一是同胎的流产儿大小差别很大，小的如人的拇指，大的与正常胎儿一样。有的超过预产期也不分娩，胎儿长期滞留，特别是在初产母猪中可见到此现象，但以后仍能正常配种和产仔。

育肥猪和仔猪感染本病后，体温升高至40℃以上，稽留热可持续1周左右。病猪的精神沉郁，食欲减少，饮水增加，嗜眠喜卧，强迫赶之，病猪显得十分疲乏，随即又卧下。眼结膜潮红，粪便干燥，尿呈深黄色。

仔猪感染可发生神经症状，如磨牙，口流白沫，转圈运动，视力障碍，盲目冲撞，严重者倒地不起而死亡。

公猪感染后主要表现为睾丸炎，一侧或两侧睾丸肿胀，肿胀程度为正常的0.5～1倍，局部发热，有痛感。以后炎症消散而发生睾丸萎缩、硬变缩小，丧失配种能力，精子的数量、活力下降，同时在精液中含有本病病毒，能传染给母猪。

（3）病理变化　病变主要发生在脑、脊髓、睾丸和子宫。流产胎儿常见脑水肿、脑膜和脊髓充血、皮下水肿、胸腔和腹腔积液、淋巴结充血、肝和脾有坏死灶，部分胎儿可见到大脑或小脑发育不全的变化，组织学检查可见到非化脓性脑炎的变化。睾丸组织有坏死灶，子宫充血，易发生子宫内膜炎。死胎皮下和脑水肿，肌肉如水煮样，以此可与布氏杆菌病相区别。

（4）诊断　流行特点和临床症状只有参考价值，经实验室检查才能确诊。注意本病与布鲁氏病的区别。

（5）防治措施　本病目前无特效治疗药物。

一是免疫接种。这是防治本病的首要措施。由于本病需经蚊子传播，有明显的季节性，故应在蚊子滋生以前1个月开展免疫接种。可注射乙型脑炎弱毒疫苗，第1年以2周的间隔时间注射2次，以后每年注射1次，可预防母猪发生流产。

二是综合性防治措施。蚊子是本病的重要传染媒介，因此开展猪场的驱蚊工作是控制本病的一项重要措施。要经常保持猪场周围的环境卫生，消灭蚊子的滋生场所。同时也可使用驱虫药对猪舍内外经常进行喷洒灭蚊，黄昏时在猪圈内喷洒灭蚊药。

三是疑为本病时可采用下列治疗措施对症治疗：

① 抗菌药物。主要是防治继发感染并排除细菌性疾病。如用抗生素、磺胺类药物等。如20%磺胺嘧啶钠液5～10毫升，静脉注射。

② 脱水疗法。治疗脑水肿、降低颅内压。常用药物有20%甘露醇、10%葡萄糖溶液，静脉注射100～200毫升。

③ 镇静疗法。对兴奋不安的病猪可用氯丙嗪3毫克/千克体重。

④ 退热镇痛疗法。若体温持续升高，可使用氨基比林10毫升或30%安乃近5毫升，肌内注射。

10. 猪口蹄疫病的防治

口蹄疫是一种猪的口腔黏膜、蹄部出现水疱为特征的传染病。在世界上的分布很广，欧洲、亚洲、非洲的许多国家都有流行。由于本病传播快，发病率高，不易控制和消灭而引起各国的重视，联合国粮农组织和国际兽疫局把本病列为成员国发生疫情必须报告和互相通报并采取措施共同防范的疾病，归属于A类中第一位烈性传染病。

口蹄疫给养猪业带来的损失不仅是死亡率，而是由于本病的发生，使发病猪场的生猪贸易受到限制，病猪被迫扑杀深埋，场地要求不断反复消毒，给猪场造成的经济损失无法估量。

（1）病原　口蹄疫病毒分为7个主型，即A型、O型、C型、南非 1 型、南非 2 型、南非 3 型和亚洲 1 型，其中以 A 型和 O 型分布最广，危害最大。以各型病毒接种动物，只对本型产生免疫力，没有交叉保护作用。

口蹄疫病毒对外界环境的抵抗力很强，不怕干燥，在自然条件下，含病毒的组织与污染的饲料、饲草、皮毛及土壤等保持传染性达数周至数月之久。粪便中的病毒，在温暖的季节可存活 29～33 天，在冻结条件下可以越冬。但对酸和碱十分敏感，易被碱性或酸性消毒药杀死。

（2）流行病学　口蹄疫是猪的一种急性接触性传染病，只感染偶蹄兽，人也可感染，是一种人畜共患病。猪对口蹄疫病毒特别具有易感性。传染源是病畜和带毒动物，尤其以发病初期的病畜最为危险。病畜发热期，其粪尿、奶、眼泪、唾液和呼出气体均含病毒，以后病毒主要存在于水疱皮和水疱液中。康复的猪可成为带毒携带者。近年来发现口蹄疫还可能隐性感染和持续感染。通过直接和间接接触，病毒可进入易感畜的呼吸道、消化道和损伤的皮肤黏膜，均可感染发病。最危险的传播媒介首先是病猪肉及其制品的泔水，其次是被病毒污染的饲养管理用具和运输工具。

本病传播迅速，流行猛烈，常呈流行性发生。不同年龄的猪易感程度有差异，仔猪发病率和死亡率都很高。本病一年四季均可发生，多发生于冬、春季，夏季呈零星发生。

（3）临床症状　潜伏期 1～2 天，病猪以蹄部水疱为主要特征，病初体温升高至 40～41℃，精神不振，食欲减退或不食，蹄冠、趾间、蹄踵出现发红、微热、触之敏感等症状，不久形成黄豆大、蚕豆大的水疱，水疱破裂后形成出血性烂斑，1 周左右恢复。有时病猪的口腔黏膜和鼻盘也出现水疱和烂斑。若有细菌感染，则局部化脓坏死，可引起蹄壳脱落，在临床上多见，患肢不能着地，常卧地不起。部分病猪的口腔黏膜（包括舌、唇、齿、龈、咽、颌）、鼻盘和哺乳母猪的乳头，也可见到水疱和烂斑，呈急性胃肠炎和心肌炎，突然死亡，病死率可达 60%，继发感染仔猪多有脱壳现象。

（4）诊断　以本病的特征临床症状，结合流行情况，一般可以确诊。为了确定口蹄疫的病毒型，应进行实验室检查。

（5）防治措施

① 平时的预防措施　一是加强检疫工作。搞好猪产地检疫、宰后检疫和运输检疫，引进猪要隔离，以便及时采取相应措施，防止本病的发生。

二是及时接种疫苗。由于口蹄疫是国际、国内严格控制的疾病，必须采取预防为主、强制免疫的原则，对饲养的猪用注射口蹄疫疫苗的方法进行预防。注射强毒灭活疫苗或猪用的 O 型弱毒疫苗，使用时其用量和用法按使用说明书进行。猪注射疫苗后 15 天产生免疫力，免疫持续期 6 个月。值得注意的是，所用疫苗的病毒型必须与该地区流行的口蹄疫病毒型一致，否则不能预防和控制口蹄疫的发生和流行。在使用疫苗时做到：每瓶疫苗在使用前及每次吸取时，均应仔细振摇，瓶口开封后，最好当日用完。注苗用具和注射局部应严格消毒，每注射 1 头猪应更换 1 个针头。注射时，进针要达到适当深度（耳根后肌肉内）；注射前，对猪进行检查。如发现患病以及瘦弱和临产期母猪（防止引起机械性流产）、长途运输后的猪，则不予注射。因猪个体差异，个别猪注苗后可能会出现呼吸急促、呕吐、发抖、体温升高、精神沉郁、厌食等现象。因此注苗后多观察，轻度反应一般可自行恢复。对个别有过敏反应者可采用肾上腺素抢救；注射疫苗人员，严格遵守操作程序。疫苗一定要注入肌肉内（剂量大时应考虑肌肉内多点注射法）。25 千克以下仔猪注苗时应提倡肌肉内分点注射法。使用疫苗时注意登记所使用疫苗批号、日期，加强相应防疫措施。严禁从疫区（场）购猪及其肉制品，农户应改变饲养习惯，不用未经煮开的洗肉水喂猪。猪舍定期用消毒药如喷雾灵（2.5％聚维酮碘溶液）带猪喷雾消毒。

② 发病时的防治措施　口蹄疫是国家规定的控制消灭的传染病，不能治疗，只能采取强制性扑杀措施。因为治愈的病猪将终身带毒，是最危险的传染源。要做好以下措施：

第一，一旦怀疑口蹄疫发生，应立即上报当地动物防疫监督部门，迅速确诊，并对疫点采取封锁措施，防止疫情扩散蔓延。

第二，按照当地畜牧兽医行政管理部门的要求，配合搞好封锁、隔离、扑杀、销毁、消毒等扑灭疫病的措施。

第三，疫点周围及疫点内尚未感染的猪、牛、羊，应按照《动物防疫法》的要求采取紧急免疫接种口蹄疫疫苗。先注射疫区外围的牲畜，后注射疫区内的牲畜。

第四，对疫点（包括猪圈、运动场、用具、垫料等）用 2% 火碱溶液进行彻底消毒，每隔 2～3 天消毒 1 次。

第五，疫点内最后一头病猪处理后的 14 天，如再未发生口蹄疫，经过大消毒后，可申报解除封锁。

11. 猪气喘病的防治

猪气喘病或猪喘气病，又叫猪地方流行性肺炎或猪支原体肺炎，是猪的一种慢性呼吸道传染病。主要临床症状是患猪长期生长不良、咳嗽和气喘。病理变化部位主要位于胸腔内。肺脏是病变的主要器官。发病猪的生长速度缓慢、饲料利用率低、育肥饲养期延长。本病一直被认为是对养猪业造成重大经济损失最常发生、流行最广、最难净化的重要疫病之一。

（1）病原　猪肺炎支原体，曾经称为霉形体，是一群介于细菌和病毒之间的多形微生物。本病原存在于病猪的呼吸道及肺内，随咳嗽和打喷嚏排出体外。

（2）流行病学　不同年龄、品种和性别的猪均可感染。其中哺乳仔猪及幼猪最易发病，其次是妊娠后期及哺乳母猪。成年猪多呈隐性感染，怀孕母猪和哺乳母猪症状最重，病死率较高。本病的传播途径为呼吸道，病猪及隐性感染猪为本病的传染源，病原体长期存在于病猪的呼吸道及其分泌物中，随咳嗽和喘气排出体外后，通过接触经呼吸道使易感猪感染。本病的发生没有明显季节性，一年四季均可发病但以寒冷潮湿气候多变时多发，而且本病与饲养管理、卫生和防治措施有关。新发病地区常呈暴发性流行，症状重，发病率和病死率均较高，多取急性经过。老疫区多取慢性经过，症状不明显，病死率很低，当气候骤变、阴湿寒冷、饲养管理和卫生条件不良时，可使病情加重，病死率增高。如有巴氏杆菌、肺炎双球菌等继发感染，可造成较大的损失。

（3）临床症状　本病的潜伏期平均 7～14 天，长的 1 个月以上。主要症状为咳嗽和气喘。病初为短声连咳，早晨赶猪喂猪时或剧烈运

动后，咳嗽最明显，病重时流灰白色黏性或脓性鼻汁。在病的中期出现气喘症状，呼吸次数每分钟达 60～80 次，呈明显的腹式呼吸，此时咳嗽少而低沉。体温一般正常，食欲无明显变化。病的后期，则气喘加重，甚至张口喘气，同时精神不振，猪体消瘦，不愿走动。这些症状可随饲养管理和生活条件的好坏而减轻或加重，病程可拖延数月，病死率一般不高。

隐性病猪没有明显症状，有时发生轻咳，全身状况良好，生长发育几乎正常。如果加强饲养管理病变可逐渐局灶化或消散，若饲养条件差则转变为急性或慢性症状、甚至死亡。

（4）病理变化　病变主要在肺部和肺门淋巴结及纵隔淋巴结。病变由肺的心叶开始，逐渐扩展到尖叶、中间叶及膈的前下部。病变部与健康组织的界限明显，两侧肺叶病变分布对称，呈灰红色或灰黄色、灰白色，硬度增加，外观似肉样或胰样，切面组织致密，可从小支气管挤出灰白色液体，淋巴组织呈弥漫性增生。急性病例，有明显的肺气肿病变。

（5）诊断　一般可以根据病理变化的特征和临床症状来确诊，但对慢性和隐性病猪的诊断，需做血清学试验。

（6）防治措施　由于本病发病无品种、年龄和性别差异，全年均可以发生，在寒冷、多雨、潮湿或气候骤变时较为多见。饲料质量差，猪舍拥挤、潮湿、通风不良是其主要诱因。单独感染时死亡率不高，可猪群一旦传入后，如不采取严格措施则很难彻底清除。但本病原对外界环境的抵抗力不强，在室温条件下 36 小时即失去致病力，在低温或冻干条件下可保存较长时间。在温热、日光、腐败和常用的消毒剂作用下都能很快死亡，猪肺炎支原体对青霉素及磺胺类药物不敏感，但对卡那霉素、林可霉素敏感。应采取综合性防疫措施，以控制本病的发生和流行。

一是坚持自繁自养。若必须从外地引进种猪时，应了解产地的疫情，证实无病后方可引进；新引入的猪应严格执行隔离规定，确认健康方可混群。

二是做好饲养管理。严格实行全进全出制度。保持空气新鲜，结合季节变换做好小环境控制，控制饲养密度。注意观察猪群的健康状况，有无咳嗽、气喘情况。如发现可疑病猪，及时隔离或淘汰。

三是做好消毒管理。多种化学消毒剂定期交替消毒。

四是保证猪群各阶段的合理营养，避免饲料霉败变质。

五是进行免疫接种。猪气喘病弱毒菌苗的保护率大约为70%。冷干菌苗4～8℃不超过15天，－15℃可保存6个月。注意：在接种该苗15天和用后60天内禁止使用抗生素等。免疫期8个月，具体使用方法见说明书。

六是药物预防。用支原净每千克体重每天拌料50毫克，连服2周。或者用氟苯尼考粉剂拌料，连喂7天，每季度1次。

12. 猪丹毒病的防治

猪丹毒病是猪丹毒杆菌引起的一种急性热性传染病，其主要特征为高热、急性败血症、皮肤疹块（亚急性）、慢性疣状心内膜炎及皮肤坏死与多发性非化脓性关节炎（慢性）。目前集约化养猪场比较少见，但仍未完全控制，有的地方又开始死灰复燃。本病呈世界性分布。

（1）流行病学　本病主要发生于架子猪中，其他家畜和禽类也有病例报告。人也可以感染本病，称为类丹毒。病猪和带菌猪是本病的传染源。约35%～50%健康猪的扁桃体和其他淋巴组织中存在此菌。病猪、带菌猪以及其他带菌动物（分泌物、排泄物）排出菌体污染饲料、饮水、土壤、用具和场舍等，经消化道传染给易感猪。本病也可以通过损伤皮肤及蚊、蝇、虱、蟑等吸血昆虫传播。用屠宰场、加工场的废料、废水、食堂的残羹，动物性蛋白质饲料（如鱼粉、肉粉等）喂猪常常引起发病。猪丹毒病一年四季都有发生，有些地方以炎热多雨季节流行得最盛。本病常为散发性或地方流行性传染，有时也发生暴发性流行。

（2）临床症状　一般将猪丹毒病分为急性败血型、亚急性疹块型和慢性型。人工感染的潜伏期为3～5天，短的1天，长的可达7天。

急性败血型：表现为突然暴发，病程短，死亡率高，体温升高至42～43℃，厌食呕吐，结膜充血，眼睛发亮有神，耳、颈背部皮肤潮红继而发紫，粪便干燥呈球状，病程2～4天。

亚急性疹块型：亚急性（疹块型）病猪出现典型猪丹毒病的症

状。体温升高至 41℃ 以上，急性型症状出现后，在胸、背、四肢和颈部皮肤出现大小不一、形状不同的疹块，凸出于皮肤，呈红色或紫红色，中间苍白，用手指压后褪色。当疹块出现后，体温恢复正常，病情好转，病程 1 周左右。少数严重病例，皮肤疹块发生炎性肿胀，表皮和皮下坏死，或形成干痂，呈盔甲状覆盖于体表。

慢性型：病猪主要表现四肢关节炎性肿胀和心内膜炎，跛行，消瘦，皮肤出现坏死，生长缓慢。

（3）病理变化　急性型皮肤上有大小不一和形状不同的红斑或弥漫性红色。脾肿大，呈樱桃红色。肾瘀血肿大，呈暗红色，皮质部有出血点。淋巴结充血肿大，也有小出血点。肺瘀血、消肿、胃及十二指肠发炎，有出血点，关节液增加。亚急性型的特征是皮肤出现方形和菱形的红色疹块，内脏的变化比急性型轻。慢性型的特征是房室瓣常有疣状心内膜炎。瓣膜上有灰白色增生物，呈菜花状。其次关节肿大，有炎症，在关节腔内有纤维素性渗出物。

（4）诊断　根据临床症状和流行情况，结合疗效，一般可以确诊。但在流行初期，往往呈急性经过，无特征症状，需做实验室检查才能确诊。

（5）防治措施　猪丹毒病其实并不可怕，只是复杂，积极治疗，治愈率还是较高的。青霉素治疗本病疗效非常好，到目前为止还未发现对青霉素有抗药性。土霉素和四环素也有效。卡那霉素、新霉素和磺胺药基本无效。更多防治措施如下：

一是加强饲养管理，提高猪群的自然抗病能力。保持栏舍清洁卫生和通风干燥，避免高温高湿，加强定期消毒。

二是对圈、用具定期消毒。定期用消毒剂（10％ 石灰乳等）消毒。

三是预防防疫。种公、母猪每年春秋 2 次进行猪丹毒氢氧化铝甲醛苗免疫。育肥猪 60 日龄时进行 1 次猪丹毒氢氧化铝甲醛苗或猪三联苗免疫 1 次即可。如果生长猪群不断发病，则有必要选用二联苗或三联苗，在 8 周龄免疫 1 次，10～12 周龄最好再来 1 次。防母源抗体干扰，一般 8 周以前不做免疫接种。

疫病流行期间预防性投药，全群用 70％水溶性阿莫西林 600 克/

吨料，均匀拌料，连用 5 天。

四是发生疫情时对病猪隔离治疗、未发病猪投药和消毒。急性型病例，将个别发病猪只隔离，每千克体重 1 万单位青霉素静脉注射，同时肌内注射常规剂量的青霉素，每天 2 次，等待食欲、体温恢复正常后再持续 2～3 天。药量和疗程一定要足够，不宜停药过早，以防复发或转为慢性。

未发病猪同群猪拌料用药预防。

13. 猪传染性胸膜肺炎的防治

猪传染性胸膜肺炎是由胸膜肺炎放线杆菌（过去曾命名为胸膜肺炎嗜血杆菌或副溶血嗜血杆菌）引起的一种高度传染性、致死性呼吸道疾病，以急性出血和慢性纤维素性坏死性胸膜炎病变为主要特征。本病对各种猪均易感，新引进猪群多呈急性暴发，其发病率和死亡率常在 20％以上，急性型的死亡率可高达 80％～100％。常多呈慢性经过，患猪表现慢性消瘦，或继发其他疾病造成急性死亡。无症状的猪或康复猪在体内可长期带菌，成为稳定的传染源。

（1）病原　本病病原为胸膜肺炎放线杆菌。革兰氏阴性，具有典型的球杆菌形态，两极染色，无运动性，兼性厌氧，在血琼脂上的溶血能力是鉴别的特征。本菌为严格的黏膜寄生菌，在适当条件下，致病菌可在不同器官中引起病变。本菌现已鉴定分为 12 个血清型，各地流行的血清型不尽相同。

（2）流行病学　引入带菌猪或慢性感染猪是本病的传染源。病菌主要存在于病猪的呼吸道内，通过猪群接触和空气飞沫传播。因此本病常见于寒冷的冬季，在工厂化、集约化大群饲养的条件下，门窗紧闭，空气不流通，湿度大，氨气浓，是激发本病暴发的诱因。

各种年龄、不同品种和性别的猪都有易感性，但其发病率和病死率的差异很大，其中以外来品种猪、繁殖母猪和仔猪的急性病例较高。本病的另一特点是呈"跳跃式"传播，有小规模的暴发和零星散发的流行方式。

（3）临床症状　急性型呈败血症，体温升高至 41～42℃，呼吸困难，常站立或呈犬坐姿势而不愿卧下，表情漠然，食欲减退，有短期的下痢和呕吐。发病 3～4 天后，心脏和循环发生障碍，鼻、耳、腿、内侧皮肤发绀，病猪卧于地上，后期张嘴呼吸，临死前从鼻中流出带血的泡沫液体。

亚急性和慢性感染的病例，仅出现亚临床症状，也有的是从急性病例转归而来，不发热，有不同程度的间歇性咳嗽，食欲不振。若环境良好，无其他并发症，则能耐过。影响日增重。

（4）诊断　从气管或鼻腔或肺病变部采取分泌物，涂片，做革兰氏染色，显微镜检查可看到红色（革兰阴性）小球杆菌。或将病料送实验室进行细菌分离培养和鉴定。也可采取血清进行补体结合试验、凝集试验或酶联免疫吸附试验，以酶联免疫吸附试验更为适用，多用于进行血清学检查，以清除猪场的隐性感染猪。

（5）防治措施　猪传染性胸膜肺炎是由胸膜肺炎放线杆菌引起的一种接触性传染病，是猪的一种重要呼吸道疾病，在许多养猪国家流行，已成为世界性工业化养猪的五大疫病之一，会造成重大的经济损失。抗生素对本病无明显疗效。虽然对该病及其病原菌已做了广泛而深入的研究，在疫苗及诊断方法上已取得一定成果，但目前为止，还没有很有效的措施控制本病。

一是药物预防。是目前主要的方法，在本病流行的猪场使用土霉素制剂混入饲料中喂给，可暂时停止出现新病例。其他如金霉素、红霉素、磺胺类药物亦有效。若产生耐药性时，可使用新一代抗菌药物，如恩诺沙星、氧氟沙星等。

二是免疫。疫苗是预防本病的主要措施。虽已研制出胸膜肺炎菌苗，但各血清学之间交叉保护性不强、同型菌制备的菌苗只能对同型菌株感染有保护作用。通过使用来看，现有疫苗效果不理想，只能减少发病率和死亡率，对减轻肺部病变程度、提高饲料报酬作用不大。目前有菌苗和灭活油佐剂苗，用于母猪和仔猪注射，仔猪于6～8周龄第1次肌内注射，到8～10周龄再注射1次，可获得有效免疫效果。也有人用从当地分离到的菌株，自制菌苗对母猪进行免疫，使仔猪得到母源抗体保护，有很好的效果。

三是发病猪治疗。首先药物有恩诺沙星、阿莫西林。用恩诺沙星，肌内注射，1次量5毫克/千克，每天1次，连续用5～7天。或者用阿莫西林，肌内注射，1次量5～10毫克/千克，每天2次；内服，1 次量 10 毫克/千克，每天 2 次。混饲，300 毫克/千克饲料；饮水，150 毫克/升水，连续用 5 天。

14. 猪副嗜血杆菌病的防治

副嗜血杆菌病，又称多发性纤维素性浆膜炎和关节炎，也称 h. parasuis。可以引起猪的格氏病（glasser's disease）。临床上以体温升高、关节肿胀、呼吸困难、多发性浆膜炎、关节炎和高死亡率为特征的传染病，严重危害仔猪和青年猪的健康。目前，副嗜血杆菌病已经在全球范围影响着养猪业的发展，给养猪业带来巨大的经济损失。

（1）流行病学　该病通过呼吸系统传播。当猪群中存在繁殖呼吸综合征、流感或地方性肺炎的情况下，该病更容易发生。环境差、断水等情况下该病更容易发生。饲养环境不良时本病多发。断奶、转群、混群或运输也是本病常见的诱因。副嗜血杆菌病曾一度被认为是由应激所引起的。

副嗜血杆菌也会作为继发病原伴随其他主要病原混合感染，尤其是地方性猪肺炎。在肺炎中，副嗜血杆菌被假定为一种随机入侵的次要病原，是一种典型的"机会主义"病原，只在与其他病毒或细菌协同时才引发疾病。近年来，从患肺炎的猪中分离出副嗜血杆菌的比例越来越高，这与支原体肺炎的日趋流行有关，也与病毒性肺炎的日趋流行有关。这些病毒主要有猪繁殖呼吸综合征病毒、圆环病毒、猪流感和猪呼吸道冠状病毒。副嗜血杆菌与支原体结合在一起，患 PRRS 猪肺的检出率为 51.2%。

（2）临床症状　副嗜血杆菌只感染猪，可以影响从 2 周龄到 4 月龄的猪，主要在断奶前后和保育阶段发病，通常见于 5～8 周龄猪，发病率一般在 10%～15%，严重时死亡率可达 50%。急性病例，往往首先发生于膘情良好的猪，病猪发热（40.5～42.0℃），精神沉郁，食欲下降，呼吸困难，腹式呼吸，皮肤发红或苍白，耳梢发紫，眼睑皮下水肿，行走缓慢或不愿站立，腕关节、跗关节肿大，共济失调，临死前侧卧或四肢呈划水样，有时会无明显症状突然死亡；慢性病例多见于保育猪，主要表现为食欲下降，咳嗽，呼吸困难，被毛粗乱，四肢无力或跛行，生长不良，直至衰竭死亡。

临床症状取决于炎症部位，包括发热、呼吸困难、关节肿胀、跛

行、皮肤及黏膜发绀、站立困难甚至瘫痪、僵猪或死亡。母猪发病可流产，公猪有跛行。哺乳母猪的跛行可能导致母性的极端弱化。

（3）病理变化　死亡时体表发紫，肚子大，有大量黄色腹水，肠系膜上有大量纤维素渗出，尤其肝脏整个被包住，肺间质水肿。

（4）防治措施　副嗜血杆菌病的有效防治，如同猪场其他任何一种疾病的防治一样，是一项系统工程，需要加强主要病毒性疾病的免疫、选择有效药物组合对猪群进行常规的预防保健、改善猪群饲养管理、重新思考猪舍设计，只有这样，才能有猪群稳定的生产。

目前，猪副嗜血杆菌病发生呈递增趋势，且以多发性浆膜炎和关节炎及高发病率和高死亡率为特征，影响猪生产的各个阶段，给养猪业带来了严重损失，因此应对本病引起高度重视。

副嗜血杆菌控制关键在预防保健，消除诱因，加强饲养管理与环境消毒，减少各种应激，在疾病流行期间有条件的猪场仔猪断奶时可暂不混群，对混群的一定要严格把关，把病猪集中隔离在同一猪舍，对断奶后保育猪"分级饲养"，这样也可减少 PRRS、PCV-2 在猪群中的传播。注意保温和温差变化；在猪群断奶、转群、混群或运输前后可在饮水中加一些抗应激药物如维生素 C 等。

发病猪治疗：首先隔离病猪，然后用敏感的抗生素进行治疗，并用抗生素进行全群性药物预防。为控制本病的发生、发展和耐药菌株出现，应进行药敏试验，科学使用抗生素。

一旦出现临床症状，应立即采取抗生素拌料的方式对整个猪群治疗，发病猪大剂量肌注抗生素。大多数血清型的副嗜血杆菌对氟苯尼考、替米考星、头孢菌素、庆大霉素、磺胺及喹诺酮类等药物敏感，对四环素、氨基苷类和林可霉素有一定抵抗力。

15. 猪链球菌病的防治

猪链球菌病（swine streptococcal diseases）是由多种致病性链球菌感染引起的一种人畜共患病，包括猪淋巴结脓肿和猪败血性链球菌病。败血症、化脓性淋巴结炎、脑膜炎以及关节炎是该病的主要特征。猪链球菌 2 型可导致人类脑膜炎、败血症和心内膜炎，严重时可导致人死亡。猪链球菌病在养猪业发达的国家都有发生。随着中国规模化养猪业的发展，猪链球菌病已成为养猪生产中的常见病和多发病。

（1）病原　病原体为多种溶血性链球菌。各种链球菌都呈链状排列，是革兰氏阳性球菌。在环境中的存活力较强。在 0℃、9℃ 和 22～25℃ 中可分别存活 104 天、10 天和 8 天，但在灰尘中的存活时间不超过 24 小时。本菌抵抗力不强，对干燥、湿热均较敏感，常用消毒药均易将其杀死。本菌对多种抗生素及其他抗菌药虽然敏感，但极易产生耐药性。

（2）流行病学　链球菌广泛分布于自然界。人和多种动物都有易感性，猪的易感性较高。各种年龄的猪都可发病，但败血症型和脑膜脑炎型多见于仔猪，化脓性淋巴结炎型多见于中猪。病猪、临床康复猪和健康猪均可带菌，当它们互相接触时，可通过口、鼻、皮肤伤口而传染，新生仔猪常经脐带感染。一般呈地方流行性，本病传人之后，往往在猪群中陆续出现。

（3）临床症状　潜伏期多为 3～17 天或稍长。

急性败血型：突然发病，体温升高，精神沉郁，食欲减退或拒食，便秘，粪干硬。常有浆液性鼻漏，眼结膜潮红，流泪。几小时或数天内部分病猪出现多发性关节炎、跛行，或不能站立。有的病猪出现运动共济失调、磨牙、空嚼或昏睡等神经症状。有的病猪的颈、背部皮肤呈广泛性充血、潮红。病后期出现呼吸困难，如果治疗不及时，常在 1～3 天死亡或转为亚急性或慢性。

脑膜脑炎型：多见于哺乳仔猪和断奶小猪。病初猪体温升高，不食、便秘，有浆性或黏性鼻液。病猪很快出现神经症状，四肢运动共济失调、转圈、磨牙、空嚼、仰卧，继而出现后肢麻痹，前肢爬行，侧卧时，四肢划动似划水状或昏迷，部分猪出现多发性关节炎，关节肿大。部分病猪的头、颈和背部出现水肿。病程为 1～2 天，长的可达 5 天。剖检常见脑膜与脑脊髓出血、充血。心动胸腔、腹腔有纤维素性炎。淋巴结肿大、充血、出血。部分猪的头、颈、背部皮下、胃壁、肠系膜及胆囊壁水肿。

关节炎型：由急性或脑膜炎型转来或从一开始就呈现关节炎症状。关节肿胀，热痛，跛行，甚至不能站立；精神时好时坏，逐渐消瘦，衰竭死亡，少数猪可能康复。

淋巴结脓肿型：多见于颌下淋巴结，咽部和颈部淋巴结，患病淋巴结肿胀，较硬，有热、疼，可影响采食、咀嚼、吞咽和呼吸。有的咳嗽、流鼻涕。淋巴结肿大、化脓、变软。中央皮肤坏死、破溃，流出脓液，随后全身症状好转，经治疗局部愈合。病程3～5周。

（4）诊断　猪链球菌病的病型较复杂，其流行情况无特征，需进行实验室检查才能确诊。根据不同病型采取相应病料，如脓肿，化脓灶，肝、脾、肾、血液、关节囊液、脑脊髓液及脑组织等，制成涂片，用碱性美蓝染色液和革兰氏染色液染色，显微镜检查，见到单个、成对、短链或长链球菌。并且革兰氏染色呈紫色（阳性），可以确认为本病。也可进行细菌分离培养鉴定。

（5）防治措施　一是搞好预防性消毒。消除蚊蝇，清洁猪舍，消灭环境中的病原体，养猪场（户）应坚持每月用百菌消或卫康喷雾消毒栏舍和用具，生猪出栏后进行火焰消毒和火碱水消毒。

二是消除易造成感染的因素，如猪圈和饲槽上的尖锐物体，这些可造成猪的外伤，从而增加感染病菌的机会。

三是接种菌苗。预防接种是防治本病的最重要措施。疫区（场）在60日龄第1次免疫，以后每年春秋各免疫1次。不论大小猪一律肌肉或皮下注射猪链球菌苗1毫升，免疫期约6个月。

四是实行全进全出，改进猪群健康状况，提高日粮营养水平和饲料转化率，是减少本病发生和流行的有效措施。

五是发病猪的治疗。抗生素仍是治疗本病的主要药物。选择抗生素时必须考虑链球菌对该药的敏感性不低于80%～95%，以及感染类型、药物途径、最适剂量、给药时间、猪只体况等。抗生素最小抑菌浓度测定表明：大多数分离菌株对青霉素敏感，对阿莫西林、氨苄西林敏感率在90%左右。发现链球菌性脑膜炎症状后，立即用敏感抗生素非肠道途径治疗，是目前提高仔猪成活率的最好方法。

八、母猪产前、产后常见病的防治

1. 母猪产后热

（1）病因　母猪产后感染或护理不当，受寒、受潮引起发病。

（2）临床症状　母猪产后体温升高，少食或不食，喜卧或步态不稳，奶汁骤减或无奶，有寒战，呼吸加快，阴道内流出白色或污红有臭味的分泌物。

（3）诊断 根据临床症状即可做出确诊。

（4）防治措施 一是母猪产前要搞好产房清洁消毒，垫上清洁干草，栏舍天冷时注意防寒，避免破漏通风。助产时注意术者手臂消毒，操作时要谨慎，避免感染子宫和阴道。

二是发病猪的治疗，可用青霉素、链霉素等抗生素治疗。也可用穿心莲注射液 $10\sim20$ 毫升，1 次肌内注射。据介绍复方氨基比林与速尿注射液，分左右两个部位同时肌内注射，疗效很好。复方氨基比林用量，75 千克以下的猪为 $10\sim15$ 毫升，75 千克以上的猪为 $15\sim20$ 毫升。速尿用量，75 千克以下的猪为 $80\sim100$ 毫克，75 千克以上的猪为 $100\sim140$ 毫克。为了促使子宫排除恶露，可注射脑垂体后叶。也可采用下列中药进行治疗，如益母草 40 克，柴胡 20 克，黄芪 20 克，乌梅 20 克，黄酒、红糖各 150 克为引，煎汤，候温灌服，每天 1 剂，连服 $3\sim5$ 天。

2. 母猪缺乳症

母猪产仔后泌乳少，甚至无乳汁，乳房松弛或缩小，挤不出乳汁或乳汁稀薄如水，称为缺乳症，泌乳受神经内分泌的调节，一旦内分泌发生紊乱，就会影响泌乳。此外，泌乳的多少，还与遗传有关。

（1）病因 饲料配合不当，缺乏营养，致使母猪体质软弱，精料过多、缺乏运动，致使母猪过胖、内分泌失调；母猪早配、早产或猪内分泌不足，严重疾病或热性传染病等，都可以引起母猪缺乳。

（2）诊断 根据临床症状即可做出确诊。

（3）防治措施 一是加强饲养管理，给母猪增补蛋白质饲料和多汁饲料。

二是防止仔猪咬伤母猪乳头。如发现母猪乳头有外伤，应及时治疗，以防止感染。

三是保持猪舍干燥卫生，每天按摩母猪乳房数次。

四是发病猪的治疗，具体如下。

① 采用青霉素 100 万单位，1% 普鲁卡因 $20\sim50$ 毫升，乳房局

部封闭注射。或者用中药催乳，王不留行 20 克，通草、穿山甲、白术各 9 克，白芍、当归、黄芪，党参 12 克，研为细末，1 次喂服。

② 因猪体肥胖而致缺乳的，可选用下列配方。

a. 炒苏子 12 克，炒莱菔子 12 克，元胡 9 克，当归 12 克，川芎 12 克，穿山甲 9 克，炒王不留行 24 克，花粉 9 克，香附 9 克，水煎，1 次内服。

b. 鲜柳树皮 250 克，木通 15 克，当归 30 克，水煎，1 次灌服。

③ 因猪内分泌机能失调而致缺乳的，可用以下药物和方法治疗：乙烯雌酚 2~4 毫升，肌内注射，连用 7~8 天。或者用绒毛膜促进腺激素 500~1000 单位，用生理盐水 2 毫升稀释，肌内注射，每 7 天 1 次，连续注射数次。

3. 母猪产后不食

母猪产后不食是指母猪产后胃肠功能紊乱、食欲减退或废绝的一种疾病。

(1) 病因　引起产后不食的原因较多，主要是产前饲喂精料过多，或突然变换饲料，分娩过程体力消耗过大，造成胃肠消化机能失调所致的不食。产后母猪患其他疾病，如产后热、子宫炎、低血糖、缺钙等也将影响食欲，表现不食。

(2) 临床症状　患猪表现精神疲乏，消化不良，食欲减退，开始尚吃少量精料或青绿饲料，严重时则完全不食，粪便先稀后干，体温正常或略高。

(3) 诊断　根据病史和临床症状可初步确诊。

(4) 防治措施　以调节胃肠功能为主，结合强心补液、中药治疗，分辨症型，或补气健脾，或活血化痰。病猪肌肉或皮下注射新斯的明注射液 2~6 毫升，每日 1 次，人工盐 30 克。复合维生素 B 片 10 片、陈皮酊 20 毫升 1 次喂服，每天 1 次，连用 5 天。

也可试用中药如厚朴、枳壳、陈皮、苍术、大黄、龙胆草、郁李仁、甘草各 10~15 克，混研为末，或水煎取汁，1 次内服，每天 1 次，连用 2~3 次；柴胡、黄芩、神曲、陈皮、生姜、姜半夏各 5 克，党参 10 克，甘草 3 克，大枣 3 个，青皮 3 克，煎汤去渣喂服，每日 1 剂，连服 2 剂。

4. 母猪产后瘫痪

本病是产后母猪突然发生的一种严重急性神经障碍性疾病，其特征是知觉丧失及四肢瘫痪。

（1）病因　本病的病因目前还不十分清楚。一般认为是由血糖、血钙浓度过低引起，产后血压降低等原因也可引起瘫痪。

（2）临床症状　本病多发生于产后 2～5 天。病猪精神极度萎靡，一切反射变弱，甚至消失。食欲显著减退或废绝，躺卧昏睡，体温正常或稍高，粪便干硬且少，以后则停止排粪、排尿。轻者站立困难，重者不能站立。

（3）诊断　本病根据产后、瘫痪等症状即可做出初步诊断。

（4）防治措施　首先，静脉注射 10％葡萄糖酸钙注射液 50～150 毫升和 50％葡萄糖注射液 50 毫升，每天 1 次，连用数次。同时应投给缓泻剂（如硫酸钠或硫酸镁），或用温肥皂水灌肠，清除直肠内蓄粪。其次，对猪进行全身按摩，以促进血液循环和神经机能恢复。增垫柔软的褥草，经常翻动病猪，防止发生褥疮。

5. 母猪阴道炎

母猪阴道炎是指阴道黏膜表层或深层炎症，临床上以阴道流出浆液、黏液或脓性分泌物，阴道黏膜潮红肿胀为特征。

（1）病因　母猪常在产后或交配时，阴道黏膜遭到损害，感染链球菌、葡萄球菌或大肠杆菌等，引起阴道炎。

（2）临床症状　母猪出现阴唇肿胀，有时可见溃疡，手触摸阴唇时母猪表现有疼痛感，阴道黏膜肿胀、充血，肿胀严重时手伸入感到困难，并有热痛或干燥之感。病猪常呈排尿姿势异常，尿量很少。当发生伪膜性阴道炎时症状加剧，病猪精神沉郁，常努责排出有臭味的暗红色黏液，并在阴门周围干涸形成黑色痂皮，检查阴道时可见黏膜上被覆一层灰黄色薄膜。

（3）诊断　根据临床症状一般即可确诊。

（4）防治措施　一是在配种、助产时切忌动作粗暴，人工授精要注意消毒。分娩及助产时的检查操作，要注意保护阴道和做好消毒卫生工作，以防对阴道的损伤和感染。患有阴茎炎、尿道炎的公猪，在

治愈前应停止配种。

二是发病猪的治疗。用温消毒防腐液如 0.1％高锰酸钾溶液、0.05％新洁尔灭溶液或 3％双氧水等洗涤阴道，冲洗后应将洗涤液全部导出，以免感染扩散，若为伪膜性阴道炎，则禁止冲洗，用青霉素、磺胺粉或碘仿、硼酸等软膏涂抹黏膜。如疼痛剧烈，则可在软膏中加入 1％～2％普鲁卡因，黏膜上有创伤或溃疡时可涂抹等量碘甘油溶液，症状严重的阴道炎，亦可全身应用抗生素。

6. 母猪子宫炎

母猪子宫炎是其子宫内膜发生炎症。

（1）病因　主要原因是人工授精时不遵守卫生规则，器皿和输精管消毒不严，使母猪子宫发生感染；母猪难产时，手术助产不卫生也可感染。另外，子宫脱出、胎衣不下、子宫复旧不全、流产、胎儿腐败分解、死胎存留在子宫内等，均能引起子宫炎。

（2）临床症状　患猪主要表现为拱背，努责，从阴门流出液性或脓性分泌物，重病例的分泌物呈污红色或棕色，并有恶臭味，站立走动时向外排出，卧下时排出更多。急性病例表现为体温升高，精神沉郁，食欲不振，不愿给仔猪哺乳，有的患猪发情不正常，发情时流出更多炎性分泌物，这种猪通常屡配不孕，偶尔妊娠，也易引起流产。

（3）防治措施　一是猪舍保持清洁干燥，母猪临床时要调换清洁垫草，助产时严格消毒，操作要轻巧细微，产后加强饲养管理，人工授精要严格消毒。在难产时，取出胎儿、胎衣后，将抗生素装入胶囊内直接塞入子宫腔，可预防子宫炎的发生。

二是发病治疗时用 10％氯化钠溶液、0.1％高锰酸钾、0.1％雷夫努尔、1％明矾液、2％碳酸氢钠，任选一种冲洗子宫，必须把液体导出，最后注入青霉素、链霉素各 100 万单位。对体温升高的患猪，用安乃近 10 毫升或安痛定 10～20 毫升，肌内注射；用青霉素、链霉素各 200 万单位，肌内注射。

7. 母猪乳腺炎

母猪乳腺炎是由病原微生物侵入乳房引起的炎症病变。

（1）病因　主要是由于母猪腹部下垂接触粗糙地面，在运动中容易擦伤乳房而感染发炎。或因猪舍潮湿，天气寒冷，乳房冻伤，仔猪咬伤乳头等细菌感染而发炎。另外，在母猪产前产后，突然喂给大量多汁、发酵饲料，乳汁分泌过多，积聚于乳房内，也易引起乳腺炎。

（2）临床症状　患猪一个乳房和几个乳房同时发生肿胀、疼痛，当仔猪吃乳时，母猪突然站立，不让仔猪吃乳。诊断检查乳房时，可见乳房充血、肿胀，触诊乳房发热、硬结、疼痛，挤出的乳汁稀薄如水，逐渐变为乳清样，乳汁中有絮状物。患化脓性乳腺炎时，挤出的乳汁为黄色或淡黄色的絮状物。脓肿破溃时，流出大量脓汁。患坏疽性乳腺炎时，乳房肿大，皮肤紫红色，乳汁红色，并带有絮状物和腥臭味。严重病例，母猪精神不振，食欲减退或废绝，伏卧不起，泌乳停止，体温升高。

（3）防治措施　一是哺乳母猪舍应保持清洁干燥，冬季产仔应多垫柔软干草，仔猪断乳前后最好能做到逐渐减少喂乳次数，使乳腺活动慢慢降低。

二是发病猪的治疗。母猪发病后，病初用毛巾或纱布浸冷水，冷敷发炎局部，然后涂擦10%鱼石脂软膏；对体温升高的病猪，用安乃近10毫升或安痛定10～20毫升，肌内注射；用青霉素、链霉素各200万单位，肌内注射，每日2次，连用2～3天。乳房脓肿时，必须成熟之后才可切开排脓，用3%双氧水或0.3%高锰酸钾溶液冲洗脓腔，之后涂紫药水和消炎软膏。

九、仔猪常见病的防治

1. 猪副伤寒

猪副伤寒又称猪沙门氏菌病或仔猪副伤寒，是由沙门氏杆菌属细菌引起的一种仔猪传染病。主要表现为败血症和坏死性肠炎，有时发生脑炎、脑膜炎、卡他性或干酪性肺炎。本病在世界各地均有发生，是猪的一种常见病和多发病。

（1）流行病学　病猪及某些健康带菌猪是主要传染源。本病主要侵害5月龄以下，特别是1～3月龄（体重10～15千克）的密集饲养断奶后的仔猪，成年猪及哺乳仔猪很少发生。此病通过粪便-口的路线传播。主要是由于病猪及带菌猪排出的病原体污染了饲料、饮水及土壤等，健康猪吃了这些污染的食物而感染发病。另外是因为病原体平时存在于健康猪体内，当饲养管理不当，寒冷潮湿，气候突变，断奶过早，使猪的体质减弱，抵抗力降低时，病原体即乘机繁殖，毒力增强而致病。一年四季均可发生，但春初、秋末气候多变多雨潮湿季节常发，且常与猪瘟、猪气喘病并发或继发。一般呈散发或地方性流行。

(2) 临床症状　潜伏期3～30天。临床上分为急性型和慢性型。

急性型：其特征是急性败血症症状，主要发生在不到5月龄的断奶猪。体温升高至40.6～41.7℃，食欲不振，精神沉郁，病初便秘，以后下痢，粪便恶臭，有时带血，常有腹部疼痛症状，弓背尖叫。耳、腹部及四肢皮肤呈深红色，后期呈青紫色。最后病猪呼吸困难，体温下降，偶尔咳嗽，痉挛，一般经4～10天死亡，不死的成为慢性型，很少自愈。

慢性型（结肠炎型）：此型最为常见，主要发生在断奶到4月龄之间的仔猪，临床表现与肠型猪瘟相似。体温稍升高，精神不振，食欲减退，便秘和下痢反复交替发生，粪便呈灰白色、淡黄色或暗绿色，形同粥状，有恶臭，有时带血和坏死组织碎片，以后逐渐脱水消瘦，皮肤上出现痂样湿疹。有些病猪表现为肺炎症状，发生咳嗽。病程2～3周或更长，最后由于连续几天腹泻导致脱水而亡。也有恢复健康的，但康复猪生长缓慢，多数成为带菌僵猪。

(3) 病理变化　病猪急性型主要以败血症为主，淋巴器官肿大、瘀血、出血、全身黏膜、浆膜有出血点，耳及腹下皮肤有紫斑。脾脏明显肿大，呈暗紫色，肝肿大，有针头大小的灰白色坏死灶。慢性型特征病变是坏死性肠炎，肠壁肥厚，黏膜表面坏死和纤维蛋白渗出形成轮状。肝有灰黄色针尖样坏死点。肺有卡他性或干酪样肺炎病灶，往往是由巴氏杆菌继发感染所致。

(4) 诊断　根据病理变化，结合临床症状和流行情况进行诊断，类症鉴别有困难时，可做实验室检查。

(5) 防治措施　一是加强饲养管理，初生仔猪应争取早吃初乳。断奶分群时，不要突然改变环境，猪群尽量分小一些。在断奶前后（1月龄以上），应口服仔猪副伤寒弱毒冻干菌苗等预防。

二是发病后，将病猪隔离治疗，被污染的猪舍应彻底消毒。未发病的猪可用药物预防，在每吨饲料中加入金霉素 100 克或磺胺二甲基嘧啶 100 克，可起一定预防作用。

三是发病猪的治疗。要在改善饲养管理的基础上进行隔离治疗才能收到较好的疗效。沙门氏菌对各种药物均有抗药性，因此应选择对沙门氏菌敏感的药物进行治疗，有条件最好先做药敏实验。常用药有土霉素、新霉素、氟哌酸、环丙沙星、恩诺沙星、强力霉素、卡那霉素、磺胺类药物等。注意，将抗生素加入饲料和饮水中治疗急性型病猪，疗效不显著。

2. 仔猪红痢

仔猪红痢，又称猪梭菌性肠炎或猪传染性坏死性肠炎，是由 C 型魏氏梭菌的外毒素所引起。主要发生于 1 周龄以内的新生仔猪。其特征是排红色粪便，肠黏膜坏死，病程短，病死率高。在环境卫生条件不良的猪场，发病较多，危害较大。

（1）流行病学　本病发生于 1 周龄以下的仔猪，多发生于 1～3 日龄的新生仔猪，4～7 日龄的仔猪即使发病，症状也较轻微。1 周龄以上的仔猪很少发病。本病一旦侵入猪场，如果扑灭措施不力，可顽固地在猪场内扎根，不断流行，使一部分母猪所产的全部仔猪发病死亡，在同一猪群内，各窝仔猪的发病率高低不等。

（2）临床症状　本病的病程长短差别很大。最急性病例排血便，后躯沾满血样稀粪，往往于生后当天或第 2 天死亡；急性病例排出含有灰色坏死组织碎片的浅红褐色水样粪便，迅速消瘦和虚弱，多于生后第 3 天死亡；亚急病例，开始排黄色软粪，以后粪便呈淘米水样，含有灰色坏死组织碎片，有食欲，但逐渐消瘦，于 5～7 日龄死亡；慢性病例呈间歇性或持续性下痢，排灰黄色黏液便，病程十几天，生长很缓慢，最后死亡或被因无饲养价值而被淘汰。

（3）病理变化　病变常局限于小肠和肠系膜淋巴结，以回肠的病变最重。最急性病例，回肠呈暗红色，肠腔充满血染液体，腹腔内有较多红色液体，肠系膜淋巴结呈鲜红色。急性病例的肠黏膜坏死变化最重，而出血较轻，肠黏膜呈黄色或灰色，肠腔内有血染的坏死组织碎片黏附于肠壁，肠绒毛脱落，遗留一层坏死性伪膜，有些病例的空

肠有约 40 厘米长的气肿。亚急性病例的肠壁变厚，容易碎，坏死性伪膜更为广泛。慢性病例，在肠黏膜可见 1 处或多处坏死带。

（4）诊断　依据临床症状和病理变化，结合流行特点，可做出诊断。

（5）防治措施　由于本病发生急，死亡快，治疗效果不好，或来不及治疗，药物治疗意义不大，主要依靠平时预防。

一是要加强猪舍与环境的清洁卫生和消毒工作，产房和分娩母猪的乳房应于临产时彻底消毒，产仔房和笼舍应彻底清洗消毒，母猪在分娩时，应用消毒药液（百毒杀等）擦洗母猪乳房，并挤出乳头内的头一把乳汁（以防污染）后才能让仔猪吃奶。

二是在常发本病的猪场，给母猪接种 C 型魏氏梭菌类毒素，使母猪产生免疫力，并从初乳中排出母源抗体，这样仔猪在易感期内可获得被动免疫。其免疫程序是在母猪分娩前 30 天首免，于产前 15 天二免，各肌内注射仔猪红痢病苗 1 次，剂量 5～10 毫升，可使仔猪通过哺乳获得被动免疫。如连续产仔，前 1～2 胎在分娩前已经 2 次注射过菌苗的母猪，下次分娩前 15 天注射 1 次，剂量 3～5 毫升。

三是药物预防。在本病常发地区，对新生仔猪于接产时，口服抗菌药物，仔猪生下后，在未吃初乳前及以后的 8 天内，投服青霉素，或与链霉素并用，有防治仔猪红痢的效果。用量：预防时用 8 万 IU/千克体重，治疗时用 10 万 IU/千克体重，每天 2 次。

3. 仔猪黄痢

仔猪黄痢又称早发性大肠杆菌病，由致病性大肠杆菌所引起。是 5 日龄以内初生仔猪的一种急性、致死性传染病。以腹泻、排黄色黏液状稀粪为特征。发病率和病死率均很高。是养猪场常见的传染病。若防治不及时，可造成严重的经济损失。

（1）流行病学　主要发生于 1～3 日龄左右的乳猪。生后 24 小时左右发病的仔猪，如不及时治疗，死亡率可达 100%，7 日龄以上乳猪发病极少。带菌母猪是黄痢的主要传染源，病原菌随粪便污染环境，母猪的皮肤、乳头致仔猪发病。通常一头开始拉稀，接着全窝，往往一窝一窝的发生，不仅同窝乳猪都发病，继续分娩的乳猪也几乎都感染发病，形成恶性循环。环境卫生不好的，可能多发，环境卫生良好的也常有发生。

（2）临床症状　黄痢一般在出生几小时后，一窝仔猪相继发病。最早发病的见于生后 8～12 小时，发现有一两头仔猪精神沉郁，全身衰竭，迅速死亡，其他仔猪相继腹泻，排出水样粪便，黄色糊状或稀薄如水，含有凝乳小片，有气泡并带腥臭味，顺肛门流下。病猪精神不振，不吃奶，很快消瘦、脱水，由于脱水，病猪双眼下陷，腹下皮肤呈紫红色，最后衰竭而亡。病程 1～5 天。

（3）病理变化　病猪尸体严重脱水，主要变化是肠黏膜有急性卡他性炎症，表现为肠内有大量黄色液状内容物和气体，肠腔扩张，肠壁很薄，肠黏膜呈红色，病变以十二指肠最为严重，空肠和回肠次之，结肠较轻。胃内充满黄色凝乳块，有酸臭味，胃黏膜水肿，胃底呈暗红色。肠系膜淋巴结有弥漫性小出血点。肝肾有小的坏死灶。

（4）诊断　根据其流行情况和症状，一般可做出诊断。也可采取小肠前段的内容物，送实验室进行细菌分离培养和鉴定。

（5）防治措施　一是本病必须严格采取综合卫生防疫措施。加强母猪的饲养管理，做好产房消毒以及用具卫生和消毒，控制好猪舍环境的温度和湿度。分娩前要对母猪乳房进行消毒，先用清温水洗刷乳头，再用 1% 高锰酸钾溶液按顺序将乳头、乳房、腹下及肛门周围擦洗干净。同时，让仔猪早吃初乳，增强自身免疫力。

二是在经常发生本病的猪场，对母猪进行免疫接种，以提高其初乳中母源抗体的水平，从而使仔猪获得被动免疫力。在产前 15～30 天注射大肠杆菌 K88、K99 双价基因工程苗等，对初生仔猪可进行预防性投药，也可给母猪注射抗菌药物，通过乳汁被仔猪利用，对发病的仔猪应及时治疗。

三是治疗可选用土霉素、磺胺甲基嘧啶、庆大霉素、链霉素、诺氟沙星、卡那霉素等药物。治疗时几种药物交替使用效果较好。在发病初期用抗血清进行治疗，有较好疗效。在出生后用抗血清口服或肌内注射，有较好的预防效果。

4. 仔猪白痢

仔猪白痢又称迟发性大肠杆菌病，由致病性大肠杆菌所引起的哺

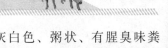

乳仔猪急性肠道传染病。临床特征为排灰白色、粥状、有腥臭味粪便。发病率较高，病死率较低。发生很普遍，几乎所有猪场都有本病，是危害仔猪的重要传染病之一。

（1）流行病学　本病主要发生在5～30日龄仔猪，30日龄以上仔猪很少发生。本病无明显季节性，但一般以炎夏和冬季多发。开始发病是一窝中少数猪只，不久就发生整窝或其他窝群。健康仔猪吃了病猪的粪便污染物，就可引起发病。本病的发生和流行还与多种因素有关，如气温突变或阴雨连绵，舍温过冷、过热、过湿，圈栏污秽，通风不良等易诱发本病。此外也与母猪和仔猪的健康状况有关。

（2）临床症状　仔猪出现白痢前，有一定预兆，如不活泼，吮奶不积极，拉出粒状的兔子屎，经0.5～1天后出现典型的症状，排出浆状、糊状的稀粪，呈乳白色、灰白色或黄白色，其中含有气泡，有特殊的腥臭味。随着病情的加重，腹泻次数增加，病猪弓背，被毛粗乱污秽、无光泽，行动缓慢，迅速消瘦，有的病猪排粪失禁，在尾、肛门及其附近常沾有粪便，眼窝凹陷，脱水，卧地不起。当细菌侵入血液时，病猪的体温升高，食欲减退，日渐消瘦，精神沉郁，被毛粗乱无光，眼结膜苍白，怕冷，恶寒战栗，喜卧于垫草中。有的并发肺炎，呼吸困难。病程3～7天，绝大部分可以康复。

（3）病理变化　病死仔猪无特殊病变。肠内有不等量的食糜和气体，肠黏膜轻度充血潮红，肠壁菲薄。肠系膜淋巴结水肿。实质脏器无明显变化。

（4）诊断　根据流行情况和临床症状，可做出诊断。

（5）防治措施　一是本病的主要预防措施首先是消除病原和各种诱因，增强仔猪消化道的抗菌能力，加强母猪饲养管理，搞好圈舍的卫生和消毒。其次是给仔猪提早开食，在5～7日龄时就可开始补料，经10天左右就主动吃料，能有效减少白痢病的发病率。用土霉素等抗菌添加剂预防有一定疗效。

二是及时治疗是关键，治疗的方法和药物种类很多，一般大多是抑菌、收敛及促进消化的药物。对发病仔猪，可选用土霉素、磺胺脒、痢特灵、微生态活菌制剂等药物。对母猪投服中草药上瞿麦散，通过母猪的吸收进入乳汁中，仔猪吸奶也能起到很好的治疗作用。对脱水严重的仔猪可补充口服补液盐或腹腔注射 5％葡萄糖生理盐水 200～300 毫升，每天 1 次，连用 2～3 天。

5. 猪水肿病

猪水肿病是由溶血性大肠杆菌产生的毒素引起的疾病。其临床特征是突然发病，头部水肿，胃肠水肿，运动失调，惊厥和麻痹，剖检可见胃壁和结肠系膜显著水肿。常发生于刚断奶的仔猪，发病率虽低，病死率却高。已成为危害养猪业较严重的疾病之一。

(1) 流行病学 本病无明显的季节性，一年四季均发生，以气候剧变和阴雨后多发，有时呈地方流行性发生，各种年龄、品种、性别的猪都能感染。发病者多为体格健壮、营养良好的仔猪。特别是刚断奶不久 1～3 周的猪，育肥猪或 10 日龄以下的仔猪少见。从本病的流行病学调查中发现，仔猪开料太晚，骤然断奶，仔猪的饲料质量不稳定，特别是日粮中含过量蛋白质，缺乏某种微量元素、维生素和粗饲料，仔猪的生活环境和温度变化较大，不合理地服用抗菌药物使肠道正常菌群紊乱等因素，是促使本病发生和流行的诱因。

(2) 临床症状 突然发病，精神沉郁，食欲减退或废绝，体温升高，常便秘，但发病前几天有轻度腹泻。病初表现兴奋、共济失调、转圈、痉挛、口吐白沫等神经症状。后期卧地不起，肌肉震颤，骚动不安，四肢滑动作游泳状，眼睑肿胀，两眼之间成一条缝。结膜潮红，四肢下部及两耳发绀。头部、颈部水肿，严重的可引起全身水肿，身体水肿部位指压下陷。体表淋巴结肿大，最后嗜睡或昏迷，因衰竭而死亡。

(3) 病理变化 主要病变为水肿。胃壁水肿，严重的厚达 2～3 厘米。偶尔见胃底部有弥漫性出血变化，切开水肿部位，常有大量透明或微带黄色液体流出，胃大弯部水肿最明显。肠系膜水肿，水肿液量多透明或微黄，切开呈胶冻状。淋巴结有水肿和充血出血变化，心包和胸腔有较多积液，肺水肿也常见，水肿严重者大脑间有水肿变化。肾包膜增厚水肿，积有红色液体，皮质纵切面贫血；髓质充血或有充血变化。膀胱黏膜有轻度出血变化。

(4) 诊断 根据临床症状和病理变化，结合流行情况可做出初步

诊断，进一步诊断可做实验室检查。

（5）防治措施　一是预防本病主要是加强对断乳前后仔猪的饲养管理，早补料，以提高消化吸收能力，增强断奶后抗应激、抗过敏的能力等。注意饲料不要突然改变，饲料中的蛋白质不要太高。

二是在仔猪日粮中添加亚硒酸钠、维生素E粉和0.2%土霉素碱粉，以解决饲料中硒不足和限制仔猪肠道内致病性大肠杆菌的繁殖。同时，对断奶仔猪群饮用电解多维和口服补液盐，减少断奶时形成的应激。

三是母猪分娩后及时注射维生素E和0.1%亚硒酸钠，剂量：每头肌内注射维生素E100毫克，0.1%亚硒酸钠2毫升，连续2次，间隔15天。

四是为抑制大肠杆菌的作用，在饲料或饮水中添加土霉素、链霉素等抗生素。

五是免疫预防。用大肠杆菌致病株制成疫苗，接种妊娠母猪，也有一定的被动免疫效果，对仔猪于14～18日龄接种水肿病疫苗。

六是对发病仔猪采取以下方法治疗：肌内注射2%海达注射液、亚硒酸钠注射液，静脉推注浓糖，具有良好的治疗效果；或者2%氧氟沙星葡萄糖注射液100毫升，维生素C 2克，20%甘露醇50～100毫升静脉注射，每天1次。

总之，猪水肿病要想达到最佳治疗和控制效果就必须禁食（24小时）或在很短时间内迅速减少饲料用量，避免各种应激。

6. 仔猪早期断奶综合征

仔猪早期断奶后，往往引起仔猪惊恐不安、休息不好、食欲差、消化不良、生长发育慢、饲料利用率低、抗病力下降等，统称为仔猪早期断奶综合征。

（1）病因　仔猪消化功能不健全，早期断奶引起应激。仔猪消化道在8周龄以前发育都不健全，因为在8周龄后胃酸才基本正常化。仔猪胃分泌盐酸的能力差，使胃中的pH值较大，为4左右，而成年猪的正常pH值为2～3.5，pH值过大抑制了胃蛋白酶的活性。胃蛋白酶活性降低后，就引起由仔猪消化不良而诱发的腹泻，在断奶前，仔猪从母乳中获得乳糖，乳糖在胃内乳酸杆菌的发酵作用下，转为乳酸，从而调节胃酸分泌不足，保持 pH 值在 4 左右。当断奶后，仔猪要采食饲料，由于胃酸不足，pH 值增大，使胃蛋白酶的活性降低而固体饲料中蛋白质的吸收又需要胃蛋白酶的活性提高，造成供需之间的矛盾，所以很多仔猪采食饲料后，会出现腹泻。

日粮抗原反应，引起仔猪腹泻与生长发育不良。仔猪在哺乳期间，既从母体获得了免疫抗体，又获得高质量的营养物质，保证了胃肠道内的 pH 值与有益微生物的滋生。一旦断奶后，仔猪采食量就上升，日粮中植物饲料所含的抗原蛋白，会提高腺窝细胞生长速度，促使肠道绒毛萎缩，从而导致腹泻与死亡。

微量元素对仔猪的影响。微量元素中的铁直接影响着仔猪的成活率，仔猪出生后的 30 天中，对铁的需要量为 400 毫克左右，而从母乳中获得的铁仅占需要量的很少部分，若不及时补铁，轻者会导致仔猪皮肤苍白，被毛蓬乱无光，重者会导致仔猪生长停滞，消瘦，乃至死亡。铜与锌对仔猪有特效的促生长作用，它们通过影响肠道内微生物群落，从而提高消化道对饲料营养物质的吸收。高铜还可显著提高小肠脂肪酶和磷脂酶的活性，从而使仔猪提高对饲料脂肪的消化。而当硒缺乏时，易诱发仔猪肝营养不良，易形成桑葚心与白肌病。

环境条件差，给各种有害微生物提供了场所。当温度、湿度、卫生条件、饲养管理不合理时，也会导致仔猪感染得病，而产生早期断奶综合征。

（2）防治措施　一是降低胃内 pH 值，刺激胃蛋白酶的活性。在仔猪日粮中添加 2％～3％酸化剂，如在日粮中添加柠檬酸、延胡索酸等，可提高胃蛋白酶的活性，从而减少胃肠中有害微生物，促进仔猪生长，减少仔猪早期断奶综合征的发生。

二是减少日粮中的抗原蛋白。在日粮中使用 6％～10％乳清粉、乳糖粉、脱脂奶粉，降低豆粕的使用量，以改善肠道过敏反应，促进肠黏膜绒毛发育。

三是及时补充微量元素。在仔猪出生 3 天内肌内注射或口服铁制剂，在 21 天左右再补注 1 次，既可防止缺铁性下痢的发生，又能促进生长和提高仔猪成活率。在仔猪采食时，可在仔猪日粮中添加铜

250毫克/千克与锌300毫克/千克饲料，既可使仔猪生长加快，又可使仔猪粪便中的细菌总数极大降低，降低细菌诱发的疾病。在日粮中加硒，能有效防止仔猪肝营养不良及桑葚心与白肌病的发生，添加量为每千克日粮0.2毫克。

四是若病情严重，可根据发病时的临床症状，用药物给予治疗。对已经腹泻的仔猪要及时补液，用口服补液盐，让仔猪自由饮服，直至腹泻消失为止。抗菌消炎可用环丙沙星、恩诺沙星、氧氟沙星、庆大霉素等药物治疗。

五是在饲料中添加大蒜素。大蒜素不仅具有诱食性助消化和广谱而强烈的杀菌作用，控制水肿病、细菌性腹泻，而且具有增强免疫的作用，添加量为0.01%～0.02%。

7. 仔猪贫血

仔猪贫血是指15～21日龄哺乳仔猪因缺铁所引起的一种营养性贫血。多发生于寒冷的冬末、春初季节的舍饲仔猪，特别是猪舍为木板或水泥地面而又不采取补铁措施的猪场内，常大批发生，造成严重的损失。

（1）流行病学 本病主要是由铁的需要量大而供应不足所致。15～21日龄的哺乳仔猪生长发育很快，随着体重的增加，全血量也相应增加，如果铁供应不足，就会影响血红蛋白的合成而发生贫血，因此本病又称为缺铁性贫血。正常情况下，仔猪也有一个生理性贫血期。若铁的供应及时而充足，则仔猪易于渡过此期。

（2）临床症状 病猪精神沉郁，离群伏卧，食欲减退，营养不良，被毛逆立，体温不高，极度消瘦，消瘦的仔猪周期性出现下痢与便秘，可视黏膜呈淡蔷薇色，轻度黄染。严重病例，黏膜苍白如白瓷；光照耳壳呈灰白色，几乎见不到明显的血管，针刺也很少出血。有的仔猪，外观很肥胖，生长发育也较快，可在奔跑中突然死亡。

（3）病理变化 皮肤及黏膜显著苍白，有时轻度黄染，病程长的多消瘦，胸腹腔积有浆液性纤维蛋白性液体。肾实质变性，血液稀薄，肌肉色淡，心脏扩张，胃肠和肺常有炎性病变。

（4）诊断 据流行病学调查、临诊症状，化验室数据如红细胞记数、血红蛋白含量测定，特异性治疗如用铁制剂时疗效明显，可做出诊断。

（5）防治措施　一是主要加强哺乳母猪的饲养管理，多喂养食富含蛋白质、无机盐和维生素的饲料。在水泥地面的猪舍内长期舍饲仔猪时，必须从仔猪生后3～5天即开始补加铁剂。补铁方法是将上述铁铜合剂洒在饲料或土盘内，或涂于母猪乳头上，或逐头按量灌服。

二是补铁，注射铁制剂，效果确实而迅速。供肌内注射的铁制剂，国产的有右旋糖酐铁、铁钴注射液（葡聚糖铁钴注射液）等。实践证明，铁钴注射或右旋糖酐铁2毫升肌肉深部注射，通常1次即愈。必要时隔7天1/2量注射1次。

第八章
科学经营管理

经营是猪场进行市场活动的行为，涉及市场、顾客、行业、环境、投资的问题，而管理是猪场理顺工作流程、发现问题的行为，涉及制度、人才、激励的问题。经营追求的是效益，要资源，要赚钱；管理追求的是效率，要节流，要控制成本。经营要扩张性的，要积极进取，要抓住机会；管理是收敛的，要谨慎稳妥，要评估和控制风险。经营是龙头，管理是基础，管理必须为经营服务。经营和管理是密不可分的，管理始终贯穿于整个经营过程，没有管理，就谈不上经营，管理的结果最终在经营上体现出来，经营结果代表管理水平。

猪养殖就是一个经营管理的过程，而猪场的经营管理是对猪场整个生产经营活动进行决策、计划、组织、控制、协调，并对猪场员工进行激励，以实现其任务和目标的一系列工作的总称。

一、经营管理者要不断学习新技术

一个人的学习能力往往决定了一个人竞争力的高低，也正因为如此，无论个人还是组织，未来唯一持久的优势就是有能力比你的竞争对手学习得更多更快。一个企业如果想要在激烈的竞争中立于不败之地，它就必须不断地有所创新，而创新则来自于知识，知识则来源于人的不断学习。通过不断学习，专业能力得到不断提升。所以管理大师德鲁克说："真正持久的优势就是怎样去学习，就是怎样使得自己的企业能够学习得比对手更快。"

作为一个合格的养猪场经营管理者，即使养猪场的每一项工作不需要你亲力亲为，但是你要懂得怎么做。因此必须掌握相关的养殖知识，不能当门外汉，说外行话，办外行事。要成为明白的养猪人，甚至是养猪专家。只有这样，才能管好养猪场。

很多养猪场的经营管理者都不是学习畜牧专业的，对养猪技术了解得不多，多数都是一知半解。而如今的养猪已经不是粗放式养猪时代了，而是规模化、标准化养猪，品种选择、猪舍建设、养猪设备、饲料营养、疾病防治、饲养管理、营销等各个方面的工作都需要相应的技术，而且这些技术还在不断地发展和进步。猪疫病复杂，环境恶化，对猪养殖提出更高的要求。猪养殖环保政策严格，门槛提高，对整个养殖环境、规格的构建，以及饲养方式和技术提出更多规定和建议。行业新的业态在不断地涌现，如众筹养猪、云养猪、互联网＋、智慧养猪等。经营管理者如果不学习或者不坚持知识更新，就无法掌握新技术，养猪的效益就要降低。

做好养猪场的工作安排和各项计划也离不开专业技术知识。养猪场的日常工作繁杂，要求经营管理者要有较高的专业素质，才能科学合理地安排好猪场的各项管理工作。如管理者要懂得体重抽测的方法、均匀度、整齐度、光照管理、通风管理、温度管理、防疫等关键技术，还要懂得查找管理上的漏洞，如因病、残而不能继续生产的猪淘汰数量过多，多属于饲养管理上存在问题，要查找引起非正常淘汰的原因，并及时加以改正。另外，各项工作环节的衔接、饲料采购计划、养殖人员绩效管理、猪淘汰时机等，都离不开专业技术的支持。

可见，学习对猪场经营管理者的重要性不言而喻。那么，学习就要掌握正确的学习方法，猪场的经营管理者如何学习呢？

一是看书学习。看书是最基本的，也是最重要的学习方法。各大书店都有养猪方面的书籍出售，有教你如何投资办养猪场的书籍如《投资养猪你准备好了吗》；有介绍养殖技术的书籍如《高效健康养猪关键技术》；有介绍养殖经验的书籍如《养猪高手谈经验》；有猪病治疗方面的书籍如《中国猪病学》等。养猪方面的书籍种类很多。挑选时首先要根据自己对养猪知识掌握的程度有针对性地挑选书籍。作为非专业人员，选择书籍的内容要简单易懂，贴近实践。没有养猪基础

的，要先选择入门书籍，等掌握一定养猪知识以后再购买专业性强的书籍。

二是向行家请教，这是直观学习的好方法。各农业院校、科研所、农科院、各级兽医防疫部门都有权威专家，可以同他们建立联系，遇到问题可以及时通过电话、电子邮件、登门等方式向专家求教。如今各大饲料公司和兽药企业都有负责售后技术服务的人员，这些人员中有很多人的养殖技术比较全面，特别是疾病的治疗技术较好，遇到弄不懂或不明白的问题可以及时向这些人请教，必要的时候可以请他们来现场指导，请他们做示范，同时给全场的养殖人员上课，传授饲养管理方面的知识。

三是上互联网学习和交流，这也是学习的好方法。互联网的普及极大地方便了人们获取信息和知识，人们可以通过网络方便地进行学习和交流，及时掌握养猪动态，互联网上涉及养猪内容的网站很多，养猪方面的新闻发布得也比较及时。但涉及养殖知识的原创内容不是很多，多数都是摘录或转载报纸和刊物的内容，内容重复率很高，学习时可以选择中国畜牧学会、中国畜牧兽医学会等权威机构或学会的网站。

四是多参加有关的知识讲座和有关会议。扩大视野，交流养殖心得，掌握前沿的养殖方法和经营管理理念。

二、经营者要研究养猪市场变化，才能在竞争中生存

猪场的经营管理者要多学习、多思考。多学习就是既要多学习养殖方面的常识，又要学习猪肉价格变动的规律；多思考就是能够透过现象看本质，比如生猪价格的变动，归根结底还是因为供需矛盾引起的，这就是本质。

养猪作为一项生产经营性活动，离不开市场大环境的影响。如猪周期、瘦肉精事件、疫病暴发等，会不同程度地波及每个养猪场。猪价下跌时，有的养猪人出现了短暂的亏本情况也是可以理解的，尤其是小散户抗风险能力比较小。但如果已经在猪价上涨的阶段，大家都在赚钱，只有你一个人在亏本，那多半是因为你没有把握好养猪的节奏。这就要求猪场的经营管理者在做好猪场饲养管理的前提下，对养

猪形势有准确地把握，摸准市场脉搏，赢取主动权。

我们看一则清河农民刘某养猪巧打时间差年纯收入超过 20 万的新闻。据中国铁岭网 2016 年 12 月 7 日报道：近年来，生猪和猪肉的市场价格忽高忽低，很难把握，给生猪养殖户带来了很多困扰，但也有一些头脑灵活，善于摸索市场规律，巧打时间差的养殖户很少受到影响，家住清河区杨木林子镇佟家屯村的刘某就是其中的一位。

2006 年，经过一段时间的市场考察，当年只有 26 岁的刘某和妻子干起了养猪的行当。头一年，他们只买回来 8 只小猪崽进行专心饲养。功夫不负有心人，通过近 2 年的不断摸索和经验总结，聪明好学的刘某有了自己独特的喂养和管理方法。白天，他不怕脏不怕累，钻进猪圈打扫粪便，清扫消毒，晚上就看养殖书籍进行学习，上网查阅相关资料和信息。同时，他还利用闲暇时间到外地参观考察，与同行交流养殖经验。2010 年，猪肉市场价格出现大幅下滑，许多养猪户纷纷转行，刘某却逆势而上，投资 30 多万元扩建了猪舍，继续扩大养殖规模，他科学计算每一批猪的出栏期，每年的 5、6 月，他买进一批猪仔，赶上国庆、中秋节他就上市一批；8、9 月再买进一批，元旦、春节再上市一批，就这样不断地把握时机循环上市，取得了相当可观的经济效益。为了增强市场竞争力，2012 年，刘某还引入了绿色生态饲养技术，把猪舍划分为母猪区、仔猪区、育肥区，放入自由采食机，猪饿了只要轻轻一拱，便能吃到食，碰一下水龙头开关，就能喝到水。如今，刘某的养猪场每年出栏 500 多头生猪，年纯收入超过 20 万元。

在这个信息时代，人们最害怕的就是跟不上节奏，被时代抛弃。要想不被时代抛弃就必须非常努力地获取信息，掌握一切与自己利益相关的东西。比如及时了解饲料原料价格行情变化情况、生猪市场变化、存栏猪数量，特别是能繁母猪数量的变动情况；商品猪价格，特别是在本场没有出栏猪的时候也要随时掌握市场行情变化。还要掌握养猪新技术，及时学习并运用到本场，提高本场的生产效益。再比如禁养区划分了，在哪个区域？对自己猪场有没有影响？如果有，怎么办？建猪场有没有补贴？需要什么条件？怎么领取？这些东西如果自

己不去了解的话，会损失多少，大家想想就知道。所以一定要有可靠的信息来源，积极获取最新的有效信息！

猪场经营者如果不重视研究市场变化，极容易出现"视力"偏弱的问题，造成目光短浅，只看到眼前，没有考虑未来的变化，对生猪养殖的发展方向、变化心中无数，对经营管理中出现的新情况、新问题反应迟钝，对工作中可能遇到的障碍、难题没有预见性判断，其结果就是做工作没有长远计划和打算，眉毛胡子一把抓而抓不到点上，自己乱忙，工作忙乱而成效却甚微，尤其是在遇到新情况、新问题时，却拿不出有效办法和措施。

因此在猪场的经营管理上要"一叶落知天下秋"，见微知著。只有掌握了经营管理上的规律，工作时就能分清轻重缓急，知道自己应该抓什么、重点抓什么，先抓什么、后抓什么等，只有有了明确的思路甚至是具体计划，才能使工作的预见性明显增强。知道下一阶段工作的重点、难点，使工作具有提前性；多总结就是总结经验、吸取教训。只要能从失败的工作中吸取教训，从成功的工作中总结经验，以后就能更加准确、科学地预见未来，把自己的工作做得更好。多走动就是要走出去，纸上得来终觉浅，绝知此事要躬行，与同行积极交流，及时掌握养猪方面的信息，取长补短。

三、适度规模效益高

经济学理论告诉我们：规模才能产生效益，规模越大效益越大，但规模达到一个临界点后效益随着规模呈反方向下降。这就要求我们找到规模的具体临界点，而这个临界点就是适度规模。适度规模经营是指在一定的适合的环境和适合的社会经济条件下，各生产要素（土地、劳动力、资金、设备、经营管理、信息等）最优组合、有效运行，取得最佳的经济效益。在不同的生产力发展水平下，养殖规模经营的适应值不同，一定的规模经营产生一定的规模效益。

养猪生产的适度规模，是指在一定的社会条件下，养猪生产者结合自身的经济实力、生产条件和技术水平，充分利用自身的各种优势，把各种潜能充分发挥出来，以取得最好的经济效益的规模。养猪规模太小了不行，但也不是规模越大越好，要以适度为宜。养猪规模过大，资金投入相对较大，饲料供应、猪粪尿处理的难度增大，而且市场风险也增大。养猪场（户）要根据自身实力（如财力、技术水平、管理水平）、饲料来源、土地资源、市场行情、产品销路以及卫生防疫等条件，结合猪的头均效益和总体效益来综合考虑养猪规模的大小。

对于小规模的养猪场（户），条件较好的以年出栏育肥猪50～100头的规模为宜，条件一般的以年出栏育肥猪30～50头的规模为宜。这样的养猪规模，在劳动力方面，饲养户可以利用自家劳动力，不会因为增加劳动力而提高养猪成本；在饲料方面，可以自己批量购买饲料原料、自己配制饲料，从而节约饲料成本；在饲养管理方面，饲养户可以通过参加短期培训班或自学各种养猪知识，很方便、灵活地采用科学化的饲养管理模式，从而提高养猪水平，缩短饲养周期，提高养猪的总体效益。同时还可以采取"滚雪球"的方法，由小到大逐步发展。

对于中大型规模化养猪场，中型规模养猪场至少基础母猪数在200头以上，年出栏商品猪在2500头以上的大型规模养猪场应以年出栏育肥猪1万头的规模为宜。在目前社会化服务体系不十分完善的情况下，这样的养猪规模可使养猪生产中可能出现的资金缺乏、饲料供应、饲养管理、疫病防治、产品销售、粪尿处理等问题相对比较容易解决一些。

总之，无论是小规模养猪场（户）还是中大型规模化养猪场，一定要从实际出发，既要考虑自身实力，如资金、管理能力、社会关系等，又要考虑市场需求，确定适合自己的养猪规模。切忌规模比能力大，要能驾驭得了才行。

四、减少饲料的隐性浪费

饲料的隐性浪费就是那些虽然看不到，却存在的浪费行为，这种浪费不像其他浪费现象那么明显，但是往往造成的损失更大，甚至影响养猪场的长远建设与全面发展。因此必须引起养猪场经营者的高度重视，从加强饲养管理入手，杜绝饲料的隐性浪费。

1. 养猪场容易出现饲料隐性浪费的方面

（1）饲喂不当引起的饲料浪费　一般从猪出生七天开始到出栏上市，针对性地选择开口料、保育料、小猪料、中猪料、大猪料等。母猪一般视怀孕与否可选择妊娠母猪料、哺乳母猪料，公猪要使用专门的公猪料。

有些猪场在制定责任制时，只考虑到料重比，忽视饲料供应和饲养成本，部分饲养员单纯为了追求料重比，采取大猪吃中猪料，中猪吃小猪料，小猪吃乳猪料，不按猪只不同阶段饲养标准饲喂，引起饲料浪费。母猪分娩后，没有按产前减料、产后逐渐增料的投喂方法，而是盲目增加或减少饲喂量，结果可能引起消化系统疾病，从而造成饲料浪费。一头猪浪费的数量不大，可是一群猪的数量就大多了。还有饲喂方法不对，比如夏季没有少食多餐，选择在天气炎热时投料等饲喂方式都会导致饲料的隐性浪费。

（2）饲养技术引起的饲料浪费

① 不正常的免疫应激可使饲养周期延长 3～5 天，浪费饲料 10 千克左右，成本增加 30 元。

② 母猪生产繁殖应激导致仔猪初生重小，28 日龄断奶重 6～7 千克，使饲养周期延长 10 天，直接浪费饲料 20～25 千克左右。

③ 断奶应激延长饲养周期 5 天以上，浪费饲料 10 千克以上。

④ 饮水不足导致饲料利用率比饮水充足时的饲料利用率低 1 倍左右，无形中造成浪费。

⑤ 没有做好防疫工作。没有搞好疫病的防治与驱虫。在养猪生产中，每年均有相当数量的猪因患慢性疾病和寄生虫病而造成饲料隐性浪费。

（3）环境因素引起的饲料浪费

① 没有做好防鼠、灭鼠工作。据观察，1 只老鼠在仓库中每年可吃掉饲料 12 千克以上，污损饲料 40 千克以上。

② 没有做好防霉工作，特别是梅雨季节，部分猪场饲料发霉变质情况时有发生。

③ 饲养环境恶劣，氨气浓度大、地面潮湿等造成饲料的转化利用率降低。

④ 猪群密度过大，过于拥挤，容易相互争斗，严重影响日增重；猪群密度过小，会减少争食，影响采食量和饲料利用率均可能造成一定的饲料损失。

⑤ 没有掌握好正确的出栏时间引起的饲料浪费。

在生长前期（60 千克前），骨骼和瘦肉生长较快，饲料利用率高；然后随着日龄与体重的增加，脂肪生长超过瘦肉，而长 1 千克脂肪所需的饲料比长 1 千克瘦肉高 2 倍多。所以饲养周期越长，体重越重，饲料利用率则越低。

2. 减少饲料隐性浪费的措施

（1）加强猪场人员管理　猪场管理部门要加强对饲料加工和饲养管理人员的技术培训，掌握猪群不同阶段的饲养程序，对猪群进行合理饲喂。在免疫、断奶、去势、合群等环节精心组织，避免和减少由此引起的应激。

（2）加强仓储管理工作　每种饲料必须注明品种名称，分别储藏。仓储期间要认真做好灭鼠除虫害工作，减少鼠、虫对饲料的污损，并加强饲料的防霉工作。

（3）加强环境监控工作　猪场应保持合理的饲养密度，以创造舒适的环境，避免猪群饲养密度过大引起争斗，或密度过小造成浪费。做好夏季防暑降温及冬季防寒保暖工作，同时在猪舍内喷撒护舍安，起到抑菌、降氨、干燥、促生长的作用。为猪只正常生长发育提供适宜的环境条件。

（4）搞好防疫和驱虫工作　特别是要做好国家规定的强制免疫工作，以最大限度地减少发病率。有计划地进行免疫和定期驱虫，保证猪的健康生长，以提高饲料的利用率。对无利用价值的各类猪只应及时淘汰处理，以免造成饲料浪费。

（5）掌握正确的出栏时间　要根据各自猪群品种的特点、猪价变化的规律、市场需求的变化等各方面的因素，适当予以调整出栏时间，减少饲料的浪费，节省成本。

五、重视食品安全问题

食品安全直接关系广大人民群众的切身利益，关系全面小康和社

会主义现代化建设大局。从"苏丹红"到"三聚氰胺",从"瘦肉精"到"地沟油"……长期以来,食品安全问题一直困扰着民众,渐成社会痼疾,引起全社会的高度重视。

可见,食品安全关系到全社会,关系千家万户的生命安全,是关系国计民生的头等大事。而养猪业食品安全的源头在养殖环节,源头不安全,加工、流通、消费等后续环节当然不会安全。源头管理是1,后面的都是0,食品安全没有严格的源头管理,就输在了起跑线上!食品安全不仅需要政府部门肩负起监管职责,更需要食品生产企业主动承担起责任,从食品的源头做好把控,实现对消费者的安全承诺。

因此作为负有食品安全责任的养殖者,有责任、有义务做好生产环节的食品安全工作。

一是主动按照无公害食品生产的要求去做,建立食品安全制度。一个企业规模再大、效益再好,一旦在食品安全上出问题,就是社会的罪人。养猪场要视食品安全为生命线。坚决不购买和使用违禁药品、饲料及饲料添加剂,不使用受污染的饲料原料和饮水,不购买来历不明的饲料兽药。

二是生产环节做好预防工作,做好粪便和病死猪的无害化处理,饲料的保管,水源保护工作,避免出现环境、饲料原料和饮水的污染。严格执行停药期的规定,避免出现药物残留。

三是积极落实食品安全可追溯制度,建立生产过程质量安全控制信息。主要包括:饲料原料入库、储存、出库、生产使用等相关信息;生产过程环境监测记录,主要有空气、水源、温度、湿度等记录;生产过程相关信息,主要有兽药使用记录、免疫记录、消毒记录、药物残留检验等内容,包括原始检验数据,并保存检验报告;出栏生猪相关信息,包括舍号、体重、数量、生产日期、检验合格单、销售日期、联系方式等内容。做好食品安全可追溯工作,不仅是食品安全的要求,而且可以提高猪场的知名度和经济收益,一个食品安全做得好的猪场,其猪肉必定受到消费者的欢迎。

四是主动接受监督,查找落实食品安全方面的不足。如主动将猪肉产品送到食品监督检验部门做农兽药和禁用药物残留监测。

六、猪场经营风险的控制

猪场经营风险是指猪场在经营管理过程中可能发生的危险。而风险控制是指风险管理者采取各种措施和方法，消灭或减少风险事件发生的各种可能性，或风险控制者减少风险事件发生时造成的损失。但总会有些事情是不能控制的，风险总是存在的。作为管理者必须采取各种措施减小风险事件发生的可能性，或者把可能的损失控制在一定范围内，以避免风险事件发生时带来难以承担的损失。

1. 猪场的经营风险

猪场的经营风险通常主要包括以下几种：

（1）猪群疾病风险　这种因疾病因素对猪场产生的影响有两类：一是生猪在养殖过程中或运输途中发生疾病造成的影响，主要包括大规模疫情将导致大量猪只死亡，带来直接经济损失。疫情会给猪场的生产带来持续性影响，净化过程将使猪场的生产效率降低，生产成本增加，进而降低效益，内部疫情发生将使猪场的货源减少，造成收入减少，效益下降。二是生猪养殖行业暴发大规模疫病或出现安全事件造成的影响，主要包括生猪养殖行业暴发大规模疫病将使本场暴发疫病的可能性随之增大，给猪场带来巨大的防疫压力，并增加防疫上的投入，导致经营成本提高。

（2）市场风险　导致猪场经营管理的市场风险很多，如"猪周期"引起的价格低谷，短暂的低谷大部分猪场可以接受，长时间的低谷对很多经营管理差的猪场来说就是灾难。生猪存栏大量增加（特别是能繁母猪数量增加过快），也会带来市场风险，价格的变化其实是由生猪供求数量的变化决定的，数量增长过快，将直接导致生猪价格的降低，进而影响猪场的效益。生猪养殖行业出现食品安全事件或某个区域暴发疫病，将会导致全体消费者的心理恐慌，降低相关产品的总需求量，直接影响猪场的产品销售，给经营者带来损失。饲料原料供应紧张导致价格持续上涨，如玉米、豆粕、进口鱼粉等主要原料上涨过快，导致生产成本上升。经济通胀或通缩导致销售数量减少，消费者购买力下降等。这些市场风险因素都对猪场是难以承受的风险。

（3）产品质量风险　猪场的主营业务收入和利润主要来源于生猪

产品，如果猪场的种猪、育肥猪、仔猪等不能适应市场消费需求的变化，就存在产品风险。如以出售种猪为主的猪场，由于待售种猪的品质退化、产仔率不高，就存在销售市场萎缩的风险；对商品猪场而言，由于猪肉品质不好，如脂肪过多，瘦肉率低，不适合消费者口味，并且药物残留和违禁使用饲料添加剂的问题没有得到有效控制，出现猪肉安全问题，导致生猪销售不畅；对以销售仔猪为主的猪场，如果仔猪价格过高，直接导致育肥猪价格过高，如果养猪场预期育肥猪价格降低，此时仔猪将很难销售。还有品种不良、生长速度慢、饲料转化率低、或者仔猪哺乳期或保育期患病、猪只不健康、同批仔猪体重不均匀、大小不一等、也很难销售。

（4）经营管理风险　经营管理风险即由于猪场内部管理混乱、内控制度不健全、财务状况恶化、资产沉淀等造成重大损失的可能性。猪场内部管理混乱、内控制度不健全会导致防疫措施不能落实，暴发疫病造成生猪死亡的风险；饲养管理不到位，造成饲料浪费、生猪生长缓慢、生猪死亡率增加的风险；原材料、兽药及低质易耗品采购价格不合理，库存超额，使用浪费，造成猪场生产成本增加的风险；对差旅、用车、招待、办公费、产品销售费用等非生产性费用不能有效控制，造成猪场管理费用、营业费用增加的风险。猪场的应收款较多，资产结构不合理，资产负债率过高，会导致猪场资金周转困难、财务状况恶化的风险。

（5）投资及决策风险　投资风险即因投资不当或决策失误等原因造成猪场经济效益下降。决策风险即由于决策不民主、不科学等原因造成决策失误，导致猪场重大损失的可能性。如果在生猪行情高潮期盲目投资办新场，扩大生产规模，会产生因市场饱和、猪价大幅下跌的风险；投资选址不当，生猪养殖受自然条件及周边卫生环境的影响较大，也存在一定风险。对生猪品种是否更新换代、扩大或缩小生产规模等决策不当，会对猪场效益产生直接影响。

（6）人力资源风险　人力资源风险即猪场对管理人员任用不当，充分授权或精英人才流失，无合格员工或员工集体辞职造成损失的可能性。有丰富管理经验的管理人才和熟练操作水平的工人对猪场的发展至关重要。如果猪场地处不发达地区，交通、环境不理想难以吸引人才。饲养员的文化水平低，对新技术的理解、接受和应用能力差，会削弱猪场经济效益的发挥。长时间封闭管理，信息闭塞，会导致员工情绪不稳，影响工作效率。猪场缺乏有效激励机制，员工的工资待遇水平不高，制约了员工生产积极性的发挥。

(7) 安全风险 安全风险既有自然灾害风险，又有因猪场安全意识淡漠、缺乏安全保障措施等造成猪场重大人员或财产损失的可能性。自然灾害风险即因自然环境恶化如地震、洪水、火灾、风灾等造成猪场损失的可能性。猪场安全意识淡漠、缺乏安全保障措施等原因造成的风险较为普遍，如用电或用火不慎引起的火灾，不遵守安全生产规定造成人员伤亡，购买了有质量问题的疫苗、兽药等，引起猪只流产、死亡等。

(8) 政策风险 政策风险即因政府法律、法规、政策、管理体制、规划的变动，税收、利率的变化或行业专项整治，造成损害的可能性。其中最主要的是环保政策给猪场带来的风险。

2. 控制风险对策

在猪场经营过程中，经营管理者要牢固树立风险意识，既要有敢于担当的勇气，在风险中抢抓机会，在风险中创造利润，化风险为利润，又要有防范风险的意识，管理风险的智慧，驾驭风险的能力，把风险降到最低。

(1) 加强疫病防治工作，保障生猪安全 首先要树立"防疫至上"的理念，将防疫工作始终作为猪场生产管理的生命线；其次要健全管理制度，防患于未然，制定内部疾病的净化流程，同时，建立饲料采购供应制度、疾病检测制度及危机处理制度，尽最大可能减少疫病发生概率并杜绝病猪流入市场；再次要加大硬件投入，高标准做好卫生防疫工作；最后要加强技术研究，为防范疫病风险提供保障，在加强有效管理的同时加强与国内外牲畜疫病研究机构的合作，为猪场疫病控制防范提供强有力的技术支撑，大幅度降低疾病发生所带来的风险。

(2) 及时关注和了解市场动态 及时掌握市场动态，适时调整猪群结构和生产规模，同时做好成品饲料及饲料原料的储备供应。

(3) 调整产品结构，树立品牌意识，提高产品附加值 以战略的眼光对产品结构进行调整，大力开发安全优质种猪、安全饲料等与生猪有关的系列产品，并拓展猪肉食品深加工，实现产品多元化。保持并充分发挥生猪产品在质量、安全等方面的优势，加强生产技术管理，树立生猪产品的品牌，巩固并提高生猪产品的市场占有率和盈利能力。

（4）健全内控制度，提高管理水平　制定完备的企业内部管理标准、财务内部管理制度、会计核算制度和审计制度，通过各项制度的制定、职责的明确及其执行，使猪场的内部控制得到进一步完善。重点要抓好防疫管理、饲养管理，搞好生产统计工作。加强对饲料原料、兽药等采购、饲料加工及出库环节的控制，节约生产成本。加强财务管理工作，降低非生产性费用，做到增收节支；加强生猪销售管理，减少应收款的发生；调整资产结构，降低资产负债率，保障资金良性循环。

（5）加强民主、科学决策，谨防投资失误　经营者要有风险管理的概念和意识，猪场的重大投资或决策要有专家论证，要采用民主、科学决策手段，条件成熟了才能实施，防止决策失误。现在和将来投资猪场，应将环保作为第一限制因素考虑，从当前的发展趋势看，如何处理猪粪水使其达标排放的思维方式已落伍，必须考虑走循环农业的路子，充分考虑土地的承载能力，达到生态和谐。

七、做好养猪场的成本核算

养猪场的成本核算是指将在一定时期内养猪场生产经营过程中所产生的费用，按其性质和发生地点，分类归集、汇总、核算，计算出该时期内生产经营费用产生总额和分别计算出每种产品的实际成本和单位成本的管理活动。其基本任务是正确、及时地核算产品实际总成本和单位成本，提供正确的成本数据，为企业经营决策提供科学依据，并借以考核成本计划执行情况，综合反映企业的生产经营管理水平。

养猪场成本核算是养猪场成本管理工作的重要组成部分，成本核算的准确与否，将直接影响养猪场的成本预测、计划、分析、考核等控制工作，同时也对养猪场的成本决策和经营决策产生重大影响。

通过成本核算，可以计算出产品实际成本，作为生产耗费的补偿尺度，是确定猪场盈利的依据，便于养猪场依据成本核算结果制定产品价格和编制财务成本报表。还可以通过产品成本核算计算出的产品实际成本资料，与产品的计划成本、定额成本或标准成本等指标进行对比，除可对产品成本升降原因进行分析外，还可据此对产品的计划成本、定额成本或标准成本进行适当修改，使其更加接近实际。

通过产品成本核算，可以反映和监督养猪场各项消耗定额及成本计划的执行情况，可以控制生产过程中人力、物力和财力的耗费，从而做到增产节约、增收节支。同时，利用成本核算资料，开展对比分析，还可以查明养猪场生产经营的成绩和缺点，从而采取针对性措施，改善养猪场的经营管理，促使猪场进一步降低产品成本。

通过产品成本的核算，还可以反映和监督产品占用资金的增减变动和结存情况，为加强产品资金管理、提高资金周转速度和节约有效使用资金提供资料。

可见做好养猪场的成本核算，具有非常重要的意义，是规模化养猪场必须做好的一项重要工作。

1. 成本核算的主要原则

（1）合法性原则　指计入成本的费用都必须符合法律、法规、制度等的规定。不合规定的费用不能计入成本。

（2）可靠性原则　包括真实性和可核实性。真实性就是所提供的成本信息与客观经济事项相一致，不应掺假，或人为提高、降低成本。可核实性指成本核算资料按一定原则由不同的会计人员加以核算，都能得到相同的结果。真实性和可核实性是为了保证成本核算信息的正确、可靠。

（3）有用性和及时性原则　有用性是指成本核算要为猪场经营管理者提供有用的信息，为成本管理、预测、决策服务。及时性是强调信息取得的时间性。及时的信息反馈，可使猪场及时地采取措施，改进工作。而过时的信息往往成为徒劳无用的资料。

（4）分期核算原则　企业为了取得一定期间所生产产品的成本，必须将川流不息的生产活动按一定阶段（如月、季、年）划分为各个时期，分别计算各期产品的成本。成本核算的分期，必须与会计年度

的分月、分季、分年相一致，这样可以便于利润的计算。

（5）权责发生制原则　应由本期成本负担的费用，不论是否已经支付，都要计入本期成本；不应由本期成本负担的费用（即已计入以前各期的成本，或应由以后各期成本负担的费用），虽然在本期支付，也不应算入本期成本，以便正确提供各项成本信息。

（6）实际成本计价原则　生产所耗用的原材料、燃料、动力要按实际耗用数量的实际单位成本计算，完工产品成本的计算要按实际发生的成本计算。原材料、燃料、成品的账目可按计划成本（或定额成本、标准成本）加、减成本差异，以调整到实际成本。

（7）一致性原则　成本核算所采用的方法，前后各期必须一致，以使各期的成本资料有统一的口径，前后连贯，互相可比。

2. 规模化养猪场成本核算对象

会计学对成本的解释是：成本是指取得资产或劳务的支出。成本核算通常是指存货成本的核算。规模化养猪场虽然都是由日龄不同的猪群组成的，但是由于这些猪群在连续生产中的作用不同，应确定哪些是存货，哪些不是存货。

养猪场的成本核算对象具体为猪场的每头种猪、每头初生仔猪、每头育成猪。

猪在生长发育过程中，不同生长阶段可以划分为不同类型的资产，并且不同类型资产之间在一定条件下可以相互转化。根据《企业会计准则第 5 号——生物资产》可将猪群分为生产性生物资产和消耗性生物资产两类。养猪场饲养种猪的目的是产仔繁殖，能够重复利用，属于生产性生物资产。生产性生物资产是指为产出畜产品提供劳务或出租等目的而持有的生物资产。即处于生长阶段的猪，包括仔猪和育成猪，属于未成熟生产性生物资产，而当育成猪成熟为种猪时，就转化为成熟性生物资产，种猪被淘汰后，就由成熟性生物资产转为消耗性生物资产。

养猪场外购成龄种猪，按计入生产性生物资产成本的金额，包括购买价款、相关税费、运输费、保险费以及可直接归属于购买该资产的其他支出。

待产仔的成龄猪，达到预定生产经营目的后发生的管护、饲养费用等后续支出，全部由仔猪承担，按实际消耗数额结转。

3. 规模化养猪场成本核算的内容

（1）分群、分栋、分批进行成本核算，猪群分为公猪、配怀母猪、哺乳母猪、仔猪、保育猪、育肥猪、后备种猪（祖代育成前期、后期，父母代育成前期、后期），以产房出生仔猪为批次起点，建立栋舍批号，按批次记录"料、药、工、费"饲养成本，当本批次生猪转群或销售时结转成本。

（2）种猪种群折旧成本原值 购入种猪原值＝买价＋运杂费＋配种前发生的饲养成本；内部供种原值＝转出成本＋配种前发生的饲养成本。

（3）配怀舍种群的待摊销种猪成本（含断奶母猪、空怀母猪、妊娠母猪、公猪） 即生产公猪和生产母猪当期耗用的"料、药、工、费"全部归集到待摊销种猪成本。

（4）仔猪落地成本 当期配怀舍种群的待摊销种猪成本按月按窝产数比例结转到产房出生仔猪成本中。

（5）批次断奶仔猪成本 以每单元产房为一个批次，建立栋舍批号，"本单元的哺乳母猪成本（包括临产母猪成本）＋出生仔猪成本＋本期仔猪饲养成本"作为本批次仔猪断奶成本。

（6）次保育猪成本 断奶仔猪转入保育舍进行转群称重，断奶仔猪转入保育舍应按批次分栏饲养，原则上是一批次转一栋保育舍，分批记录成本，当栏舍紧张时每栋不超过 2 批次，保育猪在保育舍一般饲养 35～42 天，销售或转群称重转入育成舍，"断奶仔猪结转成本＋本期保育饲养成本"就是本批次保育猪成本。

（7）种猪场如纯种、二元选留种猪，保育转育成阶段应将超过标准猪苗（以三元猪苗为标准）的成本部分转移分摊到选留种猪，分别按公母各占 50％，纯公选留 30％、纯母选留 60％、二元母猪选留 70％的比例或按实际选留数分摊到选留种猪成本。

（8）青年种猪育成舍经常销售种猪，一般每批次猪每 3～4 个月清栏 1 次，落选的种猪做肥猪饲养，经常出现并栏，并入的猪群都要清群称重，成本结转并入合并的育肥猪群。

（9）每次转群时，应由车间交接双方签字确认，生产场长和财务会计签字确认，财务会计及时进行成本结转。

（10）由于养殖行业的特点，猪只生产会有超过正常的死亡率。规定哺乳仔猪、保育猪、育肥猪、后备猪超正常死亡的损失按平均质量核算成本，计入当期损益，淘汰猪只成本对照销售成本计算。

（11）仔猪落地成本（出生仔猪成本）

配怀舍总饲养成本＝期初配怀阶段总成本＋本期配怀发生的总饲养成本。

本期出生仔猪成本＝固定资产折旧摊销＋生产性生物资产折旧摊销＋间接费用摊销＋（本期转入产房待产母猪怀孕总天数÷本期怀孕母猪怀孕总天数）×配怀车间总饲养费用，以月为周期计算本期出生仔猪成本。

出生仔猪头成本＝本期出生仔猪成本/本期总健仔数。

（12）断奶仔猪成本转入保育猪成本

断奶仔猪成本＝出生仔猪成本＋本期仔猪产生的饲养成本＋本期临产及哺乳母猪产生的饲养成本。

断奶仔猪头成本＝批次断奶仔猪成本/（批次断奶仔猪数＋本期批次淘汰数＋本期批次超正常死亡数）。

（13）保育猪成本转入育成猪成本

保育猪成本＝断奶仔猪成本＋本期产生的饲养成本。

保育猪头成本＝批次保育猪成本/（批次保育猪转出数＋本期批次淘汰数＋本期批次超正常死亡数）。

（14）保育、育成猪只转群的饲养成本　以质量（千克）为单位计算。

转群猪只的饲养成本＝（期初饲养成本＋本期饲养成本）×转群猪只质量/（转群猪只质量＋销售猪只质量＋死淘猪只质量＋期末存栏猪只质量）。

（15）猪苗、育成猪只销售的饲养成本　以质量（千克）为单位计算。

销售猪只的饲养成本＝（期初饲养成本＋本期饲养成本）×销售猪只质量/（转群猪只质量＋销售猪只质量＋死淘猪只质量＋期末存栏猪只质量）。

（16）保育、育成猪只超标死亡的饲养成本　以质量（千克）为单位计算。

超标死亡猪只的饲养成本＝（期初饲养成本＋本期饲养成本）×死亡猪只质量/（转群猪只质量＋销售猪只质量＋死淘猪只质量＋期末存栏猪只质量）。

（17）转群猪只的"料、药、工、费"的分项成本核算

转群猪只的饲料成本＝（期初饲料成本＋本期饲料成本）×转群猪只质量/（转群猪只质量＋销售猪只质量＋死淘猪只质量＋期末存栏猪只质量）。

转群猪只的兽药成本＝（期初兽药成本＋本期兽药成本）×转群猪只头数/（转群猪只头数＋销售猪只头数＋死淘猪只头数＋期末存栏猪只头数）。

转群猪只的人工成本＝（期初人工成本＋本期人工成本）×转群猪只头数/（转群猪只头数＋销售猪只头数＋死淘猪只头数＋期末存栏猪只头数）。

转群猪只的生产费用＝（期初生产费用＋本期生产费用）×转群猪只头数/（转群猪只头数＋销售猪只头数＋死淘猪只头数＋期末存栏猪只头数）。

（18）销售、淘汰猪只的"料、药、工、费"的分项成本核算方法相同。

附　录

一、规模猪场建设

规模猪场建设

GB/T 17824.1—2008

前言

GB/T 17824 分为三个部分：

——GB/T 17824.1《规模猪场建设》；

——GB/T 17824.2《规模猪场生产技术规程》；

——GB/T17824.3《规模猪场环境参数及环境管理》。

本部分为 GB/T 17824 的第 1 部分。

本部分代替 GB/T 17824.1—1999《中、小型集约化养猪场建设》、GB/T 17824.3—1999《中、小型集约化养猪场设备》。

本部分与 GB/T 17824.1—1999、GB/T 17824.3—1999 相比主要变化如下：

——将标准名称改为"规模猪场建设"；

——将标准主体内容改为：范围、规范性引用文件、术语和定义、饲养工艺、建设面积、场址选择、猪场布局、建设要求、水电供应以及设施设备；

——增加了饲养工艺内容，提出了参数要求；

——增加了规模猪场建设占地和建筑面积参数；

——增加了规模猪场总供水量参数；

——删除了部分设备及其性能参数；

——删除了劳动定员。

本部分由中华人民共和国农业部提出。

本部分由全国畜牧业标准化技术委员会归口。

本部分起草单位：北京市农林科学院畜牧兽医研究所。

本部分主要起草人：季海峰、单达聪、王四新、张董燕、吕利军、黄建国、王雅民、苏布敦格日乐。

本部分所代替标准的历次版本发布情况为：

——GB/T 17824.1—1999；

——GB/T 17824.3—1999。

1　范围

GB/T 17824 的本部分规定了规模猪场的饲养工艺、建设面积、场址选择、猪场布局、建设要求、水电供应以及设施设备等技术要求。

本部分适用于规模猪场的新建、改建和扩建，其他类型猪场建设亦可参照执行。

2　规范性引用文件

下列文件中的条款通过 GB/T 17824 本部分的引用而成为本部分的条款，凡是注日期的引用文件，其随后所有的修改单（不包括勘误的内容）或修订版本均不适用于本部分。然而，鼓励根据本部分达成协议的各方研究是否可使用这些文件的最新版本。凡是不注日期的引用文件，其最新版本适用于本部分。

GB/T 701 低碳钢热轧圆盘条

GB/T 704 热轧扁钢尺寸、外形、重量及允许偏差

GB/T 708 冷轧钢板和钢带的尺寸、外形、重量及允许偏差

GB/T 912 碳素结构钢和低合金结构钢热轧薄钢板及钢带

GB/T 1800.1 极限与配合基础第 1 部分：词汇

GB/T 1800.2 极限与配合基础第 2 部分：公差、偏差和配合和基本规定

GB/T 1800.3 极限与配合基础第 3 部分：标准公差和基本偏差数值表

GB/T 1801 极限与配合　公差带和配合的选择

GB/T 1803 极限与配合　尺寸至 18mm 孔、轴公差带

GB/T 1804 一般公差　未注公差的线性和角度尺寸的公差

GB/T 3091 低压流体输送用焊接钢管

GB/T 5574 工业用橡胶板

GB 5749 生活饮用水卫生标准

GB 9787 热轧等边角钢　尺寸、外形、重量及允许偏差

GB 18596 畜禽养殖业污染物排放标准

GB 50016 建筑设计防火规范

GBJ 39 村镇建筑设计防火规范

3　术语和定义

下列术语和定义适用于 GB/T 17824 的本部分。

3.1 规模猪场　intensive pig farms

采用现代养猪技术与设施设备，实行自繁自养、全年均衡生产工艺，存栏基础母猪 100 头以上的养猪场。

3.2 基础母猪　foundation sow

已经产出第一胎、处于正常繁殖周期的母猪。

3.3 净道　non-pollution road

场区内用于健康猪群和饲料等洁净物品转运的专用道路。

3.4 污道　pollution road

场区内用于垃圾、粪便、病死猪等非洁净物品转运的专用道路。

4　饲养工艺

4.1 猪群周转流程

猪群周转采用全进全出制：种猪每年的淘汰更新率 25%～35%，后备公猪和后备母猪的饲养期 16～17 周，母猪配种妊娠期 17～18 周，母猪分娩前 1 周转入哺乳母猪舍，仔猪哺乳期 4 周，断奶后，母猪转入空怀妊娠母猪舍，仔猪转入保育舍，保育猪饲养 6 周，然后转入生长育肥猪舍，生长育肥猪饲养 14～15 周体重达到 90 千克以上时出栏。

4.2 猪群结构

在均衡生产的情况下，规模猪场的猪群结构见附表 1-1，每一个阶段的数量偏差应小于 ±10%。

附表 1-1　猪群存栏结构　　单位：头

附表 1-1　猪群存栏结构　　单位：头

猪群类别	100头基础母猪规模	300头基础母猪规模	600头基础母猪规模
成年种公猪	4	12	24
后备公猪	1	2	4
后备母猪	12	36	72
空怀妊娠猪	84	252	504
哺乳母猪	16	48	96
哺乳仔猪	160	480	960
保育猪	228	684	1368
生长育肥猪	559	1676	3352
合计	1064	3190	6380

4.3 舍内配置

4.3.1 猪舍可根据需要分成几个相对独立的单元，便于猪群全进全出制周转。

4.3.2 猪舍内配置的猪栏数、饮水器和食槽数宜按附表 1-2 执行。

附表 1-2　不同猪舍配置的猪栏数　　单位：个

猪舍类别	100头基础母猪规模	300头基础母猪规模	600头基础母猪规模
种公猪舍	4	12	24
后备公猪舍	1	2	4
后备母猪舍	2	6	12
空怀妊娠母猪舍	21	63	126
哺乳母猪舍	24	72	144
保育猪舍	28	84	168
生长育肥猪舍	64	192	884
合计	144	431	862

注：哺乳母猪舍每个猪栏内安装母猪、仔猪自动饮水器各一个，食槽各一个；其他猪舍每个猪栏内安装一个自动饮水器和一个食槽。

4.3.3 每个猪栏的饲养密度宜按附表 1-3 执行。

附表 1-3　猪只饲养密度

猪群类别	每栏饲料猪头数	每头占床面积/(米²/头)
种公猪	1	9.0～12.0
后备公猪	1～2	4.0～5.0
后备母猪	5～6	1.0～1.5
空怀妊娠母猪	4～5	2.5～3.0
哺乳母猪	1	4.2～5.0
保育仔猪	9～11	0.3～0.5
生长育肥猪	9～10	0.8～1.2

5　建设面积

5.1　总占地面积

不同猪场的建设用地面积不得低于附表 1-4 的数据。

附表 1-4　猪场建设占地面积　　单位：米²（亩）

占地面积	100 头基础母猪规模	300 头基础母猪规模	600 头基础母猪规模
建设用地面积	5333(8)	13333(20)	26667(40)

5.2　猪舍建筑面积

种公猪舍、后备公猪舍、后备母猪舍、空怀妊娠母猪舍、哺乳母猪舍、保育猪舍和生长育肥猪舍的建筑面积宜按附表 1-5 执行。

附表 1-5　各猪舍建筑面积　　单位：米²

猪舍类型	100 头基础母猪规模	300 头基础母猪规模	600 头基础母猪规模
种公猪舍	64	192	384
后备公猪舍	12	24	48
后备母猪舍	247	72	144
空怀妊娠母猪舍	420	1260	2520
哺乳母猪舍	226	679	1358
保育猪舍	160	480	960
生长育肥猪舍	768	2304	4608
合计	1674	5011	10022

注：该数据以猪舍建筑跨度 8.0 米为例。

5.3 辅助建筑面积

饲料加工车间、人工授精室、兽医诊疗室、水塔、水泵房、锅炉房、维修间、消毒室、更衣室、办公室、食堂和宿舍等辅助建筑面积不宜低于附表 1-6 的数据。

附表 1-6　辅助建筑面积　　　　单位：米²

猪场辅助建筑	100 头基础母猪规模	300 头基础母猪规模	600 头基础母猪规模
更衣、淋浴、消毒室	40	80	120
兽医诊疗、化验室	30	60	100
饲料加工、检验与储存	200	400	600
人工授精室	30	70	100
变配电室	20	30	45
办公室	30	60	90
其他建筑	100	300	500
合计	450	1000	1555

注：其他建筑包括值班室、食堂、宿舍、水泵房、维修间和锅炉房等。

6 场址选择

6.1 场址应位于法律、法规明确规定的禁养区以外，地势高燥，通风良好，交通便利，水电供应稳定，隔离条件良好。

6.2 场址周围 3 千米内无大型化工厂、矿区、皮革加工厂、屠宰场、肉品加工厂和其他畜牧场，场址距离干线公路、城镇、居民区和公众聚会场所 1 千米以上。

6.3 禁止在旅游区、自然保护区、水源保护区和环境公害污染严重的地区建场。

6.4 场址应位于居民区常年主导风向的下风向或侧风向。

7 猪场布局

7.1 猪场在总体布局上应将生产区与生活管理区分开，健康猪与病猪分开，净道与污道分开。

7.2 按夏季主导风向，生活管理区应置于生产区和饲料加工区的上风向或侧风向，隔离观察区、粪污处理区和病死猪处理区应置于生产区的下风向或侧风向，各区之间用隔离带隔开，并设置专用通道和消毒设施，保障生物安全。

7.3 猪场四周设围墙，大门口设置值班室、更衣消毒室和车辆消毒通道；生产人员进出生产区要走专用通道，该通道由更衣间、沐浴间和消毒间组成；装猪台应设在猪场的下风向处。

7.4 猪舍朝向应兼顾通风与采光，猪舍纵向轴线与常年主导风向呈30°～60°角。

7.5 两排猪舍前后间距应大于 8 米，左右间距应大于 5 米。由上风向到下风向各类猪舍的顺序为：公猪舍、空怀妊娠母猪舍、哺乳猪舍、保育猪舍、生长育肥猪舍。

8 建设要求

8.1 猪舍建筑宜选用有窗式或开敞式，檐高 2.4～2.7 米。

8.2 猪舍内主通道的宽度应不低于 1.0 米。

8.3 猪舍围护结构能防止雨雪侵入，能保温隔热，能避免内表面凝结水汽。

8.4 猪舍内墙表面应耐消毒液的酸碱腐蚀。

8.5 猪舍屋顶应设隔热保温层，猪舍屋顶的传热系数 k 应不大于 0.23 瓦/(平方米·开)。

8.6 猪场建筑的耐火等级按照 GB 50016 和 GBJ 39 的要求设计。

9 水电供应

9.1 规模猪场供水宜采用自来水供水系统，根据猪场需水总量和 GB 5749 选定水源、储水设施和管路，供水压力应达到 1.5～2.0 千克/平方厘米。

9.2 采用干清粪生产工艺的规模猪场，供水总量应不低于附表 1-7 的数值。

附表 1-7 规模猪场供水量 单位：吨/日

供水量	100 头基础母猪规模	300 头基础母猪规模	600 头基础母猪规模
猪场供水总量	20	60	120
猪群饮水总量	5	15	30

注：炎日和干燥地区的供水量可增加 25%。

10 设施设备

10.1 材质与性能要求

10.1.1 猪场设备的材料符合 GB/T 701、GB/T 704、GB/T 708、GB/T 912、GB/T 3091、GB 9787 的要求。

10.1.2 猪场设备所有加工零件的尺寸公差应符合 GB/T 1800.1、GB/T 1800.2、GB/T 1800.3、GB/T 1801、GB/T 1803 的要求；未注尺寸公差应符合 GB/T 1804 的要求。

10.1.3 猪场设备的所有铸件表面应光滑，不允许有气孔、夹砂、疏松等缺陷；所有焊合件要焊接牢固可靠，不得有虚焊、烧伤，焊缝应平整光滑；各种钣金件表面应光滑、平整，不得起皱、裂纹、毛边；管道弯曲加工表面不得出现龟裂、皱折、起泡等，设备表面不能有任何伤害操作人员和猪只的显见粗糙点、凸起部位、锋利刃角和毛刺，表面应进行防腐处理，处理后不应产生毒性残留。

10.1.4 猪场设备的各项使用性能应符合工作可靠、操作方便、安全环保等要求。

10.1.5 猪场设备与地面、墙壁的连接要牢固、整洁；电器设备的安装要符合用电安全规定。

10.1.6 饲养设备中使用的塑料件应采用 PVC 无毒塑料，使用橡胶材料的材质应符合 GB/T 5574 的规定。

10.2 设备主要选型

10.2.1 猪栏

公猪栏、空怀妊娠母猪栏、分娩栏、保育猪栏和生长育肥猪栏均为栏栅式，其基本参数应符合附表 1-8 的规定。

附表 1-8　猪栏基本参数　　　　　单位：毫米

猪栏种类	栏高	栏长	栏宽	栅格间隙
公猪栏	1200	3000～4000	2700～3200	100
配种栏	1200	3000～4000	2700～3200	100
空怀妊娠母猪栏	1000	3000～3300	2900～3100	90
分娩栏	1000	2200～2250	600～650	310～340
保育猪栏	700	1900～2200	1700～1900	55
生长育肥猪栏	900	3000～3300	2900～3100	85

注：分娩母猪栏的栅格间隙指上下间距，其他猪栏为左右间距。

10.2.2 食槽

食槽应限制猪只采食过程中将饲料拱出槽外，自动落料食槽应保证猪只随时采食到饲料，其基本参数应符合附表 1-9 的规定。

附表 1-9　猪食槽的基本参数　　　单位：毫米

形式	适用猪群	高度	采食间隙	前缘高度
水泥定量饲喂食槽	公猪、妊娠母猪	350	300	250
铸铁半圆弧食槽	分娩母猪	500	310	250
长方体金属食槽	哺乳仔猪	100	100	70
长方形金属自动落料食槽	保育猪	700	140～150	100～120
	生长育肥猪	900	220～250	160～190

10.2.3 饮水器

猪场宜采用自动饮水器。饮水器长径应与地面平行，水流速度和安装高度应符合附表 1-10 的规定。

附表 1-10　自动饮水器的水流速度和安装高度

适用猪群	水流速度/(毫升·分钟)	安装高度/毫米
成年公猪、空怀妊娠母猪、哺乳母猪	2000～2500	600
哺乳仔猪	300～800	120
保育猪	800～1300	280
生长育肥猪	1300～2000	380

10.2.4 漏粪地板

哺乳母猪、哺乳仔猪和保育猪宜采用质地良好的金属丝编织地板，生长育肥猪和成年种猪宜采用水泥漏缝地板。干清粪猪舍的漏缝地板应覆盖于排水沟上方。漏缝地板间隙应符合附表 1-11 的规定。

附表 1-11　不同猪栏漏缝地板间隙宽度　　　单位：毫米

成年种猪栏	分娩栏	保育猪栏	生长育肥猪栏
20～25	10	15	20～25

10.2.5 采暖、通风和降温设备

寒冷季节哺乳母猪和保育猪舍应设置供暖设施，哺乳仔猪采用电热板或红外线灯取暖；盛夏季节公猪舍宜采用湿帘机械通风方式降温，其他猪舍采用自然通风加机械通风方式降温。

10.2.6 清洁与消毒设备

水冲清洁设备宜选配高压清洗机、管路、水枪组成的可移动高压冲水系统；消毒设备宜选配手动背负式喷雾器、踏板式喷雾器和火焰消毒器。

10.2.7 粪污处理设施与设备

规模猪场宜采用干湿分离、人工清粪方式处理粪污，应配置专用的粪污处理设备，处理后粪污排放标准应符合 GB 18596 的要求。

10.2.8 运输设备

规模猪场应配备专用运输设备，包括仔猪转运车、饮料运输车和粪便运输车等。该类型运输设备宜根据猪场的具体情况自行设计和定制。

10.2.9 监测仪器设备

规模猪场宜配备妊娠诊断、精液监测、测重、活体测膘等仪器设备，以及计算机和相关软件。

二、规模猪场生产技术规程

规模猪场生产技术规程

GB/T 17824.2—2008

前言

GB/T 17824 分为三个部分：

——GB/T 17824.1《规模猪场建设》；

——GB/T 17824.2《规模猪场生产技术规程》；

——GB/T 17824.3《规模猪场环境参数及环境管理》。

本部分为 GB/T 17824 的第 2 部分。

本部分代替 GB/T17824.2—1999《中、小型集约化养猪场经济技术指标》、GB/T 17824.5—1999《中、小型集约化养猪场商品肉猪生产技术规程》。

本部分与 GB/T 17824.2—1999、GB/T 17824.5—1999 相比主

要变化如下：

——将标准名称改为"规模猪场生产技术规程"；

——将标准主体内容改为：范围、规范性引用文件、术语和定义、生产工艺与环境要求、引种和留种、饲料要求、猪群管理、兽医防疫、记录；

——将"规模猪场生产技术指标"列为附录 A；

——删除了"猪群结构"；

——删除了"主要经济技术指标的计算方法"。

本部分的附录 A 为规范性附录。

本部分由中华人民共和国农业部提出。

本部分由全国畜牧业标准化技术委员会归口。

本部分起草单位：北京市农林科学院畜牧兽医研究所。

本部分主要起草人：季海峰、王四新、单达聪、黄建国、张董燕、吕利军、苏布敦格日乐、王雅民。

本部分所代替标准的历次版本发布情况为：

——GB/T 17824.2—1999；

——GB/T 17824.5—1999。

规模猪场生产技术规程

1 范围

GB/T 17824 的本部分规定了规模猪场的生产工艺和环境要求、引种和留种、饲料要求、猪群管理、兽医防疫和记录等技术要求。

本部分适用于规模猪场的生产技术管理，也可供其他类型猪场参考使用。

2 规范性引用文件

下列文件中的条款通过 GB/T 17824 本部分的引用而成为本部分的条款，凡是注日期的引用文件，其随后所有的修改单（不包括勘误的内容）或修订版本均不适用于本部分，然而鼓励根据本部分达成协议的各方研究是否可使用这些文件的最新版本。凡是不注日期的引用文件，其最新版本适用于本部分。

GB 13078 饲料卫生标准

GB 16567 种畜禽调运检疫技术规范

GB/T 17823 中、小型集约化养猪场兽医防疫工作规程

GB/T 17824.1 规模猪场建设

GB/T 17824.3 规模猪场环境参数及环境管理

NY/T 65　猪饲养标准

3　术语和定义

下列术语和定义适用于 GB/T 17824 的本部分。

3.1 规模猪场　intensive pig farms

采用现代养猪技术与设施设备，实行自繁自养、全年均衡生产工艺，存栏基础母猪 100 头以上的养猪场。

3.2 全进全出制　all-in all-out system

同一批次猪同时进、出同一猪舍单元的饲养管理制度。

4　生产工艺和环境要求

4.1 规模猪场应根据种公猪、空怀妊娠母猪、哺乳母猪、保育猪、生长育肥猪和后备公母猪的生理特点，进行分段式饲养，形成全年连续、均衡、周期性运转的生产工艺，按照 GB/T 17824.1 的猪群周转流程组织生产。

4.2 猪场内的环境要求按照 GB/T 17824.3 执行。

5　引种和留种

5.1 制定引种计划和留种计划，内容包括：品种或品系、引种来源、引种时间、隔离方法与设施、疫病与性能检验等。

5.2 引进种猪和精液时，应从具有《种猪生产经营许可证》和《动物防疫合格证》的种猪场引进，种猪引进后应隔离观察 30 天以上，并按 GB 16567 规定进行检疫。若从国外引种，应按照国家相关规定执行。

5.3 引进或自留的后备种猪应无临床和遗传疾病，发育正常，四肢强健有力，体形外貌符合品种特征。

5.4 不得从疫区或可疑疫区引种。

6　饲养要求

6.1 猪场应按照猪群类别饲喂对应的全价配合饲料，猪群包括种公猪、后备公母猪、空怀妊娠母猪、哺乳母猪、哺乳仔猪、保育猪和生长育肥猪等。

6.2 配合饲料的营养水平应符合 NY/T 65 的规定。

6.3 配合饲料的卫生标准应符合 GB 13078 的规定。

6.4 配合饲料应色泽一致，无发霉变质、结块及异味。

6.5 配合饲料中不得添加国家禁止使用的药物。

6.6 配合饲料中使用药物添加剂时，应按有关规定执行休药期。

7 猪群管理

7.1 种公猪采用单栏饲养，空怀母猪和妊娠母猪采用小群栏饲养，分娩母猪和哺乳母猪采用全漏缝高床分娩栏饲养，保育猪采用全漏缝高床保育栏饲养，生长育肥猪采用小群栏饲养。

7.2 种公猪、空怀母猪、妊娠母猪、哺乳母猪及后备公母猪宜采用定量饲喂，哺乳仔猪、保育猪、生长育肥猪宜采用自由采食方式，变换饲料应逐步过渡，过渡期为 4～7 天。

7.3 种公猪应保持身体强壮；在 12～24 月龄时，每周配种 1～2 次；在 24～60 月龄时，每周配种 4～5 次。

7.4 空怀母猪应抓好发情配种工作，保持八成膘情；妊娠母猪应抓好保胎工作，保持环境安静、营养合理；哺乳母猪应抓好泌乳工作，保持足够的饮水、营养和采食量，在分娩前后和断奶前应适当减少饲喂量。

7.5 对出生仔猪应做好标识、称重、补铁、补锌、补硒和免疫注射工作，断奶前做好驱虫、去势和称重等工作。

7.6 哺乳仔猪、保育猪和生长猪转群时，宜采用原圈转群；在特殊情况下，应按照体重和日龄相近者并圈。

7.7 生产管理人员应爱护猪群，平时细心观察猪群的精神状况、健康状况、发情状况、采食状况和粪尿情况，及时检查照明设备、饮水装置、配合饲料、舍内温度、湿度和空气质量，发现问题及时解决。

7.8 规模猪场的生产技术指标宜达到附录 A 的水平。

8 兽医防疫

规模猪场的卫生、消毒、防疫和用药等按照 GB/T 17823 执行。

9 记录

饲料、兽药、配种、转群、接产、断奶、疾病诊断和治疗等日常工作，应有详细记录，并有专人负责，记录要定期检查和统计分析，有效记录应保存 2 年以上。

附录 A（规范性附录）
规模猪场生产技术指标

A.1 母猪繁殖性能指标见附表 2-1。

附表 2-1 母猪繁殖性能指标

指标名称	指标数值
基础母猪断奶后第一情期受胎率/%	≥85
分娩率/%	≥96
基础母猪年均产仔窝数/[窝/（年·头）]	≥2.1
基础母猪平均每窝产活仔数/（头/窝）	≥10.5
断奶日龄/天	≥28.0
哺乳仔猪成活率/%	≥92
基础母猪年提供断奶仔猪数/（头/年）	≥20.0

A.2 生长育肥期性能指标见附表 2-2。

附表 2-2 生长育肥期性能指标

指标名称		指标数值
仔猪平均断奶体重（4周龄）/（千克/头）		≥7.0
仔猪保育期（5～10周龄）	期末体重/（千克/头）	≥20.0
	料重比/（千克/千克）	≤1.8
	成活率/%	≥95
生长育肥期（11～25周龄）	成活率/%	≥98
	日增重/（克/天）	≥650
	料重比/（千克/千克）	≤3.0
170日龄体重/（千克/头）		≥90

A.3 猪场整体生产技术指标见附表 2-3。

附表 2-3 猪场整体生产技术指标

指标名称	指标数值
基础母猪年出栏商品猪数/头	≥18
商品猪出栏率/%	≥160

参 考 文 献

[1] 王佳贵，肖冠华著．高效健康养猪关键技术．北京：化学工业出版社，2012.

[2] ［美]Holden PJ，Ensminger ME 著．王爱国主译．养猪学（第7版).北京：中国农业大学出版社，2007.

[3] 肖冠华著．养猪高手谈经验．北京．化学工业出版社，2015.

[4] 杨光，等．四烯雌酮对后备母猪同期发情的影响［J].饲料博览，2014（5).

[5] 翟洪民．小公猪阉割技法及步骤［J].中国猪业，2009，4（6）：56.

[6] 曹学军．快速掌握猪小挑花阉割术［J].中国畜禽种业，2009（6）：124.

[7] 胡晓姣，杨林．张振华猪病的治疗方法［J].中国畜牧兽医文摘，2013，9（6).

[8] 王春梅，王庆林．饲料中霉菌毒素对猪的危害与控制［J].饲料博览，2010（2).

[9] 张乃锋．母猪分阶段营养与日粮配制技术［J].猪业科学，2013（4）：37.

[10] 熊凌，要少磊．教槽料是个伪命题［J].今日养猪业，2015（10).

[11] 吴荣杰．规模猪场精准合理成本核算的方法［J].猪业观察，2014（8).